中国科协学科发展研究系列报告

中国科学技术协会／主编

2016—2017

测绘科学技术学科发展报告

中国测绘地理信息学会 | 编著

REPORT ON ADVANCES IN
SCIENCE AND TECHNOLOGY OF SURVEYING AND MAPPING

中国科学技术出版社
·北京·

图书在版编目（CIP）数据

2016—2017 测绘科学技术学科发展报告 / 中国科学技术协会主编；中国测绘地理信息学会编著 .—北京：中国科学技术出版社，2018.3

（中国科协学科发展研究系列报告）

ISBN 978-7-5046-7941-3

Ⅰ. ①2… Ⅱ. ①中… ②中… Ⅲ. ①测绘学－学科发展－研究报告－中国－2016—2017 Ⅳ. ①P2-12

中国版本图书馆 CIP 数据核字（2018）第 044695 号

策划编辑	吕建华　许　慧
责任编辑	李双北
装帧设计	中文天地
责任校对	杨京华
责任印制	马宇晨

出　　版	中国科学技术出版社
发　　行	中国科学技术出版社发行部
地　　址	北京市海淀区中关村南大街16号
邮　　编	100081
发行电话	010-62173865
传　　真	010-62179148
网　　址	http://www.cspbooks.com.cn

开　　本	787mm × 1092mm　1/16
字　　数	325千字
印　　张	15
版　　次	2018年3月第1版
印　　次	2018年3月第1次印刷
印　　刷	北京盛通印刷股份有限公司
书　　号	ISBN 978-7-5046-7941-3 / P · 196
定　　价	80.00元

2016—2017
测绘科学技术学科发展报告

首席科学家　宁津生

顾问组成员　陈俊勇　高　俊　李德仁　杨元喜　刘先林
刘经南　王家耀　张祖勋

专　家　组

组　　长　宁津生　李维森

成　　员　（按姓氏笔画排序）

丁晓利　马　跃　王　权　王　伟　王　密
王长进　王正涛　王东华　王发良　王昌翰
王厚之　王瑞幺　文汉江　方剑强　方爱平
甘卫军　龙　毅　申家双　付子傲　白贵霞
成英燕　朱　庆　朱建军　刘纪平　刘若梅
齐维君　关永贤　汤富平　许才军　孙　群
孙中苗　阳凡林　杜明义　杜培军　杜清运
李　松　李力勐　李广云　李广泳　李宗春

序

FOREWORD

党的十八大以来，以习近平同志为核心的党中央把科技创新摆在国家发展全局的核心位置，高度重视科技事业发展，我国科技事业取得举世瞩目的成就，科技创新水平加速迈向国际第一方阵。我国科技创新正在由跟跑为主转向更多领域并跑、领跑，成为全球瞩目的创新创业热土，新时代新征程对科技创新的战略需求前所未有。掌握学科发展态势和规律，明确学科发展的重点领域和方向，进一步优化科技资源分配，培育具有竞争新优势的战略支点和突破口，筹划学科布局，对我国创新体系建设具有重要意义。

2016 年，中国科协组织了化学、昆虫学、心理学等 30 个全国学会，分别就其学科或领域的发展现状、国内外发展趋势、最新动态等进行了系统梳理，编写了 30 卷《学科发展报告（2016—2017）》，以及 1 卷《学科发展报告综合卷（2016—2017）》。从本次出版的学科发展报告可以看出，近两年来我国学科发展取得了长足的进步：我国在量子通信、天文学、超级计算机等领域处于并跑甚至领跑态势，生命科学、脑科学、物理学、数学、先进核能等诸多学科领域研究取得了丰硕成果，面向深海、深地、深空、深蓝领域的重大研究以“顶天立地”之态服务国家重大需求，医学、农业、计算机、电子信息、材料等诸多学科领域也取得长足的进步。

在这些喜人成绩的背后，仍然存在一些制约科技发展的问题，如学科发展前瞻性不强，学科在区域、机构、学科之间发展不平衡，学科平台建设重复、缺少统筹规划与监管，科技创新仍然面临体制机制障碍，学术和人才评价体系不够完善等。因此，迫切需要破除体制机制障碍、突出重大需求和问题导向、完善学科发展布局、加强人才队伍建设，以推动学科持续良性发展。

近年来，中国科协组织所属全国学会发挥各自优势，聚集全国高质量学术资源和优秀人才队伍，持续开展学科发展研究。从 2006 年开始，通过每两年对不同的学科（领域）分批次地开展学科发展研究，形成了具有重要学术价值和持久学术影响力的《中国科协学科发展研究系列报告》。截至 2015 年，中国科协已经先后组织 110 个全国学会，开展了 220 次学科发展研究，编辑出版系列学科发展报告 220 卷，有 600 余位中国科学院和中国工程院院士、约 2 万位专家学者参与学科发展研讨，8000 余位专家执笔撰写学科发展报告，通过对学科整体发展态势、学术影响、国际合作、人才队伍建设、成果与动态等方面最新进展的梳理和分析，以及子学科领域国内外研究进展、子学科发展趋势与展望等的综述，提出了学科发展趋势和发展策略。因涉及学科众多、内容丰富、信息权威，不仅吸引了国内外科学界的广泛关注，更得到了国家有关决策部门的高度重视，为国家规划科技创新战略布局、制定学科发展路线图提供了重要参考。

十余年来，中国科协学科发展研究及发布已形成规模和特色，逐步形成了稳定的研究、编撰和服务管理团队。2016—2017 学科发展报告凝聚了 2000 位专家的潜心研究成果。在此我衷心感谢各相关学会的大力支持！衷心感谢各学科专家的积极参与！衷心感谢编写组、出版社、秘书处等全体人员的努力与付出！同时希望中国科协及其所属全国学会进一步加强学科发展研究，建立我国学科发展研究支撑体系，为我国科技创新提供有效的决策依据与智力支持！

当今全球科技环境正处于发展、变革和调整的关键时期，科学技术事业从来没有像今天这样肩负着如此重大的社会使命，科学家也从来没有像今天这样肩负着如此重大的社会责任。我们要准确把握世界科技发展新趋势，树立创新自信，把握世界新一轮科技革命和产业变革大势，深入实施创新驱动发展战略，不断增强经济创新力和竞争力，加快建设创新型国家，为实现中华民族伟大复兴的中国梦提供强有力的科技支撑，为建成全面小康社会和创新型国家做出更大的贡献，交出一份无愧于新时代新使命、无愧于党和广大科技工作者的合格答卷！

2018 年 3 月

前言
PREFACE

从 2006 年开始，由中国测绘地理信息学会负责编写的《测绘科学技术学科发展报告》，已编辑出版了五部。十多年来，它已经成为广大测绘科技工作者掌握测绘发展动态、判断未来发展趋势的风向标，也是国家政府有关职能部门了解测绘事业发展和我国地理国情从而进行科学决策的参考，同时也是国内外各界了解中国测绘发展的重要窗口。

2016 年 5 月，习近平总书记在全国科技创新大会、两院院士大会、中国科协第九次全国代表大会上发表重要讲话，强调实现“两个一百年”的奋斗目标。实现中华民族伟大复兴的中国梦，必须坚持走中国特色自主创新道路，面向世界科技前沿，面向经济主战场，面向国家重大需求，加快各领域科技创新，掌握全球科技竞争先机。这些讲话为我们推进测绘科学技术的发展指明了方向，提供了强大的精神动力。

科技创新是驱动测绘与地理信息事业发展的不竭动力。测绘学科是以全球导航定位技术、遥感技术、地理信息系统技术“3S”技术为核心的高新技术，它融合了信息科学、空间科学、高性能计算和网络通信等领域的先进技术，已发展为测绘与地理信息学科，储备了源源不断的新动力，正成为大众创业、万众创新的重要技术支撑。测绘地理信息科技水平在很大程度上体现了国家高新技术水平与综合国力。

近几年，特别是 2016—2017 年，测绘与地理信息相关学科发展迅猛，这种跨越式的发展形成了一批重要的创新成果，标志着信息化测绘技术体系的初步形成（基本建成）。资源三号 01、02 星的成功发射，开启了我国自主航天测绘的新时代；北斗卫星导航定位芯片的成功研制，结束了我国高精度卫星导航定位产品“有机无芯”的历史；北斗导航卫星建立的星间链路，标志着我国掌握了全球导航卫星星座自主运行核心技术；国内首套机载雷达测图系统，达到国际先进水平；自主研发了大规模集群化遥感数据处理系统，生产效率提高五至十倍；基础地理信息大范围快速更新技术实现突破，首次完成了全国范围 1:5 万基础地理信息数据库年度更新；在国际上率先开展了地理国情普查与监测，成功打造了自主知识产权的国家地理信息公共服务平台；数字城市地理空间框架向智慧城市时空信息云平台升级；自主研发了航空数码相机、倾斜相机、无人飞行器航摄系统、应急监测系统、移动测量系统等一大批技术装备，实现了基于中央处理器、操作系统、数据库的新一代地理信息平台软件的全面国产化等。我国测绘与地理信息学科发展正进入全面构建智慧中国的关键期、测绘产品服务需求的旺盛期、地理信息产业发展的机遇期、加快建设测绘强国的攻坚期，其内涵已从传统数据生产转型到新兴测绘与地理信息服务。

《2016—2017 测绘科学技术学科发展报告》在本学科发展基础上，总结和回顾了过去两年学科发展所取得的重要成就，特别是对测绘与地理信息行业的战略地位及其转型升级发展，若干关键技术进展与应用的新观点、新理论、新方法、新技术、新成果进行了评述。本报告坚持专家立场和学术视角，全面展示了测绘学科发展的亮点，深入分析了发展难点，预测了发展趋势并对存在的突出问题进行了客观总结，并提出了破解之道。

本报告沿袭了以往的架构，总体上分为两大部分：第一部分是综合报告，主要从测绘与地理信息技术的最新研究进展、社会应用与服务、发展趋势及展望等几个方面进行论述，由首席科学家宁津生院士牵头组织编写；第二部分是专题报告，由九个专题研究组成，分别论述了测绘学科的九个分支学科在近两年的发展现状和趋势。各专题报告分别由中国测绘地理信息学会大地测量与导航专业委员会、摄影测量与遥感专业委员会、地图学与 GIS 专业委员会、工程测量分会、矿山测量专业委员会、地籍与房产测绘专业委员会、海洋测绘专业委员会、地理国情监测工作委员会、测绘仪器装备专业委员会等组织编写。无论是综合报告还是专题报告，均组织精干的团队撰写，团队成员来自我国测绘界相关高校、科研院所和企事业单位与政府职能部门工作的专家，他们以科技创新思维为基础，以年度实际完成的重大科技成果为依据，总结测绘整体与各个分支学科发展的基本情况。报告撰写团队充分把握国家重大科技成果的进展和突破，客观反映学科发展中具有影响作用的新生长点，展示学科进展的阶段性动态趋势，提供国内外科技进展方面的文献资料，努力为基础研究提供参考，为应用研究提供支撑，促进学科交叉融合，努力服务于国家战略和民生、社会需求。学科发展是科技进步的重要基础，是国家科技竞争力的重要体现。我们衷心希望本报告能够为广大测绘科技工作者创新驱动发展服务，为测绘科技进步服务，为政府决策提供参考与服务，为社会各界了解认识测绘和地理信息事业发挥应有的作用。

本报告凝聚了众多测绘学科权威专家的智慧，在此向他们表示诚挚的敬意和衷心的感谢！

中国测绘地理信息学会
2017 年 12 月 20 日

目录

CONTENTS

ABSTRACTS

Comprehensive Report

Reports on Special Topics

综 合 报 告

测绘科学技术学科发展报告

一、引言

世界经济格局和产业结构的深度调整，使得科技对经济社会可持续发展的支撑作用日益明显。科技创新已经成为全球经济社会发展的主要推动力，发达国家纷纷加大科技投入，通过科技创新驱动发展确保其在科技领域的领先地位。科技创新链条更加灵巧，技术更新和成果转化更加快捷，产业更新换代不断加快。测绘与地理信息科技融合了信息科学、空间科学、高性能计算和网络通信等领域先进技术，是以全球导航定位技术、遥感技术、地理信息系统技术（“3S”技术）为核心的高新技术，在很大程度上体现了国家高新技术水平与综合国力。

伴随着大数据、云计算、物联网、智能机器人等新技术的快速发展，测绘与地理信息科技的发展也储备了源源不断的新动力，与新技术融合，成为大众创业、万众创新的重要领域，2016—2017年，测绘与地理信息相关学科发展迅猛。国际上，GPS、北斗（BDS）、格洛纳斯（GLONASS）和伽利略（Galileo）等全球卫星导航定位系统（GNSS）都在加快建设和完善进程，区域卫星导航定位系统建设加速推进，GNSS数据处理由离线向在线转变。室内外无缝导航定位技术发展迅速，形成了无线局域网（WiFi）、超声波、射频识别（RFID）、蓝牙等多手段互为补充的室内导航定位技术体系。全球大地测量观测系统（GGOS）正致力于整合各类大地测量数据，形成一致、可靠的大地测量数据产品。卫星影像正在向高时空分辨率、高光谱分辨率方向发展，WorldView-3卫星0.31m分辨率是目前全球民用遥感卫星的最高水平。航空摄影测量成为三维精细建模主要手段，多角度倾斜航空系统逐渐成为城市精细三维建模的重要数据采集装备。多时相合成孔径雷达

（SAR）干涉测量、极化干涉测量和SAR层析建模技术是近年来的研究热点。机载激光雷达（LiDAR）技术已成为复杂地形测量和三维建模的重要手段。地面移动激光扫描系统可以快速获取目标三维和属性信息。基于多源传感器的数据融合与反演服务成为遥感技术应用新趋势。地图制图更加注重产品的三维表达以及属性信息的精细化，产品内容和产品形式向社会化、三维化、动态化、泛在化和智能化发展。随着移动互联网、大数据、云计算技术的发展，基于云架构的地理信息数据网络化采集、自动化成图、智能化分析与泛在化服务正在成为热点。地理国情监测领域中战略规划、土地覆盖和土地利用、国土疆域、自然灾害等方面开展了大量工作，地理国情监测数据获取技术比较成熟、获取手段多样，涵盖了航天、航空、低空、地面等多个层面和光学、雷达、LiDAR等多种方式，能及时获取不同空间、时间、光谱分辨率的地理国情监测遥感影像数据和地面调查数据，为地理国情监测提供丰富的数据源。与此同时，我国测绘与地理信息科技也得到了跨越式发展，形成了一批重要创新成果，信息化测绘技术体系基本建成。资源三号01、02星成功发射，开启了我国自主航天测绘的新时代。成功研制了北斗卫星导航定位芯片，结束了我国高精度卫星导航定位产品"有机无芯"的历史。北斗导航卫星建立了星间链路，标志着我国掌握了全球导航卫星星座自主运行核心技术。研制了国内首套机载雷达测图系统，达到国际先进水平。自主研发了大规模集群化遥感数据处理系统，生产效率提高5 ~ 10倍。基础地理信息大范围快速更新技术实现突破，首次完成了全国范围1∶5万基础地理信息数据库年度更新。在国际上率先开展了地理国情普查与监测，成功打造了自主知识产权的国家地理信息公共服务平台，数字城市地理空间框架向智慧城市时空信息云平台升级。自主研发了航空数码相机、倾斜相机、无人飞行器航摄系统、应急监测系统、移动测量系统等一大批技术装备，实现了基于中央处理器、操作系统、数据库的新一代地理信息平台软件的全面国产化，部分性能指标优于国外同类产品。

党的十八大报告提出实施创新驱动发展战略，科技是驱动测绘与地理信息事业的不竭动力。当今中国测绘与地理信息科技取得长足进步，我国测绘与地理信息学科发展正进入全面构建智慧中国的关键期、测绘产品服务需求的旺盛期、地理信息产业发展的机遇期、加快建设测绘强国的攻坚期，其内涵已从传统测绘技术条件下的数据生产型测绘转型升级到信息服务型测绘与地理信息。本报告对近年来，主要是2016—2017年测绘与地理信息行业的战略地位及其转型升级发展进行评述和归纳，回顾、总结和科学评价我国测绘与地理信息学科转型升级的新观点、新理论、新方法、新技术、新成果，主要从当前测绘与地理信息的科技手段与应用已从传统的测量制图转变为包含"3S"技术、信息与网络、通信等多种手段的地理空间信息科学，近年来更与移动互联网、云计算、大数据物联网、人工智能等高新技术紧密融合的多学科专业的发展历程详细论述其转型升级发展现状，凝练若干关键技术进展，并简要介绍本学科在学术建制、人才培养、研究平台、重要研究团队等方面取得的进展。结合本学科有关国际重大研究计划和重大研究项目，分析比较国际上本学科最新研究热点、前沿和趋势，评析本学科国内外的发展动态，根据2016—2017年测绘与地理信息学科发展现状，对比国内与国际测绘与地理信息学科技术发展差距，分析我国测绘与地理信息学科未来5年发展战略和重点发展方向，提出相关发展趋势和发展策略。

二、近年的最新研究进展

（一）大地测量与导航

大地测量与导航作为前沿性、创新性、引领性极强的战略科技领域，在国家创新驱动发展的进程中发挥着越来越重要的作用。大地测量利用各种大地测量手段获取地球空间信息和重力场信息，监测和研究地壳运动与形变、地质环境变化、地震火山灾害等现象和规律以及相关的地球动力学过程和机制，在合理利用空间资源、社会经济发展战略布局、防灾减灾等方面发挥着重要作用。随着卫星导航定位技术的迅猛发展，尤其我国北斗导航系统的广泛应用，推动了我国大地测量与导航领域的快速发展。

1. 北斗全球卫星导航系统

近两年，北斗系统在不断完善改进自身卫星性能外，着力发展北斗系统的地面基准站布网、地面数据处理中心等相关建设，推广北斗系统创新应用，并与多个国家开展卫星导航领域的国际合作。同时，继续建设北斗全球系统，2015年开始实施北斗全球系统的组网任务，到2016年3月底，北斗全球卫星导航系统已成功发射22颗在轨卫星。

我国持续深入开展BDS/GNSS精密定轨定位与数据处理及应用的理论、算法、模型、软件与服务系统等研究，构建了具有国际先进水平的卫星导航定位与定轨科技创新研究平台，针对现代时空基准建立与维持、卫星导航精密定位与定轨以及卫星导航定位综合应用服务等方面的瓶颈难题开展了一系列攻关研究，形成了GNSS统一模型、统一无缝高精度实时定位的整体性理论框架，全国CORS网研究和建设逐步深化，目前已经全部建成的360个CORS站都具备北斗信号接收和数据产生的能力，可以实时接收数据流，并初步建成了国家广域差分服务系统，日常化生成实时精密轨道、钟差、电离层等产品，通过网络播发给广大用户使用。同时，相关兼容北斗的GNSS广域差分和精密单点定位（PPP）的手持终端已经研发成功，正逐步推广使用。国内各省也开展了相应的北斗CORS站的更新升级工作，正在部署和实现全国各省兼容北斗的局域差分服务系统和兼容北斗的网络RTK服务系统，开展分米级和厘米级高精度位置服务。

在导航与位置服务技术方面，我国在广域实时精密定位技术与示范系统、大型建筑物复杂环境室内定位关键技术等方面取得了重大突破，分别实现了全国范围室外优于1m，室内优于3m的定位精度，并成功开展了应用示范。国内的协同精密定位平台正在积极构建，“羲和计划”正在开展，以北斗/GNSS、移动通信、互联网和卫星通信系统为基础，融合广域实时精密定位和室内定位等技术，实现了室内外协同实时精密定位，开创了覆盖我国的国家室内外协同实时精密定位系统的先河。

2. 大地基准与参考框架维护

国家现代测绘基准体系基础设施建设自2012年6月启动以来，五个单项工程（国家GNSS连续运行基准站网建设、国家GNSS大地控制网建设、国家高程控制网建设、国家重力基准点和国家测绘基准数据系统建设）通过新建、改建和利用的方式，建立了地基稳定、分布合理、利于长期保存的测绘基础设施。2014年，已完成1135个GNSS大地控制点的观测、32745.1km一等水准观测、10585个水准点上重力观测和40点次绝对重力观测；同时，还组织汇交了全国31个省市自建基准站、基准工程站、927基准站、陆态网络基准站的观测数据，并进行了全国联合网解算和整体平差，获取了全国统一空间基准下的高精度、地心坐标成果，解决了各省级基准站网坐标框架不统一和导航定位基准不一致的问题。利用410个国家基准站CORS（150个含北斗）开展了410个国家基准框架维护和兼容北斗的国家基准站数据分析及监测评估，常态化生成国家基准框架服务类产品和北斗基准系列产品（卫星轨道和钟差、地球自转参数、电离层、对流层等基准产品）。我国现代大地测量基准体系已逐渐具备高精度、涵盖全部陆海国土、三维、动态的能力，即将建立成平面基准和垂直基准一体的高精度、三维、动态的现代大地基准体系。

2000国家大地坐标系下的国家级测绘成果已于2013年对外发布使用。2013—2014年，在CPM-CGCS2000 20个Ⅱ级块体模型及中国地壳运动观测网1025个站点速度的基础上，综合采用反距离加权法、欧拉矢量法、块体欧拉矢量法、有限元插值法、最小二乘配置法建立了全面、精确、稳定可靠的中国大陆1°×1°格网速度场模型，用格网速度场模型计算网络工程1025个站点速度，并求出差值，建立了中国大陆分布均匀的速度场模型。在此格网速度场数值模型基础上，对已有的SuperCoord1.0软件进行升级，按行政区划将格网速度场模型嵌入到软件中，已免费下发到22个省（市）、自治区用于GNSS坐标成果的转换。目前,2000国家大地坐标系在国土资源部等17家部委得到了推广应用，截至2016年，7个部委直接使用测绘部门提供的CGCS2000数据库，中国地调局已先行于2015年启动馆藏地质资料的转换工作，于2017年完成所属全部资料的转换工作；另外，有国家海洋局等6个行业部门需要测绘部门提供支持完成后续转换任务。针对各部门CGCS2000应用中转换不规范情况，现已完成了《CH/T 2014—2016 大地测量控制点坐标转换技术规范》行业标准，并于2017年3月16日由国家测绘地理信息局正式发布启用，用于规范各类控制点包括GNSS点向2000国家大地控制点转换方法和技术要求。

空天一体化基准相关方面的研究进一步加强。实现空天一体化基准的关键在于确定高精度的EOP，即确定不同参考系之间的联系参数，涉及的主要技术手段包括甚长基线干涉测量（VLBI）、卫星激光测距（SLR）和全球卫星导航定位（GNSS）等。VLBI技术能够精确测定 EOP 的全维参数，自 2002 年起国际上开始建设 VLBI 全球观测系统（VGOS），旨在将全球范围测站的位置精度由 5mm 提高至 1mm，并可连续获得测站位置和 EOP 时间序列，作为 VGOS 的重要组成部分，我国新一代 VLBI 测地网处于建设之中，基本符合 VGOS 要求的首个射电望远镜已完成设备研制，正在进行土建等配套设施建设。SLR 用于确定地球参考框架的原点和尺度因子，通过与 VLBI 并置测量，有利于分析和消除不同测量技术之间的系统差异，精化 EOP 激发机制的分析，提高 EOP 的预测精度。国内已有上海、长春、北京、武汉等多个 SLR 观测站，目前计划按地域相对均匀分布原则适当加密建站，同时对某些站点作升级改造，使其具备白天测距和非合作目标测距等能力。GNSS 技术主要用于 EOP 的加密测量，是对上述两种技术的重要补充。国内利用 IGS 跟踪站的连续观测资料估算得到的地球定向参数，与 IGS 发布的地球定向参数结果具有较好的一致性。

3. 大地测量数据处理与地球动力学研究

大地测量数据处理的进展主要体现在 GNSS 数据处理、大地测量反演和地球动力学算法三个方面。

GNSS 数据处理借助云计算、云存储和分布式技术，解决了地球参考框架和大地网高效处理、CORS 领域、大规模 GNSS 网平差以及大规模 GNSS 基准站网数据处理等相关复杂问题的求解。在 GNSS 导航算法中，提出了基于 BeiDou、Galileo、GLONASS、GPS 的 4 系统融合精密单点定位算法、基于北斗三频宽巷组合的网络 RTK 单历元定位算法和基于“多参数”的组合 PPP 与码 IFB 估计定位方法等一系列新方法。在组合导航方面，提出了基于 GPS/INS/Odometer 组合导航的自适应联邦滤波方法、基于 GNSS/RISS 的双滤波器组合方法、基于神经网络辅助的多重渐消因子自适应 SVD/UKF 方法、基于多普勒平滑伪距在 GPS/INS 紧耦合导航的应用方法、基于神经网络辅助的 GNSS/INS 松组合模式下的抗差自适应滤波算法和基于伪距 / 伪距率 / 双差分载波相位组合导航算法等。围绕室内外无缝导航，提出了基于 WiFi 和 PDR 定位信息融合处理的无迹卡尔曼滤波算法、基于渐消因子的自适应加权扩展卡尔曼滤波的 WiFi/PDR 融合定位算法、基于粗时段导航和 RAIM 算法解决 A-GNSS 室内定位问题的算法、基于人体运动学机理的 IMU 行人导航定位算法、基于行人航位推算的误差补偿算法、基于传感器零速修正算法，研究了面向无线局域网位置指纹匹配定位的动态自适应模型、基于几何聚类指纹库的约束 KNN 室内定位模型。

大地测量反演是利用大地测量观测数据研究地球表面客观形变演化特征和规律，推求地球内部物性参数和特征，进而解释地球内部力学过程的一门交叉学科，近两年在数据获取、模型构建、反演算法设计及地球物理解释四个部分领域均取得了长足进展。在“数据获取”方面，主要研究了包括高频 GNSS/ 远震体波数据、BDS/GPS/GLONASS 数据、GPS/ 水准 / 强震动数据和水准 /InSAR 等多类数据的综合处理理论及应用方法。在“模型构建”方面，系统深入研究了大地测量地球物理联合反演模型的构建和基于高频 GNSS

数据准实时反演地震三要素的模型，研究了 GPS 和远震体波反演地震破裂过程的快速反演和联合反演模型和 GPS、水准和强震动数据确定同震滑动分布的联合反演模型等。在“反演算法设计”方面，研究了混沌遗传反演新算法，以及最小二乘直接法的 MPI 并行算法及其在卫星重力场建模中的应用和区域重力场定量反演的多尺度刻痕分析方法，此外，还提出了断层三维滑动速率、大气折射指数反演和地震同震滑动分布等反演新方法。在“地球物理解释”方面，研究进展包括利用重力数据确定构造应力场、中国大陆 Moho 深度及震后重力变化，联合 GPS、InSAR、水准及地震数据确定了多个地震的静动态破裂过程、震后地球物理机制及震间闭锁和滑动亏损状态等。地球动力学算法研究进展主要针对近年来测绘及相关领域出现的一些新类型观测数据，复数观测的数据不能考虑观测误差、多余观测信息等问题，将测量平差从实数域推广到复数域，并定量研究了两种平差准则的优劣性。从理论上证明了复数域与实数域最小二乘平差结果的等价性，在复数域最小二乘的基础上提出了复数域总体最小二乘平差方法，推导了复数域总体最小二乘和复数混合总体最小二乘的相关公式。同时，在新的参数估计形式的精度与可靠性评估问题、可靠的小波去噪质量评价指标、抑制粗差的抗差卡尔曼滤波算法、不确定信息的利用等方面取得了若干成果。

在地球动力学研究方面，主要是对现今地球动力学过程的地壳运动学特征进行高精度和高时空分辨的观测获取，进而以地壳运动为约束，反演和推测深部地幔对流的运动方式和驱动机制等研究。当前对地表板块运动、构造运动和地壳形变的观测，在空间分辨率方面，无论全球观测站还是局域观测站，其数量或密度均在迅速增加，并且观测的区域已由陆地拓展到了海底；在时间分辨率方面，已可高达 0.02s 或 50Hz；在观测精度方面，静态或缓慢运动单日解坐标的水平和垂直分量中误差分别达 ±3mm 和 ±5mm。而动态运动 1 ~ 20Hz 采样率的单历元解坐标的水平和垂直分量中误差分别达 ±15mm 和 ±20mm。目前，既可有效观测长期缓慢的地壳运动、地面沉降、冰后期回弹、震后弛豫变形等过程，亦可分辨地震破裂和火山喷发等快速地面运动的位移和形变过程。

（二）重力测量与地球重力场

1. 卫星重力测量

我国大地测量和地球物理学界的专家学者紧跟国际卫星重力测量研究热点和动态，积极推动我国下一代的卫星重力测量计划，在此领域开展了多方面的研究工作。在低轨卫星精密定轨技术方面，对运动学定轨、简化动力学定轨、自适应定轨等研究取得了较为全面的成果，定轨方法的研究，覆盖面广、技术路线全面，包括了非差、单差等多种技术模式，径向精度总体上已经接近 3 ~ 5cm 的水平，使得我国在低轨卫星精密定轨的数据处理领域达到了国际先进水平。在卫星重力场建模方法方面，开展了包括能量法、动力法、加速度法和短弧法等研究工作，在部分方法上做了一定的改进，建立了一系列静态和时变重力场模型。需要特别指出的是，作为卫星重力观测数据的主要处理手段之一的同解法（又称一步法），理论上更加严密，可实现更优的参数估计，同时同解法实现复杂，其具体技术路线并未见诸公开刊物，在这个特定领域，国内一直处于跟踪状态，一直没有实质突破。2016年，我国首次给出了一种同解法的实践路线，实现了国内首次获得了真实卫星任务数据条件下的同解法结果，经检验，精度与国际已发布模型相当。该成果推动了同解法在海量实测卫星观测数据处理中的应用，提高我国在卫星重力场模型研制领域的技术水平，进一步缩小与国际一流水平的差距，并促进我国对国际上新一代重力卫星数据资源的有效利用。

针对国际上即将实施的新一代卫星重力计划GRACE-Follow-On和E.MOTION，我国学者已着手对其展开预先研究，基于GRACE-Follow-On卫星重力梯度法开展了精确和快速反演下一代地球重力场的可行性论证研究，结果显示基于GRACE-Follow-On的测量方式相比当前GRACE卫星反演地球重力场精度至少提高10倍，验证了新一代GRACE-Follow-On计划的优势所在。同时，我国也提出了双星串飞编队的卫星重力测量模式，全球覆盖周期缩短到2.5年，覆盖分辨率1′，对应重力异常精度为2.5mGal；现已完成了我国自主的SST-LL卫星重力测量的轨道设计、星载传感器研制、数据处理等关键技术的攻关，正在开展后续地面验证的研究与进一步完善工作。

2. 海洋重力场与陆海统一大地水准面精化

近20年来，我国海洋重力场和海洋潮汐等海洋模型精度不断提高。现已在中国近海及领海海域构建了2′×2′的重力异常数值模型，模型精度达到3～5mGal；确定了全球海域2′×2′平均海平面高模型序列，精度优于4cm；研究了近60年全球海平面变化特征，量化了海平面变化趋势及其主要贡献因素，反演并构建了全球海底地形数值模型；建立了15′×15′全球海洋潮汐模型，并已完成综合多源重力场资料研制我国全海域大地水准面模型。此外，研究了海洋无缝垂直基准构建技术，探索了海洋垂直基准的传递方法，联合多代卫星测高资料以及长期验潮站资料，建立了我国区域精密海潮模型，还综合利用沿海及海岛礁卫星定位基准站和长期验潮站并置观测资料，开展了基于重力位差实现跨海高程基准传递的理论与方法研究，建立了我国高程基准与深度基准转换模型。

在大地水准面方面，采用全国重力数据、7.5′×7.5′ SRTM数值地面模型资料和卫星测高资料反演的格网海洋重力数据，继我国陆地数字高程基准模型CNGG2011之后，得出了2′×2′陆海数字高程基准模型CNGG2013初步成果，与GNSS水准比较，全国的精度由原来的±12.6cm提高到±10.9cm，特别是西藏地区的精度显著提高，将±21.9cm提高到±15.6cm。同时开展了联合重力位模型、重力异常、地形数据，顾及完全球面布格异常梯度改正项的确定垂线偏差的理论与方法研究，并在此基础上构建了我国1′×1′的垂线偏差数值模型，通过大范围多区域的精度检核，在平缓地区垂线偏差达到0.5″的精度，中等山区达到1″的精度，在较大山区和重力资源稀少地区，达到稍差于1″的精度。

（三）摄影测量与航天测绘

近年来，随着航天航空技术、计算机技术、网络通信技术和信息技术的飞速发展，摄影测量与遥感多种传感器和遥感平台出现并逐渐成熟，遥感数据获取的能力不断增强，形成了以多源、高分辨率为特点的高效、多样、快速的空天地一体化数据获取手段，航空航天遥感正在朝“三多”（多传感器、多平台、多角度）和“四高”（高空间分辨率、高光谱分辨率、高时相分辨率、高辐射分辨率）方向发展，多源数据的自动化处理、众源数据的智能应用正逐渐成为摄影测量与遥感专业研究的重要方向。近两年摄影测量与遥感专业技术进展体现在以下几方面。

1. 光学高分遥感卫星

高分四号卫星作为我国第一颗地球同步轨道遥感卫星，通过指向控制，实现对中国及周边地区的观测，高分四号运行在距地 36000km 的地球静止轨道，与此前发射的运行于低轨的高分一号、高分二号卫星组成星座，具有高时间分辨率和较高空间分辨率的优势。高分四号卫星的研制开辟了中国高轨高分辨率对地观测技术的新领域，大幅提高了中国遥感卫星的整体设计水平，大大增强了掌握新一代遥感平台的长寿命、高可靠、高精度定位及快速机动等核心技术的能力，提高了中国高性能遥感光学有效载荷技术水平。

天绘系列卫星是我国第一个传输型立体测绘卫星任务，其目标是实现无地面控制点条件下 1∶5 万比例尺地形图（20m 等高距）的测制。天绘系列卫星 01 星于 2010 年 8 月 24 日成功发射，随后又成功发射 02 星和 03 星。目前三颗星组网摄影，在轨运行状态良好。截至 2017 年 2 月，“天绘一号”影像全球有效影像覆盖率已达 81.2%，全国覆盖率达 99.9%。

资源三号测绘卫星是我国第一颗民用高分辨率光学传输型测绘卫星。该卫星于 2012 年 1 月 9 日发射，截至 2015 年 10 月 20 日，资源三号卫星在轨安全运行 1380 天，获取原始数据 6689 轨，原始数据总量 1006TB，影像数据 173 万景。我国陆海全境有效覆盖达 1166 万 km^2，已实现中国境内陆地国土面积 98.47% 的有效覆盖。全球范围内有效覆盖面积达 7073 万 km^2，有效覆盖率接近 14%（亚洲有效覆盖率为 60.39%，东亚、中亚接近全部覆盖，欧洲有效覆盖率为 20.5%，北美洲有效覆盖率为 9.7%，南美洲有效覆盖率为 60.6%，非洲有效覆盖率为 24.4%，大洋洲有效覆盖率为 68%，南极洲有效覆盖率为 3.2%）。目前，三颗资源三号后续测绘卫星已纳入国家相关规划，2016 年 5 月 30 日发射的资源三号 02 星，实现两颗资源三号测绘卫星组网运行。资源三号 02 星在不改变光学镜头的前提下，通过更换与正视相机相同的 7μmTDICCD 器件，将前后视相机的地面像元分辨率由 01 星的 3.5m 提高到 2.5m，进一步提高测绘精度，同时将星载软件系统进行了升级，大大降低了用户上行注入命令块的复杂度，保证了地面运行系统的方便快捷。基于 2013—2015 年资源三号卫星获取的数据，资源三号卫星全国数字正射影像库及数字表面模型数据库已正式向社会发布，几何分辨率为 2m，由全色和多光谱影像融合生成。

2. 航空遥感

近年来，航空遥感的主要进展体现在无人机遥感技术的发展，是继卫星遥感和有人通用航空遥感技术之后的新兴发展方向，其以全天时、实时化、高分辨率、灵活机动、高性价比等优势，在农业、生态环境、新农村建设规划、自然灾害监测、公共安全、水利、矿产资源勘探、测绘等国民经济及社会发展各个领域发挥了重要作用，可用于遥感测绘的无人机平台种类繁多，主要包括微型无人机、固定翼无人机、无人直升机、滑翔机等。

3. 高光谱遥感

在高光谱遥感传感器研制与信息获取技术方面，机载成像光谱仪商业化水平不断推进，应用领域持续拓展。近年来无人机高光谱遥感受到了业界人员的高度重视，表现出良好的技术优势和发展潜力。目前，我国在 HJ-1A、嫦娥一号和天宫一号等探测系统中都搭载了成像光谱仪。大气环境红外甚高光谱分辨率探测仪是高分五号卫星的主载荷之一，也是我国首个星载超高光谱卫星探测载荷，通过对温室气体、臭氧等成分和浓度的探测，为气候变化研究和大气环境监测提供科学依据。此外，预计在高分五号装有甚高光谱分辨率探测仪和多部大气环境和成分探测设备，可以间接测定 PM2.5 的气溶胶探测仪，实现纳米级光谱差异探测。

4. 合成孔径雷达（SAR）

SAR 正向多平台、多波段、多极化、多模式、高空间分辨率和高时间分辨率方向高速发展。目前典型的 SAR 系统包括星载（Spaceborne）、机载（Airborne）和地基（Ground based）系统。2012 年 11 月发射的“环境一号”C 卫星是我国首颗 S 波段 SAR 卫星，能够与“环境一号”A、B 卫星组成环境与灾害监测星座，进一步提升我国对于灾害和环境的监测能力。在机载 SAR 系统方面，搭载在飞机或者无人机上的 SAR 系统（即机载 SAR 系统）能够根据实际应用有针对性地获取数据，信息获取过程更灵活，适合于特定范围的研究，国内已成功研制出我国首套机载多波段多极化干涉 SAR 测图系统（CASMSAR），能够实现 1∶5000 到 1∶50000 比例尺测绘。近年来，地基 SAR 成像系统也得到了迅速发展，通过合成孔径技术和步进频率技术实现方位向、距离向同步高空间分辨率成像，地基 SAR 成像系统视线向位移测量精度能够达到 0.1mm，国内众多单位和学者已经利用地基 SAR 成像系统对滑坡、露天矿边坡、冰川运动等展开监测和研究。

5. 激光雷达（LiDAR）

近年来，国内在星载激光雷达、机载激光雷达、车载激光雷达和地面激光雷达系统的研制与开发取得了较大的进展。随着固体激光技术的进步，特别是高功率、高亮度、高效率激光二极管的出现，极大地推动了星载激光雷达技术的发展，国内相关技术也在同步迅猛发展，如用于月球探测的 CE-1 激光高度计、CE-2 激光高度计及 CE-3 激光成像雷达等。车载 LiDAR 系统侧重于获取高精度的数字城市道路及建筑物立面信息，主要用于道路环境与城市街景建筑物立面的快速重建，国内已成功研制了车载城市信息采集与三维建模系统、车载数据采集系统 3DRMS 系统和全景激光 MMS 系统。地面 LiDAR 系统能获取到地面目标高精度、高细节层次的几何数据，国内已开发出多个不同测量范围、测量精度、扫描频率、集成化程度和应用领域的地面三维激光扫描仪。得益于无人机技术的强大应用潜力与需求，以及全球定位系统的日趋普及和成熟，无人机 LiDAR 系统的发展得到了迅速发展，在国内，无人机 LiDAR 技术的发展领先于国际水平，多种型号的无人机 LiDAR 系统已经投入生产实用。

6. 数据处理

随着我国以资源三号、天绘一号为代表的多颗自主立体测图卫星的在轨运行，获取覆盖全球的海量立体影像数据进行全球高精度测图，为国民经济建设、国防军事提供具有全球统一基准的高精度地理信息基础数据框架，已逐渐成为当前我国空间基础设施建设中的一项重要组成部分。对卫星影像数据进行平差处理是保证后续测图产品几何精度的前提，近年来受到了学者们的重点关注，主要研究进展表现在：提出了基于 RPC 模型的区域网平差方法，基于姿轨分段多项式、姿轨定向片等长条带影像区域网平差模型，利用少量控制点实现了长条带影像的整体平差方法和光学卫星影像与航空影像的联合平差方法等。目前，针对超大规模无控制立体测图卫星影像数据平差，已攻克了超大规模区域网平差解算和可靠性分析关键技术，并研制了国产具有自主知识产权的超大规模卫星影像区域网平差处理软件。

在移动测量方面取得的主要进展包括：建立了海量点云的可变三维体元空间索引与实时可视化方法，奠定了 TB 级点云高效统一管理的技术基础；提出了多源、多视角点云时空基准一致性自动整合方法，有效减少了数据间配准误差的传递，解决了配准参数非线性优化求解问题；发展了融合地物语义知识的多尺度三维分割与三维目标层次化提取方法，解决了单一分割尺度难以兼顾整体和局部的缺陷，提高了小尺度目标、不完整目标、重叠目标提取的完整性和精度。

三维 GIS 已经成为数字城市最重要的信息承载引擎之一，并支撑从室外到室内、从地上到地下构建实时精准的真三维数字城市，在此领域，我国相继启动了“室内多维位置信息标识语言”“室内外多模式协同定位服务接口”和“室内地图数据模型与表达”等国家标准的研究制定工作。针对智慧城市与城市安全等重大需求，在已有三维 GIS 技术基础上，深化发展了视频 GIS、实时 GIS 和全息位置地图等新原理和新方法，我国已率先将三维 GIS 拓展到对多粒度对象的时间、空间、语义、尺度和行为等多模态特征进行一体化的科学描述。

在高分辨率影像处理中，面向对象的分析方法、“投票”决策或马尔科夫随机场、条件随机场等高分辨率遥感影像分类方法、利用多源、多时相遥感数据提取高分辨率遥感图像信息和高分辨率遥感图像场景的机器理解等方面取得了一定的进展。

（四）地图制图与地理信息工程

地图学与地理信息技术正经历从数字化向信息化的发展变化，大数据和移动互联技术推动了地理信息服务的迅速发展，地图制图更加注重产品的三维表达以及属性信息的精细化，产品内容和产品形式向社会化、三维化、动态化、泛在化和智能化发展，基于云架构的地理信息数据网络化采集、自动化成图、智能化分析与泛在化服务正在成为热点。近年来，这一学科领域的研究主要集中在地图学与地理信息理论、数字地图制图与制图综合技术、地理信息系统、移动地图与网络地图等四个方面。

1. 地图学与地理信息理论

地图学理论研究对于地图制图和地理信息技术发展与应用的指导作用日趋显现，理论对技术的拉动也促使越来越多的学者开始并持续关注理论问题。在以云计算、大数据和智慧地球等新概念、新架构和新方法的推动下，地图和地图学本身的概念内涵和外延在不断的演化中，出现了全息位置地图、智慧地图和新媒体地图等衍生新概念，为地图学在信息时代的进一步发展提供了新动力，地图学与地理信息理论体系更加健全，经典地图学理论不断演进，地理信息科学理论与方法论得到进一步发展，有望成为独立于飞速发展的信息技术的新的研究领域。

2. 数字地图制图与制图综合技术

在数字地图制图方面，采用先进的数据库驱动制图技术和方法，进行地理信息更新和地图符号化出版工作，多比例尺地图数据库动态更新、增量更新、级联更新、要素更新以及实体化数据模型建立正在实现，地理信息更新和地图符号化出版一体化已经实现。我国已成功研究构建一整套基于空间数据库驱动的快速制图技术，研制了一套基于1∶5万、1∶25万、1∶100万数据库的地形图制图数据生产系统，地图制图效率大幅提高。在基础地理信息的持续更新方面，提出了融合多种匹配技术的算法、采用“检查—分析—提取—更新”过程的道路网数据更新策略、针对数据联动更新的目标相似性的计算模型以及目标匹配等新方法，利用空间数据融合方式进行空间数据的生产和更新；在地图制图综合方面，提出了顾及拓扑一致性的水系三维曲线化简方法、顾及空间关系约束的线化简算法和基于层次分析法的面状居民地自动选取方法，多项新方法新技术得到推广和应用。

3. 地理信息系统

在空间数据感知、获取与集成方面，主要在网络空间数据获取、常规空间数据获取方法的完善、DEM空间数据插值、空间数据集成等方面取得进展；对时空数据组织与管理的研究，主要集中在时空模型构建，空间关系查询、索引和处理，空间拓扑构建和拓扑检查。此外，还有对数据编码，数据压缩，离散格网及地址信息编码等取得一系列研究成果；地理表达与可视化方面的研究集中于自动制图与矢量数据可视化，三维建模可视化，经济社会事件可视化方面。

4. 移动地图与网络地图

随着网络地图应用的普及和新媒体地图的发展，产生了智慧地图（或称智能地图）、公众参与地图、全息地图等地图新概念，提出了混搭地图、众包地图、个性化地图等在线地图服务的新模式，探索了面向地图的多模态人机交互模式，包括语音、手写、手势、表情感知等，也包括对位置、方位、速度的智能感知与服务驱动。需要特别指出的是，众包地图采用“众包模式”建立大众参与的地图服务，它既可以是一种地图数据提供方式，也可以是一种地图制图方式。众包地图的应用得到快速发展，已进入制图、救灾和规划服务等领域。由于室内地图涉及的用户人群多、数据量大、更新快，其众包模式正得到极大的关注，有助于解决室内地图数据的快速获取问题。在网络地图设计与表达方面，探讨了基于视觉感受的网络多尺度表达模型、基于个性化表达的网络地图符号设计模型和基于认知实验的旅游网络地图符号设计模型。在移动地图设计与表达方面，提出了基于情景体验的移动地图情景模型、基于用户需求的移动地图自适应表达模型和基于邻近区域的移动地图变比例尺表达模型等，构建了适用于用户偏好的移动导航地图主动表达规则，将地图服务由“大众化的信息管理”拓展到“个性化的知识推理”，已成为学科研究新趋势、用户需求新方向。在线地图中多尺度可视化方法是合理显示地图信息的重要手段，已很好地解决由于显示屏幕不同造成的信息载负量差异问题，针对 POI 数据与背景数据的混搭式地图多尺度可视化问题和小规模地理场景点要素三维注记配置问题，提出了新方法和新算法，基于用户视觉感受原则，从地图负载量、地图分级显示以及地图符号尺寸三个角度，提出一种网络地图的多尺度表达模型，为用户提供了较好的视觉感受。导航地图也从单一的导航平台到综合信息服务平台和社交平台转变，使地图适用范围更加广泛。导航地图逐步由二维平面地图转向三维和实景地图导航甚至是立体导航，导航界面更加友好，符号设计更加人性化，其适用范围更加广泛。

（五）工程测量与变形监测

当前，我国的“一带一路”国家战略、航天强国战略、海洋强国战略以及建设雄安新区等战略为工程测量提供了广阔舞台。国家基础设施建设快速发展，各种大型、超大型工程的数量和规模超过了历史上任何时期。通过工程项目的顺利实施，推动了新技术、新装备和新方法在工程测量领域的应用，创新了技术理论方法和新的技术体系，促进了工程测量学科的发展。近几年，工程测量学科在理论、方法与技术上的进展主要有以下几个方面。

1. 重大工程几何测控关键技术

国家重大工程建设投资巨大、建设周期长、技术难度大、精度要求高、施工复杂、安全风险控制要求高。针对这些特点，利用有限元数值模拟、GB-SAR、地面三维激光扫描系统、数字垂线仪、GNSS 和测量机器人等先进技术与理论方法，取得了一系列创新成果，包括：提出了预变形分析和测量监控相结合的方法，建立了 GB-SAR 多稳定点大气改正和变形计算模型；提出了一套基于地面三维激光扫描进行构筑物高频振动测量的数据处理方法与流程；提出了基于测量机器人多连接点的基准网组建方法；研制了激光点自动跟踪测量的数字垂线仪；研发了GNSS和测量机器人相结合的桥梁施工实时几何监测系统。

2. 建筑遗产数字化保护技术

利用科技手段支撑和引领文化遗产保护与公共文化服务，是国际社会的普遍做法和策略，我国在建筑遗产的全生命周期信息采集、精细化重构、健康监测、虚拟修复及数据储存组织管理等研究都取得若干新的突破。建筑遗产精细重构与表达方面，通过高保真建筑遗产数字采集技术与装备，形成了空地联合遥感遥测的建筑遗产形貌结构信息提取的关键技术；以激光三维扫描技术、高光谱技术等为代表的高新测绘技术及物联网与大数据技术的发展，实现了建筑遗产全生命周期信息的全模态高精度采集以及文物本体状态主动精准感知；虚拟修复技术以顾及拓扑约束的三角网格模型骨架线提取算法，建立了大型复杂文物缺损部位复原预测模型，解决了修复参数定量化问题；为确保建筑遗产信息化海量数据组织管理的适用性、安全性和高效性，以数字文化遗产大数据多模态知识检索、内容挖掘、语义理解等关键技术，构建支撑文物研究、出版、导览和展示等业务的数字文化遗产内容服务云平台。

3. 大比例尺测图新技术

综合利用无人驾驶飞行器技术、测绘传感器技术、无线传感器网络技术、遥测遥控技术、通信技术、POS定位定姿技术和GPS差分定位技术等，以各种成像与非成像测绘传感器为主要载荷，快速获取国土、资源、环境、事件等多源空间信息，并进行快速处理、多维建模和高效分析。将倾斜摄影技术与无人机相结合，从多个角度同步曝光采集影像，经过精密解算处理获取真实地物信息，自动构建实景三维模型并进行立体量测，服务于智慧城市建设。

4. 变形监测与安全检测技术

以计算机技术、网络技术、电子测量仪器技术、传感器技术、通信技术为一体的变形监测系统发展迅速，基本取代了传统的变形监测方法，变形监测已进入了自动化、智能化和信息化时代。主要进展包括：核安全壳内外观缺陷检查/监测系统的建立，研制了安全壳外观高分辨率影像采集平台，提出了安全壳表面缺陷自动检测算法和流程，设计了基于位置约束的图像拼接算法，设计了安全壳内侧钢板衬体鼓包检测装置，首次实现了核电站安全壳穹顶裂缝监测数据的远程实时监控。此外，物联网安全监测云服务技术发展迅速，突破了以往仅依赖测量机器人、GNSS设备、电子水准仪的限制，充分应用了各种传感器设备进行数据采集，除几何形变监测外，可对结构应力、环境温度、激励振动进行监测，为监测数据处理与分析理论研究提供了新的契机，实现从形变趋势预测到内在因素挖掘，单因子模型到多因子变量模型的发展。

5. 移动测量技术

在移动测量方面，研制出了一系列的不同用途的移动测量设备，从传统的室外移动测量到室内移动测量都有不同突破。主要研究了车载移动测量系统中定位定姿系统误差校正与补偿；通过 3D SLAM 技术，将激光扫描设备放在机器人上，可以进行室内激光扫描和定位，并支持在线三维实景空间浏览、人机交互、定位导航、协同信息交互以及高精度实景测量等；解决了激光雷达系统原始数据由初始极坐标向当地坐标系统的坐标转换等问题。

6. 高精度定位技术

近年来，iGPS、伪卫星和超宽带等高精度定位技术发展迅速，在航空航天制造、大型部件精确定位、飞行导航、室内定位等方面被广泛研究与应用。iGPS 把同样的定位性能从地球空间缩小到封闭的区域和局部测量的应用，围绕被测物体进行 360°空间测量，不需要转换坐标系，降低或消除转站造成的误差，基本不受空间限制，通过增加发射器，可以大大扩展测量范围，目前在柔性装配、大型部件精确定位以及自动钻铆机位置标定等过程中开展了大量应用研究。在伪卫星定位研究方面，国内起步较晚，但研究进展较快，并且得到了一定的实验性应用，例如将伪卫星技术结合 GPS 用于大坝形变监测，以及采用伪卫星技术实现厘米甚至是亚厘米精度的室内定位系统。当前已搭建了高精度伪卫星定位平台，开展了一系列对伪卫星技术有针对性的研究；现已开发出了基于 UWB 技术的 iLocateTM 无缝定位系统，实现了 2D/3D 的实时定位，并于近几年陆续开发出应用于仓储物流、工业自动化、机场人员定位的系统，基于 UWB 技术的 LocalSense 定位系统解决方案，能够解决工业现场供应链组件、设备、车辆与人员精确定位的问题。

（六）矿山测量与地下空间测量技术

当前，矿山测量的内涵已经和正在发生着深刻的变化，矿山测量已不仅限于几何量测与分析，还包括矿山采场环境、矿区地表环境等非几何量的观测与分析，测量手段也由常规的测绘仪器设备发展到包括地球物理仪器、环境参数物联网传感器等。近年来，矿山测量综合运用测绘、地质、采矿工程和生态环境等多个学科的理论、技术方法，研究从地面到井下，从矿体（煤层）到围岩的各种空间几何、资源和环境等问题，研究进展主要体现在以下几个方面。

1. 矿山测量中的测绘新技术

露天金属矿山测量主要包括矿区控制测量、地形测量、开采储量检测、边坡稳定性监测、方量测量等内容，连续运行卫星定位综合服务系统（CORS）、无人机航空摄影测量、地面三维激光扫描技术在露天金属矿山控制测量、地形测量、三维建模等方面得到了推广应用，惯性测量由于其自主式、全天候、机动灵活的特点，给矿山测量提供了一种新型的测量方式。

2. 基于 InSAR 时序形变的矿区全盆地沉降研究

利用 SBAS、永久散射体技术等时序 InSAR 技术，研究了 InSAR 技术在矿区开采沉陷中的应用，发展了矿区地表沉降监测以及老采空区稳定性监测技术。将 DInSAR 与时序

SAR（PS-InSAR、SBAS、SqueeSAR、CR-InSAR）技术相结合，系统研究了大气、噪声、形变相位的精确分离方法，采用非线性预计理论建立了煤矿区老采空区地基稳定性评价体系。利用雷达成像原理，提出顾及 InSAR 三维形变信息的概率积分法参数反演技术；基于 DInSAR 的开采沉陷参数沉陷规律分析，预计了矿区地表三维形变，将 InSAR 技术与 Logistic 模型相结合，提出了沉陷量的动态估计模型；基于雷达干涉测量（InSAR）技术，进行非法开采监测预警，基于 InSAR 时间序列监测结果，判断井下开采位置、方向及速度；根据实时监测数据，监测可能存在的非法开采、误采、越界开采、超层越界、重叠开采，对井下开采可能遇到的危险进行预警。

3. 感知物业联网在矿山测量中的应用技术

从技术和服务模式两个方面研究了矿山物联网的发展趋势，阐述了雾计算技术、网络分形结构、矿山物体的本体描述与知识化、云计算与大数据技术等概念及其在矿山物联网中的应用与发展。从实现矿山物与物相连，减少甚至消除监测盲区，运用云计算和大数据技术提取有用的监测信息，实现本质安全矿山。

4. 基于 GIS 一张图的煤矿生产技术在线协同管理系统

建立了基于 WebGIS 的煤矿生产技术在线协同管理系统，采用统一 GIS 平台、统一数据库、统一管理平台的方式，封装煤矿基础资料类库和煤矿专业功能类库，将安全生产过程流程化、标准化、协同化，实现“采、掘、机、运、通”等安全生产全过程的管控一体化，通过地测、通防、生产、机电等专业的分布式在线协同工作，实现了煤矿生产技术各个专业基于采掘工程平面图的“一张图”管理。

5. 矿山边坡变形监测数据处理技术

集成多传感器的自动化、智能化监测系统是矿山地面灾害监测的发展方向，研究了基于高斯过程理论的变形数据智能分析方法和预测模型，提出了完整搜索估计法，实现了多维异常数据定位、估值和修正，设计了多维异常数据定位搜索算法，自动生成包含异常数据位置的定位矩阵，应用可靠性理论结合最小二乘方法推证了异常数据的估值和修正方程。

（七）海洋与江河湖泊测绘

近两年来，海洋与江河湖泊测绘在海洋测量调查平台、海洋测绘基准与导航定位、海岛礁与海岸地形测量、海底地形与地貌测量、海洋重磁测量、海图制图与海洋地理信息工程等六个技术领域取得较大进展。

1. 海洋测量调查平台

现已建成各种吨位和不同类型的海洋调查船 160 多艘，不仅实现了从引进改装到自主研发制造各类专用或综合型调查船的技术突破，更使得海洋调查的范围从近海领域扩展到远海、大洋乃至极地地区，这些大型测量平台的使用为海洋科学研究和海洋测绘提供了重要的技术支撑。我国在无人船（艇）研制方面起步相对比较晚，但目前已进入自主式无人艇快速发展阶段，国内自主研发的无人智能测量船，在智能巡航、躲避风浪和稳定性等方面都取得了重大技术突破，在风浪较大情况下仍可保持稳定航行，具备稳定完成水下地形测量、水下地貌勘测等诸多任务的功能，填补了我国在无人测量平台方面的空白。国内自主研发一系列无缆水下机器人AUV产品，有力地促进了AUV在水下测量和勘探中的应用，并已成功突破AUV下潜万米大关。同时，实施了采用多波束测深仪和便携式AUV联合进行水工建筑物的检测，以及采用多波束测深仪和深水AUV完成深水大陆坡崎岖海底区域的勘察服务，进行大面积、高精度的水下地形测绘。

2. 海洋测绘基准与导航定位

对局部海域的深度基准模型构建和远海GNSS潮汐观测技术下的垂直基准转换进行了实验验证，开展了验潮站深度基准确定及调和常数精度需求和海洋测绘垂直基准体系论证研究，探讨了我国海平面系统偏差及高程基准偏差，研究了海底大地测量基准建立和陆海基准的无缝连接技术和水下参考框架点建设与维护和陆海大地水准面无缝连接等技术方法。开展了星站差分GNSS、惯性导航系统与超短基线声学定位系统相结合的高精度水下定位检验测试，研究了海洋（水面、水下）融合导航技术和重力匹配导航技术和水下声学惯导计量精密施工定位技术，完成了中国沿海无线电指向标全球差分系统RBN-DGPS差分台站的升级改造和沿海北斗连续运行服务参考站BD-CORS的建设。

3. 海岛礁与海岸地形测量

提出了基于移动测量技术的海空地一体化海岸带机动测量方案，设计了适应实际作业的卫星遥感、无人机测绘等测量平台、作业模式及主要功能模块，提出了基于水边线等高条件的海岸带稀少地面控制卫星影像定位方法，研究了基于潮位校正和DEM数据的两种获取真实海岸线信息的技术方法，开展了无人机航空摄影测量和三维激光扫描技术在海岸地形测量方面的应用研究与试验。运用机载LiDAR开展了海岛城市高精度DEM数据获取和滩涂地形4D产品快速制作；综合运用DOM影像痕迹线和岸线理论高程值立体精细修测变化海岸线，研究解决了海岛礁与沿岸水下地形测量过程的潮位影响问题。

4. 海底地形与地貌测量

开展了EM 302深水多波束测深系统的测试工作和ELAC 3012全海深多波束测深系统的测试工作，研究了相控阵三维实时成像声呐获取的3D声呐图像和实时图像拼接技术，提出了多波束测量声速剖面反演方法、利用高分辨率侧扫声呐图像恢复精细海底地形的线性化方法和基于高分辨率卫星多光谱立体像对的浅水水深测量等一系列新方法。

5. 海洋重磁测量

国产自主知识产权海洋航空重力测量系统的研发实现了关键技术的重大突破，进入工程样机试验阶段。组织实施了国内乃至国际上规模最大的多型航空重力仪同机测试试验。研究并试验验证了基于差分定位模式的航空测量成果精度与基于GPS精密单点定位模式的测量成果精度的一致性，研究了航空重力测量数据向下延拓技术，提出了一种独立于观测数据、基于外部数据源的向下延拓新思路，提出了利用卫星测高重力向上延拓和超高阶位模型直接计算海域延拓改正数的两种方案。在海洋重力测量数据处理方面，研究进展体现在四个方面：一是海洋重力测量数据采集与处理实现全过程自动化与智能化；二是重力仪性能评价实现技术流程标准化和评价指标的系统化与定量化；三是精细化海洋重力测量数据处理方法体系更趋科学严密；四是构建了多源海洋重力数据融合处理理论。

在海洋磁力测量方面，提出了一种基于磁异常反演的磁偏航误差实时补偿方法，联合采用多台海洋磁力仪、测深仪和 GPS 接收机，研制了数据合成器、水下拖体、电源适配器、数据收录及导航软件，构建了一种阵列式海洋磁力测量系统，研究了海洋磁力仪技术性能指标的具体含义，提出了切合实际的海洋磁力仪性能指标测试内容、流程、方法和要求，开展 GPS 基准点选取对地磁偏角观测带来的误差影响分析，建立了对应的误差补偿模型。

6. 海图制图与海洋地理信息工程

研究并提出了海图与航海通告一体化生产技术实现方案以及数据库模型，提出了一种在等距离正圆柱投影世界挂图中展绘大圆航线的方法，研究了顾及转向限制的最短距离航线自动生成方法和基于空间影响域覆盖最大的航标自动选取方法。提出了一种基于 Web GIS 的海洋地理信息共享平台，重点研究了矢量数据在符号化显示前的数据访问优化方法，建立了三维空间直角坐标系中大圆航线和各分点间恒向线的三维空间模型，提出了面向用户的 Web 服务架构设计方法，开展了面向江海联运的船舶航行服务信息系统研究。结合国际“e- 航海”发展最新成果，深入开展了“e- 航海”航保信息标准化研究和应用技术研究，探索了数字化海图改正、数字航标、数字动态潮汐等环境信息服务标准模式，推进了“e- 航海”在航海用户的试用，并逐步推广多功能标、MSP 服务、“e- 航海”船台及手机服务等应用。

三、社会应用与服务

（一）地理信息基础框架建设与服务

地理信息基础框架建设与服务关键技术获得突破，基础地理信息数据库规模化动态更新，制定和形成了一系列的技术方案与标准规范，研发了相应的生产和管理软件系统，建立了一套适用于规模化动态更新工程的技术体系，解决了跨尺度和跨类型数据库之间的基于增量更新技术的工程化应用推广的难题，实现跨数据库联动更新技术工程化应用，构建了基础地理信息的要素级多时态数据库模型，实现不同版本之间同名要素的自动关联，以及自动变化提取和统计分析，基于增量式入库模式，实现了三个尺度、四种类型、多个现势性版本的国家基础地理信息集成建库，以及基于 C/S 架构的动态管理和基于 B/S 架构的在线服务。

1. 全国 1 : 5 万基础地理信息数据库

当前，我国已实现了全国 1 : 5 万基础地理信息的全面覆盖和全面更新，形成全国“一张基础图”，从 2012 年开始，国家测绘地理信息局启动了国家基础地理信息数据库动态更新工程，对国家 1 : 5 万数据库每年更新 1 次、发布 1 版，然后再利用更新后的 1 : 5 万数据库联动更新 1 : 25 万、1 : 100 万数据库，并生产相应比例尺的地形图数据、印制纸质地形图。目前，采用先进的数据库驱动制图技术和方法，已建成地形数据与制图数据的“图—库”一体化存储管理的 1 : 5 万、1 : 25 万、1 : 100 万地形图制图数据库，并实现了地形数据与制图数据的同步联动更新。到 2016 年底，利用 1 : 5 万数据库重点要素更新成果对 1 : 5 万地形图制图数据库进行了 4 轮联动更新；在对 1 : 25 万、1 : 100 万地形数据库更新的基础上，也同步联动更新相应的地形图制图数据库。我国 2016 版的 1 : 5 万地形数据库，整体现势性达到一年之内，并实现多时态数据的管理与服务，数据成果在时效性、实用性、准确性及应用价值等方面都得到全面提升。

2. 全国省级 1 : 1 万基础地理信息数据库

全国各省、市、自治区测绘地理信息部门继续扩大 1 : 1 万基础地理信息的覆盖范围，加快 1 : 1 万数据库的建设和更新。到 2016 年年底，全国已有约 70% 陆地国土面积实现 1 : 1 万基础地理信息（含地形图）的覆盖，近几年生产或更新的 1 : 1 万 DLG 数据全部为全要素，DOM 数据多为 0.5 ~ 2.5m 多分辨率正射影像，少数几个省采用 Lidar 技术生产获取了全省 3m 间距的高精度 DEM 数据。有超 20 个省基本建成省级基础地理数据库，主要包括 1 : 1 万 DLG、DEM、DOM 等“3D”产品，或包含 DRG 在内的“4D”产品。有近 10 个省完成了第一轮更新，部分省实现 2 ~ 3 年全面更新一次，重点要素半年至一年更新一次，数据库的现势性大幅提高。至 2016 年底，各省通过对现有 1 : 1 万基础地理信息数据（DLG、DEM、DOM）进行整合处理，已基本完成数据整合并建库，优化升级了数据库管理服务系统，基本建立起全国规范化的 1 : 1 万数据库。

（二）地理国情普查与监测

地理国情是从地理的角度分析、研究和描述国情，即以地球表层自然、生物和人文现象的空间变化和它们之间的相互关系、特征等为基本内容，对构成国家物质基础的各种条件因素做出宏观性、整体性、综合性的调查、分析和描述。当前我国已建立了地理国情监测制度，各级测绘地理信息主管部门已全面开展地理国情监测，并按规定严格管理、规范使用地理国情监测成果，地理国情监测的成果在政府决策、经济社会发展和社会公众服务中的发挥了巨大作用。当前，已在战略规划、土地覆盖和土地利用、国土疆域、自然灾害等方面开展了大量地理国情监测工作，地理国情监测数据获取技术、获取手段多样，涵盖了航天、航空、低空、地面等多个层面和光学、雷达、LiDAR 等多种方式，能及时获取不同空间、时间、光谱分辨率的地理国情监测遥感影像数据和地面调查数据，相关研究主要集中在全球变化、土地覆盖、土地利用、生态环境、自然灾害、地表沉降等领域。

1. 第一次全国地理国情普查

第一次全国地理国情普查采用航空航天遥感、全球导航卫星系统、地理信息系统等测绘地理信息先进技术，以优于1m的高分辨率航空航天遥感影像数据为主要数据源，同时充分利用测绘地理信息部门最新完成的覆盖全国陆地国土的基础地理信息数据资源，以及参考其他重大工程获取的测绘成果、专题信息等，通过多源遥感影像快速获取与处理、现场调查、信息提取、海量数据集成建库、地理统计分析等技术手段，在获取海量地理国情空间数据，搭建基于先进的数据库运行云平台的全国高分辨率遥感影像、地表覆盖、重要地理国情要素、多尺度精细化数字高程模型、基本统计分析成果、遥感影像解译样本、影像控制点和相应生产元数据等七个大型空间数据库的基础上，首次查清了反映地表特征、地理现象和人类活动的基本地理环境要素的范围、位置、基本属性和数量特征。通过深入的统计和综合分析，形成这些基本地理环境要素的空间分布及其相互关系的普查结果，包括10个一级类、58个二级类和135个三级类，共2.6亿个图斑构成的全覆盖、无缝隙、高精度的海量地理国情数据，同时以2015年6月30日为标准时点，以我国资源三号高分辨率测绘卫星影像为主要数据源，对普查数据进行了统一时点核准。

2016年8月16日，第一次全国地理国情普查项目通过专家验收，2017年4月24日，第一次全国地理国情普查公报正式对外发布。按照“边普查边应用边监测”原则，组织开展了大量地理国情监测应用试点，形成了一批有分量的应用成果，如应用于国土专项审计，服务于“多规合一”工作，应用于生态保护红线划定和精准扶贫工作等。与此同时，第一次全国地理国情普查成果可望在国家重大战略和重大工程、国土空间开发、生态文明制度体系建设、社会治理和民生保障中发挥巨大作用。

普查中采用的主要技术包括：项目管理与技术统筹信息化技术，开发部署了“地理国情监测项目管理系统”，从宏观和微观对全国四百多家普查生产责任单位进行全流程管理；科学确定地理国情普查内容和技术方法，形成一套技术方案和系列技术规定的顶层设计与专用标准体系；综合利用多种遥感数据源，采用全色影像和多光谱影像融合处理、光学影像和雷达影像融合处理等技术手段，为高精度地理国情信息获取提供基础；综合考虑高分辨率遥感影像质量、时相和地表覆盖类型复杂、破碎程度，构建高分影像特征库、解译规则集，开发基于影像特征库和深度学习的地物解译和变化发现智能处理软件，采用计算机自动分类与人工判读解译结合的方式实现信息提取；引入数字化内外业一体化数据采集方法，采用自主研发的外业数字调绘核查系统，结合车载移动采集系统、无人机等其他有效方式对内业分类与判译结果开展实地核实确认和补调；普查数据库建库采用了大数据、弹性云存储、大内存和云计算等先进技术，构建了TB级海量数据存储与管理运行环境，搭建了面向服务的虚拟化和弹性伸缩系统架构，实现存储、网络与计算软硬件资源一体化，形成了国内同比领先的空间数据高性能计算和综合服务能力；首次提出并构建了基于验收制度、检验标准、过程控制、管控机构、验收机制等“五位一体”的成果验收管控体系。

2. 地理国情监测

从 2016 年起地理国情信息获取进入常态化监测阶段，在地理国情普查的基础上，进行地理国情监测业务化运行建设，构建功能完备的地理国情动态监测与综合信息分析发布系统，形成常态化地理国情监测机制，提供地理国情信息业务化、常态化服务。基础性地理国情监测延续了第一次全国地理国情普查的内容体系，覆盖全国，面向通用目标、分三类区域进行。基础性地理国情监测采用内外业结合的方法开展，按照“内业为主、外业为辅”的原则安排任务，利用第一次全国地理国情普查成果数据（或前一期全国基础性地理国情监测数据）作为监测本底，基于监测期获取的遥感影像数据，识别变化区域，采用遥感影像解译、变化信息提取、数据编辑与整理、外业调查等技术与方法，充分利用已经收集的解译样本数据辅助内业解译，采集变化信息，结合多行业专题数据，对数据进行更新，分别完成了数据资料获取与收集、基础性地理国情监测数据生产、数据库建设、统计分析、质量控制和支撑体系建设工作。此外，在专题性地理国情监测开展了大量试点工作，如国土空间开发监测、资源节约利用监测、生态环境保护监测、城镇化发展监测和国家重大战略和区域总体发展规划监测等。

（三）“天地图”地理信息公共服务平台

“天地图”地理信息公共服务平台网站经过近两年的建设及省市级节点不断接入，天地图数据资源更加丰富、服务能力明显提高，成为目前中国区域内数据资源最全的地理信息服务网站。“天地图”集成了全球范围的 1∶100 万矢量地形数据、500m 分辨率卫星遥感影像，全国范围的 1∶25 万公众版地图数据、导航电子地图数据、15m 分辨率卫星遥感影像、2.5m 分辨率卫星遥感影像，全国三百多个地级以上城市的 0.6m 分辨率卫星遥感影像，总数据量约 30TB。天地图 2014 版本正式上线，具有功能更全、技术更优、性能更稳、运行更快等亮点。在原有基础上，完成了国内地图矢量数据的全面更新，国外矢量数据由原来的 2 ~ 10 级丰富提升到 14 级，首次发布全球海底地形晕渲地图，更新全球陆地地形晕渲效果，发布了维文、蒙文地名注记图层。截至目前，天地图形成了国家、省、市（县）三级互联互通的架构体系，全国已有 30 个省、区、市完成省级节点建设，145 个市（含县级市）完成市级节点建设，并实现了与主节点的服务聚合。整体服务性能比此前版本提升 4 ~ 5 倍。新版天地图还开通了英文频道、综合信息服务频道和三维城市服务频道，并更新了手机地图。

（四）北斗二号卫星工程

北斗二号卫星工程是我国北斗卫星导航系统建设“三步走”发展战略承前启后的关

键一步，任务是建成覆盖我国及亚太地区的北斗二号卫星导航系统，满足我国经济社会发展和国防军队建设急需，保障国家安全和战略利益。工程于2016年完成研制建设，现已建成了由14颗组网卫星和32个地面站天地协同组网运行的北斗二号卫星导航系统，该系统是国际上第一个导航定位、短报文通信、差分增强三种服务融为一体的区域卫星导航系统，也是我国第一个卫星与地面站星地一体组网运行的航天系统。该系统作为我国面向大众和国际用户服务的空间信息基础设施，与美GPS、俄格洛纳斯等国外先进系统同台竞技，面临数以亿计的各类用户长期连续稳定使用的严苛考验，现已正式向我国及亚太地区提供导航、定位、授时和短报文通信服务，服务区内系统性能与国外同类系统相当，达到同期国际先进水平。北斗二号卫星导航系统首创导航定位、短报文通信、差分增强三种服务融为一体，采用GEO/IGSO/MEO混合星座，以最少卫星数量实现区域服务，突破了一系列世界性难题，在国际上首创GEO和IGSO卫星为骨干构建导航星座，提升了卫星服务的精度、连续性、可用性，采用同步轨道导航卫星，解决了卫星姿态控制、高精度温控等关键难题，实现了高精度、高可用和高功能密度比。北斗二号卫星导航系统采用多元数据融合的精密定轨与时间同步体制，突破国土布站局限，实现卫星定轨精度与星地时间同步精度大幅提升，在国内首次实现星箭产品组批生产、高密度组网发射，其搭载的自主研制的原子钟为代表的一批国际先进水平的核心产品，打破了国外的封锁垄断，实现卫星关键部组件自主可控，系统创建了新一代航天扩频测控网和高连续、高稳定性的地面运行控制系统，可用度达到0.9998，满足面向大众和国际用户的服务需求。北斗二号卫星工程建设的圆满完成，使我国拥有了完全自主的高性能北斗二号卫星导航系统，从根本上摆脱了对国外卫星导航系统的依赖，彻底掌握了时空基准控制权、卫星导航产业发展主动权、国际规则制定话语权，为我国经济建设和国防安全提供了有力保障，已取得显著的政治、军事、经济和社会效益。

（五）航天重大工程的遥感空间信息可信度理论与关键技术

遥感空间数据的可信度是决定航天科学探测和卫星对地观测等国家重大航天任务能否成功的关键信息，也是该领域国际研究前沿难题。以国际上先期开展的深空探测任务为例，高度依赖于遥感空间信息可信度的“进入、下降和着陆（EDL）”关键过程的成功率仅为50%。发展面向航天重大工程的遥感空间信息可信度新理论方法和关键技术成为保障国家航天重大战略实施的迫切需求。针对遥感空间信息可信度理论在航天重大工程实际应用中需要解决的关键难题，以遥感空间数据获取、处理和应用全过程的质量控制为主线，突破了遥感空间数据可信度量、可信处理和可信评估等核心技术难题，实现了技术创新的四个首次：首次设计并构建了航天重大工程的遥感空间信息可信度理论方法，建立了航天探测场景静态要素可信度量模型、航天器（传感器、平台）动态数据可信处理方法和海量空间数据产品可信评估技术；首次建立了多波束激光虚焦点成像模型和多法向平面控制几何检校技术，提高了嫦娥探月新型激光敏感器精避障探测的可信度；首次破解了颤振“探、分、补”技术难题，实现了卫星平台颤振的精密探测补偿；首次建立了海量空间数据产品通用二级抽样评估优化技术，实现了其可信度的科学准确评估。形成了自主知识产权的面向重大航天工程和相关行业空间数据质量控制技术新体系，实现了嫦娥探月、载人航天和测绘卫星等航天工程中遥感空间信息可信度保障的重大创新。该研究构建了遥感空间信息可信度理论方法体系，攻克了遥感地理空间静态要素可信度量、遥感动态数据可信控制和海量空间数据产品可信评估等共性关键技术，推动了以质量可信的地理空间数据为基础的相关行业的科技进步，取得了显著的社会经济效益。

（六）省级信息化测绘体系关键技术及应用

全国基础测绘中长期规划纲要明确要求，建立起高效协调的管理体制和运行机制，形成以基础地理信息获取立体化实时化、处理自动化智能化、服务网络化社会化为特征的信息化测绘体系，全面建成结构完整的信息化测绘体系。围绕信息化体系建设的需求，结合转型发展的实际，四川测绘地理信息局采用产学研用协同创新的方式，利用科技创新驱动及装备升级改造，建立了现代测绘基准、航空航天遥感资料快速获取、多源数据快速处理与地理信息动态更新、重大基础测绘生产业务信息化等“四大技术支撑体系”和现代测绘基准、应急测绘保障、网络化服务“三大地理信息综合服务体系”，实现基础地理信息获取立体化实时化、处理自动化智能化、服务网络化社会化，率先建成了业务化运行的省级信息化测绘技术体系。研究并提出了区域地壳运动复杂多变环境下应急测绘基准快速恢复与动态维持方法，研制了国内站数最多、覆盖范围最广、技术水平领先的全网北斗多频多模导航与位置服务平台，形成了全国首个兼容北斗的省级现代测绘基准体系；提出了基于机载 SAR 的 1∶1 万规模化地形测绘成套技术方法，解决了多云雾气象条件下复杂地形地貌区域高精度数据快速测图难题；提出了知识约束的专题地图制图和特征保持的自动化地图综合方法，自主研发了系列商品化软件；提出了基于最小粒度算子库的多层次质检方法，自主研发了首个测绘地理信息成果信息化质检平台，解决了海量、异构、多源地理信息数据的快速检查与评价难题；提出了集“基础库、专题库、应急库”三库一体的数据快速保障与灾情综合评估方法，研制了首个“天地一体、机动高效、互联互通”省级应急精准测绘指挥保障平台。

（七）测量工程空间信息获取理论方法及软件

大型工程建设和空天地海测绘技术的快速发展，对测量工程空间信息获取理论方法及软件提出了更新更高的要求，迫切地需要一套满足国际标准、适合我国国情的测量工程空间信息获取理论方法与软件系统。该项研究以空天地海测绘技术大框架下的测量工程为研究对象，在测量工程数据处理理论、空间信息获取技术、测量信息表达方法、数据处理软件等方面取得了多项创新性成果，研制了涵盖地面测量、海洋测量、卫星定位、变形监测与灾害预警四个方面的测量工程立体空间信息获取与数据处理软件系统，实现了基于测量机器人、三维激光扫描仪、卫星定位接收机、海洋测量传感器和虚拟现实等技术的测量工程空间信息自动获取、快速处理与沉浸式交互。在国内外工程测量、测深测流、卫星定位、变形监测等领域得到了广泛的应用，极大地推动了测量工程技术的进步，取得了显著的社会和经济效益。

该项研究提出了测量工程多类多级控制网统一快速数据处理方法和三维激光点云自动配准、点云简化、快速建模与质量评价方法，在基于多源信息融合的精密测深方法、基于GNSS的ADCP换能器速度和方位一体化确定方法、基于GNSS高精度垂直解的在航和锚定潮位测量及提取方法、CORS中间服务器增强技术、基于优化粒子群算法的伪卫星模糊度快速搜索方法和变形监测时空观测信息优化组合处理与虚拟现实沉浸式交互等方面取得了创新性成果。地面测量中，设计了测量机器人控制网自动化观测体系，提出了控制网数据处理网点排序优化快速算法，实现了多类多级观测值控制网自动化数据采集、信息组织与快速统一处理；提出了基于八叉树整体构建点云重叠区的OTOAICP改进配准方法，实现了基于闭合条件的无标靶点云整体配准；提出了基于法向量夹角局部熵的点云简化方法，实现了点云简化质量的量化评价；提出了深度层次遍历的GPU八叉树构建方法，实现了GPU点云快速建模。在海洋测量方面，基于GNSS垂直解和涌浪参数对船体垂直运动反映的一致性，提出了基于多源信息融合的精密测深方法，将现有测深精度提高了1倍以上；提出了基于GNSS的ADCP换能器速度和方位一体化确定方法，为ADCP流速测量提供了瞬时绝对起算基准；提出了基于GNSS高精度垂直解的在航和锚定潮位测量及提取方法；卫星定位测量领域提出了用户在当地坐标系中三维坐标实时测量的CORS服务器增强技术，创建了中间服务器工作模式；优化粒子群算法实现了GNSS模糊度的快速搜索，建立了高精度基线解算和控制网平差的关键模型。在变形监测与灾害预警方面，提出了时空观测信息组合处理与灾害预警模型，基于GB-SAR、GNSS天线阵列接收机、测量机器人、虚拟现实和增强现实等技术，实现了变形态势的三维沉浸式虚拟现实及增强现实处理与交互。

（八）地籍与房产测绘

随着国家《不动产统一登记暂行条例》的出台以及现代测绘技术、新型测绘仪器和测绘手段的不断发展，包含在不动产范畴的地籍测量和房产测绘从理论到实践发生了较大的变化，地籍与房产测绘和现代测绘新技术的结合逐渐紧密，极大地促进了地籍与房产测绘专业的发展。下面结合地籍与房产测绘专业近年来的发展，从土地调查、地籍与房产权属调查与测量、不动产统一登记和信息系统建设等三个方面综述本专业的研究进展。

1. 土地调查

截至2016年底，我国已完成了第一、二次全国土地调查以及五次土地变更调查。第二次土地调查工作所获得的数据成果内容包含全国遥感监测数据、全国各地类变化数据、土地利用变化数据和其他具体调研数据。土地变更调查掌握了全国（不含港、澳、台地区）31个省（区、市）年度土地利用现状变化情况，及时更新了各级土地调查数据库，保持了全国土地调查数据和国土资源综合监管平台基础信息的准确性和现势性。当前已开展"一张图"工程，实现土地利用遥感动态监测、土地调查数据库的实时更新以及土地监管机制的创新。

2. 地籍与房产权属调查与测绘

长期以来城市房产、地籍管理较为规范，权属调查工作相对简单，农村房屋不动产权籍调查是当前整个登记工作中工作量最大的环节。目前，农村地籍和房产权属调查工作正在分别有序进行，并逐步实现房地挂接，已建立了标准统一、分布合理、数据关联、更新及时、互通共享的不动产登记数据库体系。在地籍与房产测量方面，主要是GNSS控制网、RTK技术、城市CORS系统、航空影像、车载激光扫描系统等高新技术的广泛应用，大大提高了工作效率和测量精度，针对房产测绘的特殊要求，开发了集"几何面积计算，分摊模型建立，属性数据入库"于一体的专业软件，制订"绘图，计算，生成报告"一站式解决方案。

3. 不动产登记

随着不动产统一登记工作的开展，不动产统一登记材料数字化、数据整合关联、数据库建设、信息系统开发等研究取得了较大的进展。在信息数字化方面，采用OCR图像自动识别方式进行档案数字化加工，对扫描后图像文件的某些特定区域进行OCR识别，同时进行校对，然后在上传图像时根据OCR识别出来的信息通过系统接口从档案系统中查询、提取档案目录数据，并将这些目录数据和影像文件建立索引后存储到数据库和文件系统中，完成了不动产调查与数据库建设项目纸质成果材料的排列、整理、装订、数字扫描、入库及归档工作。在数据整合关联方面，已部分实现房地关联、宗-幢-户关系明确、权利信息完备、不动产单元号齐全、抵押查封状态可靠、历史关联清晰、图属档一体化的要求；在数据库建设及信息系统开发方面，目前正按照不动产登记数据库标准，建立标准统一、分布合理、数据关联、更新及时、互通共享的不动产登记数据库体系。

四、发展趋势及展望

测绘与地理信息领域高新技术密集，相对于以往，目前测绘地理信息的发展越来越依赖于科技的进步。因此，加快测绘与地理信息科技创新是测绘地理信息发展的重要推动力量，是建设科技强国的迫切需要。正因为如此，国家将空间科学、地球科学等科技领域列为抢占未来科技竞争制高点的重大科学技术加以推进。这就需要密切关注物联网、云计算、新一代网络技术等高新技术对测绘地理信息带来的影响，注重推动这些高新技术在测绘与地理信息生产服务中的具体应用。要与国家科技创新的关注点相契合，大力提升测绘地理信息装备制造业，加强重大测绘地理信息技术装备研发和产业化，推动装备产品智能化，提升测绘与地理信息技术装备的自主保障能力。

（一）转型升级的主要趋势

当前测绘与地理信息科技手段与应用日新月异，早已从传统的测量制图，演变为包括全球卫星定位系统、空间航空遥感、地理信息系统、信息和网络、通信等多种科技手段的地理空间信息科学，近年来更与移动互联网、云计算、大数据、物联网、人工智能等高新技术紧密融合。测绘与地理信息科技转型升级要立足于测绘与地理信息科技创新现状，面向事业发展现实需求，转型升级的主要趋势呈现为测绘地理信息结构调整、从计划生产转型到按需测绘、从静态测绘转型到动态服务和从单一数据生产转变到多功能信息分析等几个方面。我国测绘地理信息结构调整已从单一的基础测绘转型到开展多种保障服务，从数据生产为主转型到地理信息打包服务，从事业单位独占天下转型到民营地理信息企业群雄并起，从地图和数据库产品为主转型到导航定位、互联网地图引领风骚，结构调整集中体现现代信息科技发展趋势对测绘地理信息转型发展的要求，突出了测绘地理信息服务的市场导向和产业属性。多年来，我国测绘生产以传统的基础测绘为主，产品按计划生产，地理要素偏少，品种比较单一，生产周期漫长，应用不够广泛，不能充分满足高速发展的经济、社会的各种需求。测绘地理信息转型发展的第二大趋势，就是从计划生产转型到按需测绘。按需测绘，首先在测绘地理信息公共服务领域，满足各部门、各领域最普遍、最基础的测绘地理信息保障服务需求，实现从以计划生产为中心向以用户为中心的转变。与此同时，加快测绘地理信息的产业化，以市场的需求为中心，以服务用户为目标，根据经济社会发展和人民生活的实际需要，来调整、牵引测绘地理信息科技的创新、生产和服务；传统测绘的工作方式，按照一定的时间周期，静态的、照相式的、较为缓慢的测绘、生产、更新地形图，这种生产模式，很难适应快速发展、变化多端的生产需求。随着现代卫星定位技术、信息技术和通信技术的迅速发展，航空、航天、地面相结合的立体式快速地理信息获取手段已经成熟，从静态测绘向动态测绘服务转型的技术条件已经具备；当前，在开展地理国情监测的带动下，测绘地理信息地理生产、服务的功能拓展，在一定的时期内，将集中体现在由过去的单一数据生产转变到多功能的地理信息分析上，测绘地理信息的学科结构，也将从测绘学科融汇交叉到地理学、信息学乃至经济学、社会学、管理学等学科。

（二）获取技术的转型升级

构建以现代化装备设施为核心的信息化测绘体系，加快推动测绘地理信息技术体系尽快由数字化向信息化转型升级。重点在于加强以数据获取实时化、处理自动化、服务网络化、产品知识化、应用社会化为主要特征的信息化测绘体系建设，其中包括建设由高分辨率光学立体测图卫星、干涉雷达卫星、激光测高卫星、重力卫星等组成的，具有长期稳定运行能力的对地观测系统，增强高分辨率遥感卫星影像获取的自主性和时效性。当前我们国家正在建立多层次、多种类、广覆盖的对地观测体系，实现了全天候、全天时、全球范围高精度基础地理信息获取能力。北斗全球导航卫星系统不断完善，向全天候、全球覆盖、三维定速定时、高精度、应用广泛、多功能的方向发展。光学遥感卫星的时间、空间分辨率不断提高，小型、低成本和可应急发射的军民两用卫星快速发展，对地观测效率大幅提升。雷达遥感卫星向着性能高、成本低、多模式 / 多频 / 多极化的方向发展，图像分辨率和定位精度不断提高。航空遥感装备日趋多样化，机载数字航空摄影系统朝小型化、高分辨率和立体化发展，倾斜摄影技术、机载激光雷达（LIDAR）技术等快速发展。地面、地下及水下测量仪器向多技术融合方向发展。以测绘卫星组网为核心，包括空天地海多层次的智能地理信息传感网正在建立。

（三）快速处理分析技术的升级

升级快速处理、分析地理信息的科技水平，实时、快速处理地理信息数据，迅速发掘、深入分析地理信息。研究高端容错计算技术、海量数据存储服务技术、新型传感器和智能化信息处理技术，研究多源数据高性能处理系统体系架构、大规模并行处理方法和分布式处理技术，研究多源数据实时 / 准实时处理技术和高吞吐处理技术、多任务协同计算的任务调度技术，研究具有可伸缩并行粒度的任务并行处理技术，开发规模化工程应用的高性能地理信息处理系统；研究基于多协处理器的计算密集型数据处理技术及软硬件模块实现技术。开展研究基于多基线自动处理的框幅式航空数字影像处理、机载三线阵数字影像处理及测图方法；研究非常规航空数字摄影测量数据处理关键技术；研究新型高分辨率卫星影像稀少或无地面控制条件下的高精度地形测绘技术；研究利用合成孔径雷达和干涉雷达进行测绘产品生产的方法和技术；研究激光扫描数据中地形特征点、线的快速稳健提取技术，惯导和差分定位技术与激光测量、数字相机集成技术等。

（四）关键技术升级的攻关水平

关键技术攻关水平的升级，主要包括升级遥感综合监测技术、内外业一体化调查技术、多源数据融合与处理技术、遥感信息提取与解译技术、地理要素变化检测技术、地理统计与分析技术等。具体如多源遥感信息复合、遥感与地理信息系统及地图信息的复合技术，多种目标智能提取与识别模型的标准化和集成技术，遥感影像复杂信息的全自动分割及面向对象智能解译技术，基于 DOM 与 DEM 的虚拟三维立体影像解译技术，集群分布式智能解译技术，多源遥感影像多层次、分布式、智能化解译关键技术等，解决摄影测量数据处理过程中的人工编辑问题，开展三维矢量数据采集、三维信息拓扑关系的建立、三维数据的编辑、入库和三维矢量地图要素的表达以及它在三维景观建模中的应用研究，研发智能化摄影测量工作站，实现摄影测量数据全自动生产。在高精度地球重力场模型与大地水准面精化方面，研究空间任意高度、任意类型重力场元的严密地形改正方法，研究卫星重力数据处理与多源重力数据高精度集成技术，解决各类型重力数据的基准统一问题，研究基于多源数据的超高阶地球重力场模型构建与陆海统一的（似）大地水准面精化严密理论和计算方法；在现代化测绘基准构建方面，开展三维动态地心坐标框架构建、数据处理、多模接收机系统等关键技术研究，研发动态地心坐标框架数据处理、卫星精密实时定轨等软件和多模接收机系统原型。开展深空、深海、深地（“三深”）坐标框架构建以及与地面坐标框架基准的统一、基于动态参照系下的非规则变化的四维坐标基准构建、“三深”观测网和监测网等关键技术的攻关。

（五）装备水平的升级

测绘地理信息基础设施和装备亦面临全面升级的迫切需要。近年来，北斗卫星导航系统、机载雷达、无人机、倾斜摄影等新型技术装备在测绘地理信息领域的应用日益广泛，已广泛应用于测绘地理空间信息获取、处理和输出等各个技术环节，成为测绘地理信息技术发展不可或缺的重要组成部分，测绘地理信息仪器装备的内涵和外延都发生了深刻变化。全球卫星导航系统已经从单一的 GPS 时代发展到 GPS、GLONASS、BDS 以及 Galileo 四大 GNSS 并存与发展的新时代。北斗卫星导航系统作为我国自主研发的卫星导航系统正在迅猛发展，并已按计划实现区域定位达到预期指标，其功能更全面、覆盖面更广、稳定性更靠、完备性更好。随着 GNSS 技术进步和信息化时代的推进，GNSS 测绘装备在精度不断提高的同时正朝着小型化、高集成度、多功能性方向发展，GNSS 测绘装备以其高精度、实时、全天候的定位优势为依托，融合数码相机、测高仪、罗盘、惯性导航系统等设备，其功能不断增加，应用领域也不断扩大。目前，我国已基本建成自主可控、全国产业化的北斗地基增强系统，北斗地基增强系统可以提供米级、分米级、厘米级和后处理毫米级的高精度服务，在车道级导航、精准农业、建筑物监测、工程施工等方面带来全新的高精度体验，系统能力达到国外同类系统技术水平。在摄影测量与遥感测量装备方面，我国持续研究、开发和发射高分辨率遥感卫星，2014 年亚米级别的高分二号发射成功，资源三号 02 星于 2016 年 5 月 30 日成功发射，航空摄影测量已经从模拟、解析发展到了全数字阶段，航摄相机也从原来的感光胶片模式发展为大幅面、高精度、推扫式，一次获取全色与多光谱影像，数字相机与 GPS/IMU 紧耦合集成的航空数字摄影相机。倾斜摄影测量通过多台传感器从不同的角度进行数据的采集，快速、高效获取丰富的数据信息，无人机倾斜摄影测量已经成为未来航空摄影测量的重要手段和国家航空遥感监测体系的重要补充，逐步从研究开发阶段发展到了实际应用阶段。此外，地面测量装备系列、地下空间测量装备系列、海洋测量装备系列、重力测量装备系列都在向自动化、数字化及智能化方向转变。

（六）本专业国内外发展比较

近几年，测绘与地理信息学科无论是推动学科自身发展的基础与应用基础研究，还是与相关学科的交叉发展及新应用领域的拓展，均获得了显著的成就，对社会和经济发展产生了重要影响。我国在大地测量、时空基准、导航与位置服务、摄影测量与遥感、海洋测绘、精密工程测量等相关领域的基础与应用基础研究中取得了显著进步，保持与国际同步，甚至某些领域领先国际水平。

我国正在大力推进全国基准站网建设工作，测绘基准工程正在建设的国家 GNSS 连续运行基准站和国家 GNSS 大地控制网，共同维持国家和省市级区域高精度、动态、地心、三维坐标参考框架的现代化基础，通过全国联合网解算、整体平差，获取了中国大地坐标参考框架（CGCS2000）下点坐标和速度场，目前正在开展 CGCS2000 全球参考框架建立和维持工作。当前，IERS 中心局通过方差分量估计方法综合处理 VLBI/SLR/GPS/DORIS 等数据，SLR 解和 GPS 解加权平均后获得给出 ITRF 原点，通过定义站点的历元坐标矢量和速度矢量来具体实现建立了国际地球参考框架（ITRF）2014。

随着全球导航技术飞速进步，相关数据处理模型得到长足发展。主要表现在“三多两高”（即多系统、多频、多类卫星，高频高精度），如卫星融合导航数据综合处理模型；组合导航紧及超紧组合稳健、自适应可信数据处理模型；针对室内外、地上下以及海洋的多源泛在信息的稳健、高效导航模型等。其中，引入智能算法、深度学习、视觉数据处理模型进行导航定位数据的处理研究逐步成为研究热点和趋势。目前，从事导航定位研究的国内外高校、科研机构很多，国外主要有德国地学中心、斯图加特大学、波恩大学，英国牛津大学、剑桥大学等，德国航空航天中心实验室，印度理工学院，瑞士皇家工学院的信号处理实验室，加拿大卡尔加里大学，西班牙高级科学研究委员会等。国内，北斗卫星导航数据处理分析方面处于国际领先地位，在自适应导航定位理论研究在国际具有重大影响。“十三五”国家重点研发计划在地学、公共安全等多个领域项目把导航定位模型研究作为核心内容，如“室内混合智能定位技术”“协同精密定位技术”“灾害环境下快速应急定位组网技术”项目。

在地球动力学研究的现代大地测量观测方面，国内在陆地区域的观测与国际上基本保持了同步。但在海底大地测量方面，日本等国已有具体的技术和引人注目的成果，而我们国家目前在这方面尚无实质性的项目和结果。在研究方面，国际上近年有一些突破性研究进展主要在板块边界带区域，如无震慢滑移现象的 GPS 观测和物理机制解释等。国内以往的研究区域主要在板内，近年已通过自然科学基金重大项目和国际合作，在印度—欧亚板块碰撞俯冲带（特别是喜马拉雅东、西构造结）开展了地球动力学方面的综合研究，试图揭示大陆碰撞的完整过程和青藏高原大规模隆升的机制，建立新的大陆动力学理论，阐明碰撞后陆内变形过程与大陆碰撞及大陆深俯冲的关系。

空间成像技术、主动式遥感技术、无人机遥感技术、基于 DGPS/IMU 组合系统的传感器自主定位技术、自动化/智能化数据处理技术快速发展。目前，国内多源遥感数据处理水平已经达到国际前沿，非常规的大角度倾斜影像/大角度交会/宽基线影像自动配准、多角度影像的联合区域网平差、地面密集 DSM 自动匹配、三维数字城市建模及纹理映射方法也获得快速、突破性发展，达到国际领先水平。遥感影像处理、摄影测量与计算机视觉与人工智能相融合，航空航天遥感影像高精度定位/空中三角测量、DSM/DEM 提取、DOM 生成和目标提取与地物识别等算法迅速发展，数据处理更加自动化、智能化，与国际发展同步。基于分布式、多核异构云计算的海量遥感数据处理技术，网络模式下分布式协同测图和实时化移动测图技术已经基本发展成熟。

近年来，国内外学者不断加强了对地图学与地理信息理论的研究，国内开展了地图哲学和地图文化的研究，注重地图学科的理论总结和对实践的指导，国外学者对个性化地图特点和地图学发展新的驱动力则予以了更多的研究和关注。2016 年 12 月，在南京成功举办了第三届中国地图文化节暨地图文化论坛，集中展示了我国地图文化创意产品的最新成就。地图产品呈现以下发展变化：从内容功能上，发挥传统地图产品一览性的特点，从找位置向出行规划、知识服务转变；从内容设计上，从普适化到个性化、专题化发展，并更加注重地图功能性与艺术性的最佳结合，使地图更具文化品位，更有观赏性和收藏性；从技术上，与新媒体技术融合，如二维码技术、AR（增强现实）技术等，扩展了传统纸质地图产品的内容表达。制图综合技术已经开始规模化应用，为地理信息逐级派生和地理信息多层次显示奠定了坚实的技术基础，实现了利用大比例尺地形数据库增量快速更新小比例尺地形数据库。地理信息系统技术应用由网络环境向移动环境转变，移动环境的地理信息服务呈大众化发展趋势，基于自然语义的地理信息获取和基于网络的地理信息获取向实用化迈进，面向任务的移动灾情采集直报技术和实时移动地理信息采集技术越来越普及。近年来随着传感网、互联网、移动通信技术的发展，“互联网 +”产品已成为现代信息技术服务社会的主流形式。由于新媒体地图越来越多地依赖于移动网络和智能手机、平板电脑、穿戴式设备提供服务并为大众所喜爱，全球都在大力推进互联网和移动互联网环境下的地理信息应用，国外如谷歌等大型公司不断进行地理信息更新、不断提高地理信息服务水平。国内如阿里巴巴、百度、腾讯等公司纷纷采用收购、入股地图生产与服务企业的方式发展自己的在线地图服务，移动地图、网络地图因此成为现代地图学领域表现最为活跃、发展最为迅速、应用最为广泛的地图产品形式。

国外近年来积极开展了矿区和工矿城市的环境整治、生态环境重建恢复工作。在矿区塌陷测量方面，墨西哥的学者们在标准雷达技术的基础上运用永久散射体雷达技术，利用其可以得到目标区域的位移的历史数据，同时进行高密度检测。在环境检测以及矿山建设与复原方面，国外学者利用遥感技术获取矿区高分辨率的影像，通过分析地形，地貌等情况减少地面调查的工作量，并可以实现动态检测。随着数字地球的提出，国外学者进一步研究与开发 GPS 技术以及 GIS 技术，更好地对矿区的开发利用提供适宜的方案，目前已成为全球矿山测量方面的热点。一些用于地面和地下空间断面测量及二维建模的测量仪器研制方面，国外仍处于领先地位，一些精密仪器仍然需要从外国引进，这也制约着我国矿山测量的发展，我国的全站仪与国际先进水平相差很大，性能以及可靠性仍需进一步改进。

为了解决环境、自然资源和灾害以及经济方面的难题，美国、欧盟等国家和组织都在实施类似地理国情监测的国家规划、计划以及具体的监测项目。其中美国地理监测研究处于世界前列，美国地质调查局（USGS）作为监测管理与主导机构，主要面向国家机构提供水文、地质、地理及生态数据和信息，以帮助决策制定。目前，USGS 在土地变化监测方面开展的项目有很多，主要是从不同尺度研究土地利用与土地覆盖变化情况，并进一步分析变化原因、评估影响。欧盟一直追求共同协作与发展，在地理国情监测方面，于 2003 年启动了“全球环境与安全监测计划”（后改为“哥白尼计划”），其主要目标是通过对欧洲及非欧洲国家（第三方）现有和未来发射的卫星数据及现场观测数据进行协调、管理和集成，实现环境与安全的实时动态监测，为决策者提供数据，以帮助他们制定环境法案，或是对诸如自然灾害和人道主义危机等紧急状况做出反应。此外，加拿大、日本等国家和地区也开展了类似的地理国情监测工作，经济社会效益显著。在我国，经过多年的努力，国土、林业、水利、环保、农业、海洋、统计等专业部门都从各自职责出发，开展了全国性的专题信息阶段调查或普查工作，积累了丰富的经验。2014 年 4 月，我国首次研制出了 2000 年和 2010 年两个年份 30m 分辨率的全球地表覆盖数据产品，并构建了全球首个高分辨率地表覆盖信息服务平台，中国政府将这一重要科学数据成果捐赠给联合国，并向全球用户提供不间断的地理信息服务，在国际社会产生极大反响；截至 2016 年底，已有来自 120 个国家的 6000 多名用户下载使用数据，用于气候变化、防灾减灾、土地利用和地表覆盖变化监测、生态环境、城镇化、农业等诸多领域，应用成效显著。2016 年，随着地理国情常态化监测工作的开展，地理国情信息已经由静态数据监测逐步发展为动态变化数据实时监测，测绘的工作重点已由基础地理信息的采集、更新、服务逐步转向地理国情信息的获取、监测与分析。

在海洋调查测量平台建设方面，我国的大型海洋测量平台总数偏少，平均船龄相对老旧，配套设施难以完全满足应用需求，测量设备大多依赖进口，更新换代期限较长，作业模式不够科学合理，测量船的综合作业能力与水平有待进一步提升。最近几年，我国在海洋测量平台的研制方面投入了大量财力，积极开展综合性大吨位海洋测量船的建造，通过测量设备的引进、消化、集成与创新，推动海洋测量设备的国产化进程。同时，我国在小型无人海洋测量平台技术方面的发展势头比较强劲，正在积极研发无人水面测量船、AUV/ROV/AUG、无人机等一系列小型海洋测量平台，虽然起步较晚，但与世界先进水平的差距正在逐渐缩小。在海底地形地貌测量方面，综合采用多种仪器设备实施海上测量，达到了优势互补的效果，测量数据处理技术水平与国际基本同步，海底地形测量精度得到不断提升。但我国对测量分辨率指标关注度不够，过于强调过程控制指标，海底地形地貌测量仍停留在水深测量概念层面，与国际上以海底地貌形态和特征地物的精准探测理念存在较大差距。海洋重力测量数据处理技术处于世界先进水平，但在测量设备方面，航空重力仪和海洋重力仪型号比较单一，大多依赖进口，与国际海洋重力仪型号多样化存在差距，海岛礁与海岸地形测量技术正逐步赶上国外先进水平。

在地籍房产测绘技术方面，目前国内外主要依赖于GNSSRTK技术，国际测绘领域近些年来发展起来的高新技术，如倾斜摄影测量、三维激光扫描技术、三维几何建模技术等也有了一些长足的发展，但在地籍房产测绘方面的普及应用还有很大的发展空间。目前，国外的一些成熟设备与系统已可应用于房屋地籍测量，如日本的高精度GPS移动测量系统MMS-X640，该系统对每条街道只进行一次扫描，即可将点云数据以及影像数据（包括路两侧的标识）轻松获取；比利时TecCon公司的移动测量系统具有高精度全方位的激光三维扫描仪，点云为真彩色数据；奥地利的车载三维激光扫描仪RIEGL VQ-250，利用360度旋转的窄带红外激光束高速、非接触的获取地面无遮挡数据。随着地下空间的不断开发利用，土地权利已经发展成为涉及地上、地表和地下的立体权利体系，传统的二维地籍与房产测绘已难以满足土地权利空间化管理的要求，随着3D GIS研究的不断深入，数据采集技术的不断发展，与地籍管理的实际需求相结合，逐渐产生了三维地籍的概念，是近年来地籍管理研究的热点与前沿。当前，三维地籍的研究主要集中在三维地籍登记方法和数据模型建立与可视化两个方面。在不动产登记方面，我国不动产统一登记信息系统尚在建设中，房产地籍测量、数字化、房地数据挂接，以及成果的录入等问题尚未完全解决，数据的整合、数据逻辑不正确以及冗余数据的处理等众多问题目前仍面临很大的困难，与国外一些国家尚有差距。总体来看，先进技术在我国地籍房产测绘领域的应用仍难以达到普及的程度。

（七）本专业学科发展与人才培养

测绘科学技术在近十年已发生了巨大变化。测绘专业从以国家基础测绘为主扩展到地球空间信息获取、处理与应用于相关的资源调查、应急管理、导航、交通、物流、旅游等众多领域。根据测绘科技发展和社会需求，培养创新性基础理论研究和专业化工程技术人才是我国测绘本科专业人才培养的实际要求。现有的高等学校测绘类本科专业目录已不能完全满足要求，需要进行修订和扩充。

国外同类高校的专业设置主要有：大地测量学（Geodesy），测绘信息工程（Geomatics Engineering），卫星导航与定位（Satellite Navigation and Positioning），摄影测量学与遥感（Photogrammetry and Remot Sensing），地图制图与地理信息系统（Mapping and Geographical Information Systems），测量与地球空间信息系统（Surveying and Spatial Information Systems）等。

2010 年 4 月 25 日，测绘学科高等学校教学指导委员会根据“关于征求高等学校本科专业目录修订工作意见和建议的通知”（教高司函［2010］50 号）的要求，总结测绘专业的办学经验，面向国际化本科教育的发展趋势和测绘专业人才需求现状，经过充分讨论，形成如下的关于测绘类本科专业目录的设置：①大地测量学与卫星导航；②工程测量；③遥感科学与技术；④地理空间信息工程。

其中①②和研究生的“大地测量学与测量工程”专业相对应；③与研究生的“摄影测量学与遥感”专业相对应；④与研究生的“地图制图学与地理信息工程”专业相对应。

测绘学的现代发展促使测绘学中出现了若干新学科，例如卫星大地测量（或空间大地测量）、遥感测绘（或航天测绘）、地理信息工程等。测绘学已完成由传统测绘向数字化测绘的过渡，正在向测绘信息化发展。由于将空间数据与其他专业数据进行综合分析，致使测绘学科从单一学科走向多学科的交叉，其应用已扩展到与空间分布信息有关的众多领域，显示出现代测绘学正向着近年来国际上兴起的一门新兴学科——地球空间信息科学（geo-spatial information science，简称 Geomatics）的跨越和融合。地球空间信息学包含了现代测绘学的所有内容，但其研究范围较之现代测绘学更加广泛。

地球空间信息科学是采用现代探测与传感技术、摄影测量与遥感对地观测技术、卫星导航定位技术、卫星通信技术和地理信息系统技术等为主要手段，研究地球空间目标与环境参数信息的获取、分析、管理、存贮、传输、显示和应用的一门综合和集成的信息科学和技术。地球空间信息科学是以“3S 技术”为其代表，包括通信技术、计算机技术的新兴学科。它是地球科学的一个前沿领域，是地球信息科学的重要组成部分。2004 年英国 *Nature* 有文章指出，地球空间信息技术与纳米技术、生物技术并列为当今世界最具发展前途和最有潜力的三大高新技术。

地球空间信息科学不仅包含现代测绘科学的所有内容，而且体现了多学科的交叉与渗透，并特别强调计算机技术的应用。地球空间信息科学不局限于数据的采集，而是强调对地球空间数据和信息从采集、处理、量测、分析、管理、存储到显示和发布的全过程。这些特点标志着测绘学科从单一学科走向多学科的交叉；从利用地面测量仪器进行局部地面数据的采集到利用各种星载、机载和舰载传感器实现对地球表面及其环境的几何、物理等数据的采集；从单纯提供静态测量数据和资料到实时 / 准实地提供随时空变化的地球空间信息。将地理空间数据和其他专业数据进行综合分析，其应用已扩展到与空间分布有关的诸多方面，如环境监测与分析、资源调查与开发、灾害监测与评估、现代化农业、城市发展、智能交通等。

测绘学科的人才培养应紧密结合国家的经济建设和社会发展需求，在构建测绘学科人才培养体系时应当注重测绘学科专业结构、人才培养模式的科学配置与适时调整，培养适应社会需求的技术应用型、复合型测绘人才，提高测绘学科人才的竞争能力和社会适应性。围绕测绘学科人才培养体系，开展四大子体系的建设，包括学科知识体系、本科教学课程体系、工程能力培养体系和培养质量评估体系。这四个子体系分别针对人才培养的基础知识及基本技能培育，应用实践能力培养进行指导与规范，并提供对培养成果的分析与评价机制，以促成对人才培养机制的不断反思与改进。

随着国家经济建设的快速发展，各行业对测绘专业复合型人才的需求量不断增大，对测绘专业人才培养提出了新的要求。我国已经形成了以普通高等教育和职业教育相结合的人才培养体系。目前国内从事测绘工程本科人才培养的院校约150所，具有测绘学科硕士点的院校约80所，具有博士点的院校约10所，具有博士后流动工作站的院校约10所。另外，国家测绘地理信息局职业技能鉴定部门每年约培养21000个测绘职业技术工人。

为加强人才培养，推动“产学研用”系统工程建设，武汉大学、中南大学等高校实施了测绘工程专业“卓越工程师教育培养计划”，武汉大学建立了首个国家级测绘实验教学示范中心。北京、武汉和广州等城市测绘院建立了博士后工作站和专业性的重点实验室，多渠道培养不同层次的工程技术人员。大部分院校保证教学条件的情况下，大力推进政府、行业、学校、企业多方合作办学，建立了校外实践、实习签约基地五百多个。

武汉大学遥感信息工程学院于2012年开设的全国首个“地理国情监测”本科专业并开始全国招生，进一步完善了人才培养模式。在平台建设方面，学院与浙江省测绘与地理信息局合作建立的“地理国情监测国家测绘地理信息局重点实验室”正式由国家测绘地理信息局批准成立。2016年，武汉大学实施大类招生，地理国情监测专业纳入遥感大类，同年有38名本专业学生毕业。2016年，广西师范学院地理科学与规划学院也增设地理国情监测专业。

我国的海洋测绘专业教育结构自新中国成立之初就在军方开始设立，从20世纪90年代开始，陆续有地方高校和科研院所依托相近学科为研究生层次的人才培养设立了海洋测绘研究方向。2014年，国家正式设立海洋测绘二级学科方向，代表海洋测绘专业教育进入了新的发展阶段。为了适应海洋经济建设对海洋测绘高层次人才的需要，武汉大学、山东科技大学、中国海洋大学、东华理工大学、上海海洋大学、淮海工学院、中科院海洋研究所、国家海洋局所属的海洋研究所等单位依托相近学科设立了海洋测绘研究生专业或方向。其中，山东科技大学2012年自设了海洋测绘二级学科，以专业的形式培养博硕士研究生层次的海洋测绘人才；河海大学在江河湖泊测绘方面具有一定的优势，是较早从事海洋与江河湖泊测绘教学和研究的院校之一。在海洋测绘本科教育方面，由于本科教育需要根据教育部制定的专业目录进行招生、培养，目前海洋测绘专业尚未列入《普通高等学校本科专业目录》，因此国内高校均未直接开设海洋测绘本科专业，但不少高校以设立方向的名义实质上从事海洋测绘本科教育，这些高校主要有山东科技大学、中国海洋大学、上海海洋大学、东华理工大学、淮海工学院等，分别依托测绘工程、地球信息科学与技术、海洋技术等专业设置海洋测绘方向来培养海洋测绘本科专业人才。

（八）本学科发展趋势及发展策略

党的十八大提出了“两个一百年”的奋斗目标，提出了全面落实“五位一体”总体布局和“四个全面”战略布局，实施“一带一路”、长江经济带、京津冀协同发展等国家重大战略，都对测绘地理信息科技做好支撑保障提出新的需求；加强生态文明建设，加强自然资源资产管理，优化国土空间开发格局，推进“多规合一”“智慧国土”“生态国土”，支撑“深地探测、深海探测、深空对地观测和土地工程”（简称“三深一土”）等都要求测绘地理信息科技推进全面创新，夯实科技发展基础，切实发挥引领驱动作用，更好地为提升事业服务保障能力和国家战略实施提供强有力的科技支撑。当前，测绘地理信息事业正处于转型升级的战略机遇期，新型基础测绘、地理国情监测、航空航天遥感测绘、全球地理信息资源开发、应急测绘（以下简称“五大业务”）与地理信息产业发展都迫切需要测绘地理信息科技提供有力支撑，切实解决制约传统基础测绘向新型基础测绘转型中遇到的科技问题，突破地理国情监测以及航空航天遥感测绘的技术难关，解决全球测绘和应急测绘的前沿问题，破解地理信息产业发展中遇到的技术障碍，全面推动事业改革创新发展。

本专业未来发展将重点关注若干核心理论与关键技术的突破。

在测绘基准与导航定位方面，开展全国厘米级似大地水准面模型、高精度高分辨率地球重力场模型、高精度高分辨率全球平均海面高模型、全球高程基准统一等方面的理论研究。开展全国 GNSS 基准站网的维持与服务、国家大地坐标系框架更新、国家垂直基准框架维护、国家重力基准更新等关键技术研究。开展高精度、四维大地坐标系统的构建。开展卫星重力、航空重力、时空基准等方面的技术研究。开展综合定位、导航和授时（PNT）的核心技术开发研究，尤其是量子导航定位、泛在测绘、室内外无缝导航定位等新技术研究。集成 GNSS 与长基线（LBL）和超短基线（USBL）等系统，开展水下目标分米级导航和厘米级定位识别技术研究。开展深地、深海、深空大地测量技术与保障体系研究。

在地理信息数据获取方面，开展空天地一体化的多源遥感数据快速获取、新型数字摄影测量和遥感机理、地理空间信息网格理论与技术、计算机视觉与数字摄影测量技术统一方法等研究。研究泛在模式下的新型地理信息数据采集、地理空间传感网技术等。研究移动传感器的快速网络互联及信息交换接入技术、智能空间传感器网构建及应用，开发移动物联网地理信息采集与应用服务系统。研究激光雷达装备、干涉测量、三维精细重构与摄影测量集成等技术。开展超高速、超精细、超大尺度、超复杂（简称“四超”）状态下的测量技术研究。继续开展无人机数据获取技术研究。研究组合导航、穿戴式设备集成与显示、远程移动目标监控与数据传输等增强现实地理信息技术与系统平台构建。研究地下空间移动测量关键技术。

地理信息数据处理方面，开展多模多频 GNSS 数据融合和全球多源影像的联合平差关键技术研究。开展超算技术研究，构建超算云平台。研究遥感影像自动去云处理、要素快速自动解译及三维地理信息数据快速表达与更新、传感器时空标签、时空关联、联合语义理解、关联数据快速检索等关键技术，构建时空数据模型和数据库模型。研究地理信息数据的泛在网接入、时空大数据的时空检索、多源异构数据的同步和同化等技术，建立超大规模分布式时空数据管理平台。研发集航空、GNSS/CORS、卫星影像、干涉雷达、激光雷达数据处理于一体的多源对地观测数据处理平台。研究室内外一体化地图快速建模、泛在位置数据的时空特征提取方法。研究极区冰雪演变、全球环境变化耦合机制以及多源数据、跨学科信息融合。

在数据管理与服务方面，开展时空大数据科学理论体系、计算系统、时空大数据驱动的颠覆性应用模型探索等基础研究，构建时空大数据基础理论与方法体系。开展时空地理信息分析与统计、全球变化模拟分析等研究。开展自然资源生态环境评价及可持续发展指标体系研究，推进自然资源资产精细化管理。开展云环境下分布式、多尺度、多时相巨量地理信息的冗余存储、加密互联网传输、并行处理、在线同步、增量更新与泛在服务等方面技术研究。开展泛在网络地理语义挖掘、空间序化、信息融合与可视化技术，建立时空大数据管理系统。开展多源海量综合信息快速集成与融合、分布式多维空间信息高效索引、网络关联地理信息数据挖掘、在线动态地图制图与渲染以及基于众包和自发性地理信息技术的地理信息补充与增值、室内外三维快速建模、大数据环境下的空间知识地图服务等技术产品研发。开展公益性地理信息数据的管理与发布平台、公益性地图服务产品体系与分发平台研发，推进地理信息公共服务平台建设与应用服务。

社会化应用方面，将开展地理信息网络安全监管技术研究，形成国家智慧政务地理信息融合与智能服务能力。开展矿产资源勘查与地质灾害监测、土地资源遥感监测、自然资源综合管理等国土资源领域的测绘技术与地理信息应用服务研究，为“三深一土”提供测绘地理信息科技支撑。开展精准扶贫、智慧城市的精细化管理与动态监测等地理信息应用服务技术研究。开展地理信息系统与建筑信息模型融合（GIS+BIM）关键技术研究。开展大数据环境下的超大规模城市时空模拟过程、实时模拟系统研究，提供面向互联网用户的动态实时数据库系统服务。研发“多规合一”规划信息平台。开展形变监测、智慧矿山、地下管线探测等工程测量、矿山测量、地下水下测绘以及不动产测绘方面的应用研究。开展测绘地理信息系统测试技术研究。关键技术的突破主要集中在地理国情动态监测关键技术、应急测绘与服务保障关键技术、全球地理信息资源开发利用关键技术、新型多传感器数据采集与融合处理技术、地理信息安全监管与安全态势服务技术、测绘卫星后续星关键技术、现代测绘基准维持与服务关键技术、海洋及内陆水下地形测绘关键技术、室内外无缝定位与智慧时空技术、时空大数据跨界融合关键技术和新型测绘装备研发与检测检校技术等方面。

未来五年，测绘与地理信息学科将紧密围绕“加强基础测绘、监测地理国情、强化公共服务、壮大地信产业、维护国家安全、建设测绘强国”发展战略，落实《测绘地理信息事业“十三五”规划》，以支撑“五大业务”为抓手，以创新为动力，以需求为牵引，以问题为导向，以项目为纽带，着力健全创新体制机制，提升科技自主创新能力。坚定不移地把增强自主创新能力作为科技发展的战略基点，加强应用基础研究和高技术研发，强化应用基础理论、战略性关键技术攻关。注重原始创新、集成创新、引进消化吸收再创新，打破国外对测绘地理信息核心技术与装备的垄断。紧扣经济社会发展重大需求，围绕测绘地理信息事业核心业务需求，着力完善科技创新体制机制，提升自主创新能力，强化成果转化与产业化，把科技创新能力变成实实在在的生产力。将显著提升现代化测绘基准维持能力、实时化地理信息数据获取能力、自动化地理信息数据处理能力、网络化地理信息管理与服务能力以及社会化地理信息应用能力，形成一批具有国际竞争力的民族品牌软硬件产品，进一步缩小与国际领先水平的差距。

参考文献

[1] B Yang，Z Dong, F Liang，et al. Automatic Registration of Large-Scale Urban Scene Point Clouds Based on Semantic Feature Points [J]. Isprs Journal of Photogrammetry & Remote Sensing，2016 (113): 43-58.

[2] B Yang，Z Dong，Y Liu，et al. Computing multiple aggregation levels and contextual features for road facilities recognition using mobile laser scanning data [J]. ISPRS Journal of Photogrammetry & Remote Sensing, 2017 (126): 180-194.

[3] W Milczarek，J Blachowski，P Grzempowski. Application of PSInSAR for assessment of surface deformations in post-mining area-case study of the former Walbrzych hard coal basin (SW Poland) [J]. Acta Geodynamica et Geomaterialia，2017，14 (1185): 41-52.

[4] Radiguet M，Perfettini H，Cotte N，et al. Triggering of the 2014 Mw7.3 Papanoa earthquake by a slow slip event in Guerrero，Mexico [J]. Nature Geoscience，2016，9 (11): 829-833.

[5] Y Shi，P Xu，J Peng. An overview of adjustment methods for mixed additive and multiplicative random error models [M]. Berlin: Springer Berlin Heidelberg，2015.

[6] Wen D，Huang X，Zhang L，et al. A novel automatic change detection method for urban high-resolution remotely sensed imagery based on multiindex scene representation [J]. IEEE Transactions on Geoscience and Remote Sensing，2016，54 (1): 609-625.

[7] Xu C，B Xu，Y Wen，et al. Heterogeneous fault mechanisms of the 6 October 2008 Mw 6.3 Dangxiong (Tibet) earthquake using Interferometric Synthetic Aperture Radar observations [J]. Remote Sens，2016，8 (3): 228.

[8] Yang Z，Li Z，Zhu J，et al. Deriving dynamic subsidence of coal mining areas using InSAR and logistic model [J]. Remote Sensing，2017，9 (2): 125.

[9] Yin Z，C Xu，Y Wen，et al. A new hybrid inversion method for parametric curved faults and its application to the 2008 Wenchuan (China) earthquake [J]. Geophys J Int，2016，205 (2): 954-970.

[10] Yu X，Gao J. Kinematic Precise Point Positioning Using Multi-Constellation Global Navigation Satellite System (GNSS) Observations [J]. ISPRS International Journal of Geo-Information，2017，6 (1): 6.

[11] 暴景阳，翟国君，许军. 海洋垂直基准及转换的技术途径分析 [J]. 武汉大学学报（信息科学版），2016，41（1）：52-58.

[12] 蔡阳，谢文君. 全国水利普查空间信息系统的若干关键技术 [J]. 测绘学报，2015，44（5）：585-589.

[13] 曹亚妮，吴芳华，王丽君，等. 基于元拓扑关系的线面空间关系集成表达模型 [J]. 武汉大学学报（信息科学版），2016，41（1）：123-130.

[14] 陈达伦，陈荣国，谢炯. 基于 MPP 架构的并行空间数据库原型系统的设计与实现 [J]. 地球信息科学学报，2016，18（2）：151-159.

[15] 陈洪武，胡斌，田铖. 北斗卫星导航系统在海洋工程中的应用 [J]. 全球定位系统，2016，41（2）：121-124.

[16] 陈秋杰，沈云中，张兴福，等. 基于 GRACE 卫星数据的高精度全球静态重力场模型 [J]. 测绘学报，2016，45（4）：396-403.

[17] 陈小卫，张保明，张同刚，等. 公开 DEM 辅助无地面控制点国产卫星影像定位方法 [J]. 测绘学报，2016，45（11）：1361-1370.

[18] 陈占龙，龚希，吴亮，等. 顾及尺度差异的复合空间对象方向相似度定量计算模型 [J]. 测绘学报，2016，45（3）：362-371.

[19] 陈占龙，覃梦娇，吴亮，等. 利用多级弦长弯曲度复函数构建复杂面实体综合形状相似度量模型 [J]. 测绘学报，2016，45（2）：224-232.

[20] 成英燕，党亚民，秘金钟，等. CGCS2000 框架维持方法分析 [J]. 武汉大学学报（信息科学版），2017，42（4）：543-549.

[21] 邓华，邵景安，王金亮，等. 多因素耦合下三峡库区土地利用未来情景模拟 [J]. 地理学报，2016，71（11）：1979-1997.

[22] 范彬彬，杨青山，包琦，等. 村庄地籍调查中轮台 1∶1000 真正射影像生产及其应用评估 [J]. 测绘通报，2016，（10）：76-80.

[23] 方志祥，罗浩. 有限状态自动机辅助的行人导航状态匹配算法 [J]，测绘学报，2017，46（3）：371-380.

[24] 冯纪军，吴卫兵，曹玉墀. 海图改正管理系统的设计与实现 [J]. 中国航海，2016（1）：10-12.

[25] 付仲良，胡玉龙. M-Quadtree 索引：一种基于改进四叉树编码方法的云存储环境下索引方法 [J]. 测绘学报，2016，45（11）：1342-1351.

[26] 付仲良，杨元维. 道路网多特征匹配优化算法 [J]. 测绘学报，2016，45（5）：608-615.

[27] 高勇，刘家骏，郭潇，等. 面向大规模动态地形可视化的 LOD 组织与调度技术 [J]. 地理与地理信息科学，2016，32（1）：6-11.

[28] 耿弘毅，龚志辉，高超，等. 天绘一号三线阵相机在轨几何参数精化 [J]. 测绘学报，2016，45（3）：282-290.

[29] 宫照庆. 无人机在海洋测绘中的应用前景探讨 [J]. 低碳世界，2016（1）：72-73.

[30] 郭东美，鲍李峰，许厚泽. 中国大陆厘米级大地水准面的地形影响分析 [J]. 武汉大学学报（信息科学版），2016，41（3）：342-348.

[31] 郭绿奕，戴韫卓，杜震洪，等. 第二次全国土地调查成果现势性评估方法 [J]. 浙江大学学报（理学版），2016，43（1）：35-39.

[32] 郭庆胜，王琳. 线图形简化与移位算子的协同方法 [J]. 测绘学报，2016，45（7）：850-857.

[33] 郭庆胜，谢育武. 顾及尺度变化和数据更新的道路匹配算法 [J]. 测绘学报，2017，46（3）：381-388.

[34] 郭学均. 深井多中段定向中全站式陀螺仪的应用及精度分析 [J]. 矿山测量，2017，45（1）：32-34.

[35] 郝春玲. 地籍测量中光纤陀螺倾角测量技术及误差分析 [J]. 电子器件，2017，40（1）：152-157.

[36] 何海威，钱海忠. 采用弯曲进行道路化简冲突避免的方法 [J]. 测绘学报，2016，45（3）：354-361.

[37] 何占军，刘启亮. 显著空间同位模式的多尺度挖掘方法 [J]. 测绘学报，2016，45（11）：1335-1341.

[38] 贺清清，张杰，王飞. 连续搬运使用对矿用陀螺全站仪稳定性的影响 [J]. 煤矿安全，2016，47（8）：

233–236.
[39] 赫林，李建成，褚永海. 1985 国家高程基准与全球高程基准之间的垂直偏差［J］. 测绘学报，2016，45（7）：768–774.
[40] 胡慧敏，钱海忠. 采用层次分析法的面状居民地自动选取［J］. 测绘学报，2016，45（6）：740–746.
[41] 黄丁发，周乐韬，卢建康，等. GNSS 卫星导航地基增强系统与位置云服务关键技术［J］. 西南交通大学学报，2016，51（2）：388–395.
[42] 黄谟涛，刘敏，欧阳永忠，等. 重力场对飞行器制导的影响及海洋重力测线布设［J］. 测绘学报，2016，45（11）：1261–1269.
[43] 黄谟涛，宁津生，欧阳永忠，等. 海空重力测量平台倾斜改正模型等价性证明与验证［J］. 武汉大学学报（信息科学版），2016，41（6）：738–765.
[44] 黄泽纯，张倩宁. 基于主成分变换模型的 DEM 格网聚合及其误差分析［J］. 测绘学报，2017，46（3）：389–397.
[45] 江记洲，郭甲腾，吴立新，等. 基于三维激光扫描点云的矿山巷道三维建模方法研究［J］. 煤矿开采，2016（2）：029.
[46] 金将溢，沈斌坚. 基于 CZT 波束形成三维成像声呐算法优化［J］. 声学与电子工程，2017（1）：20–23.
[47] 赖明珠，张立国，冯维淼，等. 基于语义特征的电子海图权限水印研究［J］. 通信学报，2016（11）：137–145.
[48] 李成名，郭沛沛. 一种顾及空间关系约束的线化简算法［J］. 测绘学报，2017，46（4）：498–506.
[49] 李春菊，张玉洁，何桂敏，等. 海图集总体设计内容及技术方法研究［J］. 海洋测绘，2016，（03）：48–51.
[50] 李改肖，李树军，董晓光，等. 移动平台下栅格海图数据快速显示方法研究［J］. 海洋测绘，2016，（03）：56–59.
[51] 李建成，徐新禹，赵永奇，等. 由 GOCE 引力梯度张量不变量确定卫星重力模型的半解析法［J］. 武汉大学学报（信息科学版），2016，41（1）：21–26.
[52] 李霖，周玉杰，于忠海. 面状居民地名称注记自动配置研究［J］. 武汉大学学报（信息科学版），2016，41(2)：214–220.
[53] 李楠，王磊. 基于 D-InSAR 技术的老采空区稳定性监测研究［J］. 矿山测量，2016，44（3）：1–4.
[54] 李思鹏，张立华，贾帅东. 空间影响域覆盖最大的航标自动选取方法［J］. 武汉大学学报（信息科学版），2017（2）：236–242.
[55] 李彦川，单新建，宋小刚，等. GPS 揭示的郯庐断裂带中南段闭锁及滑动亏损［J］. 地球物理学报，2016，59（11）：4022–4034.
[56] 李寅超，李建松. 一种基于对象和快照的混合地表覆盖时空数据存储模型［J］. 测绘学报，2016，45（7）：858–865.
[57] 李岳明，李晔，盛明伟，等. AUV 搭载多波束声呐进行地形测量的现状及展望［J］. 海洋测绘，2016，36（4）：7–11.
[58] 李振豪，杨春成. 道路与建筑物空间冲突的几何相似性移位算法［J］. 测绘学报，2016，45（6）：747–755.
[59] 李志林，刘启亮，高培超. 地图信息论：从狭义到广义的发展回顾［J］. 测绘学报，2016，45（7）：757–767.
[60] 梁运涛，侯贤军，罗海珠，等. 我国煤矿火灾防治现状及发展对策［J］. 煤炭科学技术，2016，44（6）：1–6.
[61] 刘敏，黄谟涛，欧阳永忠，等. 顾及地形效应的重力向下延拓模型分析与检验［J］. 测绘学报，2016，45（5）：521–530.

[62] 刘闯，钱海忠．顾及上下级空间关系相似性的道路网联动匹配方法［J］．测绘学报，2016，45（11）：1371-1383.

[63] 刘纪平，吴立新，董春，等．一种大规模空间数据流式并行处理方法研究［J］．测绘科学，2016，41(1)：89-93.

[64] 刘民士，龙毅，费立凡．顾及拓扑一致性的水系三维曲线化简［J］．测绘学报，2016，45（4）：494-501.

[65] 刘琦，闻学泽，邵志刚．基于GPS、水准和强震动观测资料联合反演2013年芦山7.0级地震同震滑动分布［J］．地球物理学报，2016，59（6）：2113-2125.

[66] 刘玮，李发源，熊礼阳，等．基于区域生长的黄土地貌沟沿线提取方法与实验［J］．地球信息科学学报，2016，18(2)：220-226.

[67] 卢凯乐．多波束测深数据预处理及系统误差削弱方法研究与实现［D］．江西：东华理工大学，2016.

[68] 马超，孙群．志愿者地理信息中天桥的自动识别方法［J］．测绘学报，2017，46（2）：246-252.

[69] 马超．大数据环境下对航天遥感系统分析［J］．电子技术与软件工程，2016(13)：200.

[70] 孟国杰，苏小宁，徐婉桢，等．基于GPS观测研究2010年青海玉树Ms 7.1地震震后地壳形变特征及其机制［J］．地球物理学报，2016，(12)：4570-4583.

[71] 苗娟，任廷领，龚建村，等．基于星载高精度GPS观测数据的大气密度反演［J］．地球物理学报，2016，59（10)：3566-3572.

[72] 庞博．南海航海保障中心：完成首次西沙测量任务［J］．中国海事，2016（11）：74.

[73] 宁津生，王正涛，超能芳．国际新一代卫星重力探测计划研究现状与进展［J］．武汉大学学报（信息科学版），2016，41（1）：1-8.

[74] 沈敬伟，周廷刚，朱晓波．面向带洞面状对象间的拓扑关系描述模型［J］．测绘学报，2016，45（6）：722-730.

[75] 孙韬，王鹏波，方俊永，等．天绘一号03星三线阵/多光谱载荷影像质量评价［J］．遥感学报，2016，20（6）：1335-1341.

[76] 孙卫新，王光霞．源自建筑平面图的室内地图空间数据自动生成方法［J］．测绘学报，2016，45（6）：731-739.

[77] 孙文川，暴景阳，金绍华，等．多波束海底地形畸变校正与声速剖面反演［J］．武汉大学学报（信息科学版），2016，41（3）：349-356.

[78] 谭凯，赵斌，张彩红，等．GPS和InSAR同震形变约束的尼泊尔Mw 7.9和Mw 7.3地震破裂滑动分布［J］．地球物理学报，2016，(6)：2080-2093.

[79] 唐建波，刘启亮．空间层次聚类显著性判别的重排检验方法［J］．测绘学报，2016，45（2）：233-240.

[80] 田江鹏，游雄．移动地图制图的句法模型［J］．测绘学报，2016，45（11）：1352-1360.

[81] 汪海洪，宁津生，罗志才．一种改进的航空重力测量数据处理方法［J］．武汉大学学报（信息科学版），2016，41（4）：511-516.

[82] 王涛，张立华，彭认灿，等．考虑转向限制的电子海图最短距离航线自动生成方法［J］．哈尔滨工程大学学报，2016（7）：923-929.

[83] 王乐洋，赵英文，陈晓勇，等．多元总体最小二乘问题的牛顿解法［J］．测绘学报，2016，45（4）：411-417，424.

[84] 王任享，王建荣，胡莘．天绘一号03星定位精度初步评估［J］．测绘学报，2016，45（10）：1135-1139.

[85] 王腾飞，祝若鑫，周伟强，等．基于改进中线法的电子海图岛屿面状注记自动配置研究［J］．测绘与空间地理信息，2016（10）：59-61.

[86] 王伟，党亚民，章传银，等．基于CORS站网监测三峡地区陆地水负荷对地壳形变和重力变化的影响［J］．地球物理学报，2017，60（3）.

[87] 王晓蒙，彭玲，池天河．基于稀疏浮动车数据的城市路网交通流速度估计［J］．测绘学报，2016，45（7）：

866–873.
[88] 王勇，刘纪平．顾及位置关系的网络 POI 地址信息标准化处理方法［J］．测绘学报，2016，45（5）：623–630.
[89] 王峥，李建成．航空矢量重力测量中光纤陀螺随机漂移误差实时补偿方法［J］．测绘学报，2017（2）：144–150.
[90] 吴涛，向隆刚，龚健雅．路网更新的轨迹：地图匹配方法［J］．测绘学报，2017，46（4）：507–515.
[91] 向隆刚，邵晓天．载体轨迹停留信息提取的核密度法及可视化［J］．测绘学报，2016，45（9）：1122–1131.
[92] 肖卓辉，许才军，江国焰，等．汶川地震前十年间龙门山区域顾及断层闭锁的地壳应变场［J］．地球物理学报，2017，60(3)：953–961.
[93] 谢传节，龙舟，马益杭，等．多边形间空间关系查询的异构多核架构并行算法［J］．测绘学报，2016，45(1)：119–126.
[94] 徐锋，李佳楠，孙建国．复合的海图安全防护技术研究［J］．通信学报，2016（2）：173–178.
[95] 许才军，邓长勇，周力璇．利用方差分量估计的地震同震滑动分布反演［J］．武汉大学学报（信息科学版），2016，41（1）：37–44.
[96] 许俊奎，武芳，钱海忠．多比例尺地图中居民地要素之间的关联关系及其在空间数据更新中的应用［J］．测绘学报，42（6）：898–905.
[97] 晏雄锋，艾廷华．居民地要素化简的形状识别与模板匹配方法［J］．测绘学报，2016，45（7）：874–882.
[98] 杨帆，许厚泽，钟敏，等．利用径向基函数 RBF 解算 GRACE 全球时变重力场［J］．地球物理学报，2017，60（4）：1332–1346.
[99] 杨伟，艾廷华．运用约束 Delaunay 三角网从众源轨迹线提取道路边界［J］．测绘学报，2017，46（2）：237–245.
[100] 杨元喜，陆明泉，韩春好．GNSS 互操作若干问题［J］．测绘学报，2016，45（3）：253–259.
[101] 杨元喜，徐天河，薛树强．我国海洋大地测量基准与海洋导航技术研究进展与展望［J］．测绘学报，2017，46（1）：1–8.
[102] 杨元喜．综合 PNT 体系及其关键技术［J］．测绘学报，2016，45（5）：505–510.
[103] 殷格兰，邵景安，郭跃，等．南水北调中线核心区土地利用变化及其生态环境响应研究［J］．地球信息科学学报，2017，19（1）：59–69.
[104] 尹刚，张英堂，石志勇，等．基于磁异常反演的磁航向误差实时补偿方法［J］．武汉大学学报（信息科学版），2016，41（7）：978–982.
[105] 应申，杨杰，王凯，等．众包模式下室内地图变化发现与更新［J］．测绘地理信息，2016，41（2）：62–65.
[106] 余丽，陆锋．开放式地理实体关系抽取的 bootstrapping 方法［J］．测绘学报，2016，45（5）：616–622.
[107] 余莉，甘淑．克服双重约束的面目标位置聚集方法［J］．测绘学报，2016，45（10）：1250–1259.
[108] 岳彩亚，党亚民，杨强，等．中国现今板块运动对陆态网基准站稳定性影响［J］．测绘工程，2017，26（3）：32–36.
[109] 张涛，胡贺庆，王自强，等．基于惯导及声学浮标辅助的水下航行器导航定位系统［J］．中国惯性技术学报，2016，24（6）：741–745.
[110] 张翔，王少东．基于偏移四叉树投票的“大尺寸”点状符号多尺度无压盖可视化［J］．测绘学报，2016，45（8）：983–991.
[111] 张艳，王涛，冯伍法，等．“天绘一号”海岛礁影像稀少控制下的定位技术研究［J］．武汉大学学报（信息科学版），2016，41（5）：617–623.
[112] 张予东，马春艳，郭敏，等．基于网络 GPS–RTK 技术的地籍测量研究［J］．测绘与空间地理信息，

2016，39（5）：20–22.
［113］张忠生. 不动产登记“一张图”相关问题探讨［J］. 国土资源信息化，2016，（3）：18–21.
［114］赵进，刘根友，王彬彬，等. 基于 TLS 的滑坡形变分析方法研究［J］. 大地测量与地球动力学，2017，37（2）：182–186.
［115］赵俊，归庆明. 部分变量误差模型的整体抗差最小二乘估计［J］. 测绘学报，2016，45（5）：552–559.
［116］郑凯，刘站科，肖学年，等. 航空重力 GPS 测速多粗差探测方法［J］. 测绘学报，2016，45（6）：663–669.
［117］郑双强，刘洪霞，阳凡林，等. 多波束声呐水柱影像分析工具的设计与实现［J］. 海洋测绘，2016，36（6）：46–49.
［118］周鑫鑫，吴长彬. 小规模地理场景中点要素三维注记优化配置算法［J］. 测绘学报，2016，45（12）：1476–1484.
［119］邹锦华，王宇鹏. 跨海大桥桥墩局部冲刷监测系统构建［J］. 广东工业大学学报，2017，34（2）：59–63.

撰稿人：宁津生　王正涛

专题报告

大地测量与导航专业发展研究

一、引言

大地测量学是地学领域的基础学科，主要研究地球表面及其外部空间点位的精密测定、地球的形状和大小、地球重力场及其随时间变化的理论和方法等。现代大地测量学与地球科学、空间科学和信息科学等多学科交叉，不断拓展了大地测量的学科内涵与外延。随着卫星导航定位技术的迅猛发展，尤其是我国北斗导航系统的广泛应用，为大地测量与导航领域快速发展增加了新动力。

大地测量与导航作为前沿性、创新性、引领性极强的战略科技领域，在国家创新驱动发展的进程中发挥越来越重要的作用。大地测量利用各种大地测量手段获取地球空间信息和重力场信息，监测和研究地壳运动与形变、地质环境变化、地震火山灾害等现象和规律以及相关的地球动力学过程与机制，在合理利用空间资源、社会经济发展战略布局、防灾减灾等方面发挥着重要作用。

二、我国本专业近年的发展现状

（一）大地基准与参考框架维护

1. 国家现代测绘基准建设顺利推进

国家“十二五”重大项目国家现代测绘基准体系基础设施建设一期工程（简称“测绘基准工程”）是我国迄今为止规模最大的、以维持国家大地坐标框架为主要目标的国家地理空间基础设施重大工程。自 2012 年 6 月测绘基准工程启动以来，五个单项工程（国家 GNSS 连续运行基准站网建设、国家 GNSS 大地控制网建设、国家高程控制网建设、国家重力基准点和国家测绘基准数据系统建设五个单项工程）通过新建、改建和利用的方式，建立了地基稳定、分布合理、利于长期保存的测绘基础设施，整个工程已按时间节点顺利推进。同时，随着测绘基准工程的顺利实施，我国现代大地测量基准体系已逐渐具备高精度、涵盖全部陆海国土、三维、动态的能力，最终将建立成几何基准和垂直基准一体的高精度、三维、动态的现代大地基准体系，为我国现代化经济建设、国防建设和科学研究提供服务保障能力。

（1）测绘基准工程建设

测绘基准工程建设是将大地基准基础设施、高程基准基础设施和重力基准基础设施作为一个整体进行综合考虑，工程利用卫星定位技术、水准测量、重力测量、信息系统等技术手段，建设密度合理、分布均匀的现代大地基准、高程基准和重力基准基础设施，以及国家测绘基准管理服务系统，建立并维持相互补充、互为依存的测绘基准设施，形成国家现代测绘基准数据、成果的管理与综合服务的能力。

通过将基础设施的更新和完善，初步实现国家现代测绘基准体系建设目标。具体包括：①全国范围内设计建设 360 个国家 GNSS 连续运行基准站，作为我国国家坐标系统框架的骨干网，其中新建基准站 150 个，改造站 60 个。②全国范围内设计建设 4500 点规模的国家 GNSS 大地控制网，作为国家大地基准的重要组成部分，实现相对均匀覆盖整个陆地国土、密度合理，服务对象更加广泛。其中新建 2500 点。③全面更新我国一等水准网，其中新建基本水准点 725 座、普通水准点 7030 座、水准基岩点 110 座；完成高程属性测定 12.2 万 km、重力属性测定 27400 点。④全国范围选定 50 个设在 GNSS 连续运行基准站的重力点，进行 100 点次绝对重力属性测定，拓展国家重力基准分布与服务范围。⑤完成机房改造、网络通信、计算机与存储备份、安全系统等运行支持物理环境建设，以及数据管理系统、数据处理分析系统和共享服务系统等功能建设，更新国家测绘基准管理服务系统。

（2）测绘基准工程建设进展情况

2012 年 6 月项目工程建设正式启动实施，截至 2014 年 11 月底总体进展顺利，任务完成高效。其中：

GNSS 连续运行基准站新建和改造工作基本完成。完成 144 个新建基准站的施工土建建设，97 个新建站设备集成和安装调试，94 个新建站的资料归档检查，组织人员完成了 143 个新建站的现场质量检查验收。完成改造站的实施方案评审和改造建设工作。

2014 年，按计划完成 756 个 GNSS 大地控制点的选建。选建点位于东北测区，其中黑龙江境内 246 点、吉林境内 120 点、辽宁境内 84 点以及内蒙古东北部 306 点，截至 2014 年 11 月底，已全部按计划完成上述点位选建工作。

2014 年，已经按计划完成 19897.1km 一等水准路线的踏勘补埋，完成 5 个深层基岩点选埋。一等水准路线踏勘补埋任务中，黑龙江测区 6666km；吉林测区 3695km；辽宁测区 3007 公里；内蒙古东北部测区 6529.1km。完成国家高程控制网阿克苏、张掖、威宁、林口、三道通共5个深层基岩点的选建工作。

2014年，按计划完成1135个GNSS大地控制点的观测。其中，完成内蒙古中部、甘肃东部、宁夏区域210点；云南、贵州、四川、重庆区域415点；浙江、福建、江西区域187点；广东、广西、海南岛区域323点。截至2014年11月底，已全部按计划完成上述点位观测工作。

2014年，完成32745.1km一等水准观测。其中，西藏境内8565km；新疆境内10561km；青海境内5804km；甘肃、内蒙古中部境内7815.1km。

2014年，完成10585个水准点上重力观测和40点次绝对重力观测。其中，完成西藏、新疆、青海、甘肃等西部测区的10585个一等水准路线点上的相对重力观测工作。截至11月底已完成全国选定的部分国家GNSS连续运行基准站上40点次的绝对重力观测。

（3）动态地心坐标参考框架维护

全国卫星导航定位连续运行基准站是建立和维持国家和省市级区域高精度、动态、地心、三维坐标参考框架的现代化基础设施，是测绘基准体系和地理空间基础框架的核心，全国基准站网统筹建设是实现新一代国家高精度空间基准的重要步骤。

为统一全国坐标框架，提供更加科学准确的基准数据，进一步提升测绘地理信息服务经济社会发展能力和水平，国家测绘地理信息局2014年、2015年组织开展了全国及各省市基准站网整体平差计算工作。汇交了全国范围内31个省市自建基准站、基准工程站、927基准站、陆态网络基准站2014年8月1—31日、2015年8月1—31日观测数据，国家基础地理信息中心和中国测绘科学研究院对此进行了全国联合网解算、整体平差，获取了全国统一空间基准下的高精度地心坐标成果，解决了各省级基准站网坐标框架不统一、各省区域导航定位基准不一致的问题。为最终实现高精度国家动态地心坐标参考框架的建立和维护奠定基础。

国家测绘地理信息局直属单位——国家基础地理信息中心、中国测绘科学研究院、国家大地测量数据处理中心利用410个国家基准站CORS（150个含北斗）开展了410个国家基准框架维护和兼容北斗的国家基准站数据分析及监测评估，常态化生成国家基准框架服务类产品和北斗基准系列产品（卫星轨道和钟差、地球自转参数、电离层、对流层等基准产品），使其能够更好地服务于国家现代大地测量基准和满足测绘行业各个部门的应用需求。

2. 2000国家大地坐标系在各部委部门进一步推广

2000国家大地坐标系下的国家级测绘成果已于2013年对外发布使用。依照已发布的国家级成果可以保证2000国家坐标系的顺利实施。进展主要包括两方面：一是国家级成果或产品的外延和提升，二是行业的推广应用。

（1）中国大陆1°×1°格网速度场模型建立

高精度、高稳定性的中国大陆速度场是维持CGCS2000稳定性、动态性和精确性的保障。中国 CGCS2000 坐标系的速度场仍不完善，无法全面反映中国地壳水平运动年变化量，难以完整表述中国地心坐标参考框架的动态性和现势性。2013—2014 年，在 CPM-CGCS200020 个Ⅱ级块体模型及已获得的中国地壳运动观测网 1025 个站点速度的基础上，综合采用反距离加权法、欧拉矢量法、块体欧拉矢量法、有限元插值法、最小二乘配置法建立了获得全面、精确、稳定可靠的中国大陆 1°×1°格网速度场模型，并对其进行评定及分析，探讨各模型的适用条件，反距离加权模型和局域欧拉矢量模型的精度受Ⅱ级块体划分的影响较小；有限元模型精度有所提高，但幅度不大；块体欧拉矢量模型及最小二乘配置模型精度提高幅度很大，N、E 两方向精度提高在 30% ~ 50% 左右不等。在块体划分的基础上，选择各块体上的最优模型，计算了中国大陆 3°×3°及 1°×1°的格网点速度，并用 1°×1°的格网点速度建立速度场模型，中国大陆内任意点的速度可以用其周围的 4 个格网点速度的平均值表示。用格网速度场模型计算网络工程 1025 个站点速度，并求出差值，建立了中国大陆分布均匀的速度场模型。

各方向速度场外部检核精度均在亚毫米量级。在此格网速度场数值模型基础上，对已有的 SuperCoord1.0 软件进行升级，按行政区划将格网速度场模型嵌入到软件中，已免费下发到 22 个省（市）自治区用于 GNSS 坐标成果的转换。

（2）2000 国家大地坐标系的行业应用

自 2008 年 7 月 1 日国务院批准全国启用 2000 国家大地坐标系以来，国家测绘地理信息局在完成了全国测绘系统成果的转换工作基础上，积极推广 2000 国家大地坐标系在全国行业部门的应用。目前共调研了 17 家部委，包括民航局、公安部、水利部、交通运输部、中国气象局、国家电网公司、环保部、农业部、中国地调局、国家海洋局、铁路总公司、国家林业局、住建部、石油部门、国家能源局、国土资源部、中国地震局。截至 2016 年，部委开展的情况为：其中 7 个部委（民航局、公安部、水利部、交通运输部、中国气象局、国家电网公司、农业部）直接使用测绘部门提供的 CGCS2000 数据库；环保部采用 WGS84 卫星影像，因需求精度低，等同于使用 CGCS2000。正在开展转换应用的有 7 个部门：其中，国土资源部和国家测绘地理信息局于 2017 年 3 月正式联合发文在全系统内使用 2000 国家大地坐标系，中国测绘科学研究院作为主要技术支持单位协助国土资源部制定了实施方案和转换技术要求，下发给所属省、市县级国土行政主管部门；中国地调局已先行于 2015 年启动馆藏地质资料的转换工作，计划于 2017 年完成所属全部资料的转换工作。有 6 个行业部门（国家海洋局、铁路总公司、国家林业局、住建部、石油部门、国家能源局）需要测绘部门提供支持完成后续转换任务：国家海洋局已在系统内发文要求使用 CGCS2000 坐标系，计划 2017 年底完成转换任务；铁路总公司目前已开展了转换测试工作，计划 2017 年完成 CGCS2000 转换；国家林业局已经完成了地理信息数据库转换试验计划，国家测绘地理信息局针对林业特殊数据类型帮助林业局完成了转换技术方案的制定，林业局计划 2017—2018 年完成 3 万幅图幅转换；住建部筹划建立全国规划督察系统，统一到 2000 系；石油部门部分已完成相应成果到 CGCS2000 的转换；国家能源局监测预警系统中的能源地图计划 2017 年统一到 CGCS2000。中国地震局的台站主要是形变监测点和观测点，要求现势性较强，只关注相对变化，对绝对坐标精度要求不高。观测点、重力、水准位置在表示上使用 CGCS2000。

针对各部门 CGCS2000 应用中转换不规范情况，2015—2016 年中国测绘科学研究院牵头完成了《CH/T 2014—2016　大地测量控制点坐标转换技术规范》行业标准，并于 2017 年 3 月 16 日由国家测绘地理信息局正式发布启用。此标准规定了大地测量控制点坐标转换到 2000 国家大地坐标系的技术要求，包括重合点选取、坐标转换模型、转换方法、精度评价等。该标准为推荐性行业标准，适用于全国各省、行业部门的地方独立坐标系、1954 年北京坐标系、1980 西安坐标系、WGS-84 坐标系以及 ITRF 框架下的大地测量控制点向 2000 国家大地坐标系的坐标转换等内容。用于规范各类控制点如 GNSS 点向 2000 国家大地控制点转换的方法和技术要求。

为保证 2000 国家大地坐标系在行业的顺利推广，受国家测绘地理信息局委托，中国测绘科学研究院先后组织了两次国务院部委层面上 2000 国家大地坐标系推广应用培训班（2013 西安、2015 北京）；同时针对中国地调局需求，组织了两期 2000 国家大地坐标系转换培训班，培训人数共计 120 多人。

3. 空天一体化基准相关方面进一步发展

空天一体化基准是实现航天器高精度空间定位与导航的基础。地面（和近地空间）点和航天器分别在地球坐标系和惯性坐标系中描述其空间位置。由于地球存在极移和自转不均匀等现象，需要利用地球定向参数（EOP）建立地球坐标系和惯性坐标系的联系，从而把航天器与地面点的空间位置及其运动相互关联。可见，空天一体化基准的实质在于确定高精度的 EOP，即确定不同参考系之间的联系参数。目前，测定 EOP 的主要技术手段包括甚长基线干涉测量（VLBI）、卫星激光测距（SLR）和全球卫星导航定位（GNSS）等技术。

VLBI 技术能够精确测定 EOP 的全维参数。当前许多 VLBI 测站的电磁环境逐渐恶化，给 VLBI 测量造成严重影响。此外，水汽与地球大气其他成分相容性较差，且分布极不均匀、难以建模和预测，已成为 VLBI 测量的主要误差源。通过超宽带观测与接收以克服射电干扰的影响，通过快速密集空间采样以实现大气延迟的参数解算并减弱水汽影响，进而提高 VLBI 观测时延的测量精度，是国际上进一步推进 VLBI 技术发展、提高测量精度和观测资料解析精度的主要方向。为此，自 2002 年起国际上开始建设 VLBI 全球观测系统（VGOS），旨在将全球范围测站的位置精度由 5mm 提高至 1mm，并可连续获得测站位置和 EOP 时间序列，将大地测量初步产品的生成周期缩短至 24 小时。

作为 VGOS 的重要组成部分，我国新一代 VLBI 测地网处于建设之中。基本符合 VGOS 要求的首个射电望远镜已完成设备研制，正在进行土建等配套设施建设。射电望远镜的天线口径约 13m，采用 2 ~ 14GHz 的宽频四脊喇叭馈源、馈源与接收机整体制冷、双极化等方式，接收机噪声温度约在 20K，天线效率在 50% 以上。

SLR 是实现地球参考框架的重要技术之一，通过卫星轨道与地心实现固连，用于确定地球参考框架的原点和尺度因子。通过与 VLBI 并置测量，有利于分析和消除不同测量技术之间的系统差异，精化 EOP 激发机制的分析，提高 EOP 的预测精度。国内已有上海、长春、北京、武汉等多个 SLR 观测站，目前计划按地域相对均匀分布原则适当加密建站，同时对某些站点作升级改造，使其具备白天测距和非合作目标测距等能力。

GNSS 技术主要用于 EOP 的加密测量，是对上述两种技术的重要补充。国内利用 IGS 跟踪站的连续观测资料估算得到的地球定向参数，与 IGS 发布的地球定向参数结果具有较好的一致性。

（二）重力与大地水准面

1. 卫星重力测量紧跟国际进展

我国大地测量和地球物理学界的专家学者紧跟国际卫星重力测量研究热点和动态，积极推动我国下一代的卫星重力测量计划，开展了多方面的研究工作。

在卫星重力场建模方法方面，国内学者开展了多方面的研究，包括能量法、动力法（指一般意义上的两步法）、加速度法和短弧法等。国内多个单位采用“两步法”研究了基于卫星跟踪卫星技术的重力场建模。在后续的模型研制上也取得了长足的进步，并且在部分方法上做了一定的改进，建立了静态和时变重力场模型。利用 GRACE LEVEL1B 数据基于短弧长法建立了 IGG–CAS 系列全球时变重力场模型，模型反演精度接近于目前国外主要机构最新公布的时变重力场模型，联合 GRACE 与 GOCE 观测数据确定了与国际同类模型精度相当的 220 阶次卫星重力模型 GOWHU01S，国内卫星重力数据处理水平已达到国际三大顶级重力卫星研究机构——美国德克萨斯大学空间研究中心 CSR、德国 GFZ 地学研究中心以及美国宇航局 JPL 地学研究中心的水平。

同解法，又称一步法，作为卫星重力观测数据的主要处理手段之一，理论上更加严密，可实现更优的参数估计，同时同解法实现复杂，其具体技术路线并未见诸公开刊物，在这个特定领域，国内一直处于跟踪状态，一直没有实质突破。2016 年，武汉大学课题组给出了一种同解法的实践路线，实现了国内首次获得了真实卫星任务数据条件下的同解法结果，经检验，精度与国际已发布模型相当，该成果推动了同解法在海量实测卫星观测数据处理中的应用，提高我国在卫星重力场模型研制领域的技术水平，进一步缩小与国际一流水平的差距，并促进我国对国际上新一代重力卫星数据资源的有效利用。

在卫星精密定轨技术方面，国内已经开展了卓有成效的工作，在运动学定轨、简化的动力学定轨、自适应定轨等方面，取得了较为全面的成果。国内展开的定轨方法研究，覆盖面广、技术路线全面，包括了非差、单差等多种技术模式，径向精度总体上已经接近 3 ~ 5cm 的水平。这些工作使得我国在低轨卫星精密定轨的数据处理领域，达到了国际先进水平。

针对美国宇航局（NASA）提出了下一代专用于地球中短波静态和中长波时变重力场精密探测的 GRACE-Follow-On 卫星重力测量计划，同时欧空局 ESA 也展开了下一代卫星重力计划 E.MOTION（Earth System Mass Transport Mission）的需求论证。我国学者对其展开预先研究，中科院学者基于 GRACE-Follow-On 卫星重力梯度法开展了精确和快速反演下一代地球重力场的可行性论证研究，结果显示基于 GRACE-Follow-On 的测量方式相比当前 GRACE 卫星反演地球重力场精度至少提高 10 倍，验证了新一代 GRACE-Follow-On 计划的优势所在。

我国学者率先提出了双星串飞编队的测高卫星模式，全球覆盖周期缩短到 2.5 年，空间分辨率为 1′×1′，对应重力异常精度为 2.5mGal；完成了我国自主的 SST-LL 卫星重力测量的轨道设计、星载传感器研制、数据处理等关键技术的攻关，正在开展后续地面验证的研究与进一步完善工作。

2. 对海洋大地测量基准与海洋导航技术提出更高要求

以 2000 国家大地坐标系和 2000 国家重力基准为代表，我国已在陆地建成了较为完善的大地测量基准，区域和全球高程基准的统一是促进测绘技术交流发展，为全球化测绘服务提供基础保障的重要措施。然而，现有国家空间基准和重力基准未能有效覆盖海洋，海洋大地测量基准和海洋导航技术已严重滞后于国家社会经济发展新形势和国防战略需求。海洋大地测量基准及其水下导航技术还会极大促进海洋科学等相关领域研究，在监测重点海区海底沉积物运移变化、海洋地质变化、海洋灾害预测研究等领域具有重要应用前景。系统研究海洋大地测量基准理论体系，发展海面—海底控制网高精度数据处理模型与算法，是研究并实现陆海一致的高精度海底大地控制网的关键环节。

近 20 年来，我国海洋大地水准面和海洋潮汐等海洋模型精度不断提高。在中国近海及领海海域构建了 2′×2′的重力异常数值模型，模型精度达到 3 ~ 5mGal；确定了全球海域 2′×2′平均海平面高模型序列，精度优于 4cm；研究了近 60 年全球海平面变化特征，量化了海平面变化趋势及其主要贡献因素，反演并构建了全球海底地形数值模型；建立了 15′×15′全球海洋潮汐模型。我国在“十二五”期间还综合多源重力场资料研制了我国全海域大地水准面模型。

在“十二五”期间，我国依托科技部重点项目“海岛（礁）测绘关键技术研究与示范应用”，研究了海洋无缝垂直基准构建技术，探索了海洋垂直基准的传递方法，联合多代卫星测高资料以及长期验潮站资料建立了我国区域精密海潮模型，还综合利用沿海及海岛礁卫星定位基准站和长期验潮站并置观测资料，开展了基于重力位差实现跨海高程基准传递的理论与方法研究，建立了我国高程基准与深度基准转换模型。

武汉大学采用全国重力数据、7.5′×7.5′ SRTM 数值地面模型资料和卫星测高资料反演了格网海洋重力数据，继我国陆地数字高程基准模型 CNGG2011 之后，取得了 2′×2′

陆海数字高程基准模型CNGG2013初步成果，与GNSS水准比较，全国的精度由原来的±12.6cm提高到±10.9cm，特别是西藏整个地区的精度显著提高，将±21.9cm提高到±15.6cm。

国内目前研究了联合重力位模型、重力异常、地形数据，顾及完全球面布格异常梯度改正项的确定垂线偏差的理论与方法，并此基础上构建了我国1′×1′的垂线偏差数值模型，通过大范围多区域的精度检核，在平缓地区垂线偏差达到0.5″的精度，中等山区达到1″的精度，在较大山区和重力资源稀少地区，达到稍差于1″的精度。

国内多年研究机构，如中国测绘科学研究院综合利用海岸带GPS/水准和精密重力数据、武汉大学学者利用不同重力场模型（EGM2008、EIGEN-6C4）和海面高模型（DNSC08、DTU10、DTU13），采用多种方法确定了我国1985国家高程基准与全球高程基准之间垂直偏差结果的一致性，得到我国85基准高于全球平均海平面约0.3m。

在海洋测绘方面，海底地形地貌测量团队研制了浅水高分辨率多波束硬件和软件系统，对机载激光水深测量技术进行深入研究，突破了船载高精度一体化测深技术的瓶颈，发展了以AUV/ROV为平台的海底地形地貌测量技术，初步形成了从星载、机载、再到潜载的"立体"海底地形地貌信息观测系统；在机载重力测量方面，通过引进集成，具备了航空重力测量生产作业能力，完成了我国部分海区的航空重力测量；在空三测量方面，提出了一种海岸带水边线等高约束条件控制下的光束法区域网空三测量方法；在机载LiDAR测量方面，开展了DEM数据获取和4D产品快速制作等应用研究；在船载重力测量方面，形成了引进、吸收和应用多型号国外设备，研发验证国产设备的态势；数据处理方面实现了数据采集与处理的自动化与智能化、重力仪性能评价标准化和指标化、数据处理规范化，提出了电子海图云服务概念和海图集合云存储策略，建立了空间索引模型，提出了全球电子海图的云可视化服务方案；开展了中国海区"e-航海"原型系统技术架构研究，完成了技术架构和工程建设可行性研究；在数字海洋地理信息数据建设中，进行了体系结构设计及系统电子海图空间数据库设计，建立了电子海图空间数据库的数据模型；在数字海洋地理信息应用方面，研发了集成数据管理与查询、处理与分析和可视化于一体的南海海洋信息集成服务系统。

然而，我国垂直基准模型精度还有待提高，无缝垂直基准的动态实现与维护方法也有待研究。发展海洋大地测量基准建立理论与方法，需要突破陆海一致、连续动态的海洋大地测量基准构建瓶颈技术问题，以及海底高精度定位理论、模型和方法的成熟与完善。

我国海洋大地测量基准和海洋位置服务技术与国际先进水平存在较大差距，水下导航技术单调、手段匮乏，陆海测绘地理空间信息尚未形成统一体系。

3. 重力仪器研发获得有效进展

近年来电子科技的进步，推动着物探仪器水平提高，促进了地面重力调查工作获得一些关键突破，包括电子重力仪器的研发等。

自2005年起，我国启动了新一代面向地面应用的全自动数字重力仪ZSM-6重力仪的研发工作。2014年，“地面高精度数字重力仪”列入国家“863”计划，目标是研究开发出分辨率1μGal、精度优于±20μGal、高灵敏度、高稳定性、测量过程全自动化的地面相对重力仪，达到产品化生产条件，具备年产20台的批量生产能力。目前，ZZSM-6重力仪已实现的主要技术指标为：读数分辨率0.001mGal，典型重复性0.05mGal，量程7000mGal，残余长期漂移< 0.1mGal/d，使用温度范围-20℃ ~ 45℃。部分技术指标已达到或接近CG-5重力仪水平。

2016年，我国研制并生产的首批10台ZSM-6一次性通过验收，并交付用户投入使用。该批产品的各项性能指标经过室内性能测试、灵山重力基线场精度测试及环境测试（高低温、电磁兼容、运输等），均满足合同要求。全自动高精度电子重力仪的研制及小批投产成功，意义十分重大，打破了过去20多年以来该种仪器完全依靠进口的被动局面，使我国具有国际领先水平的自主研发的全数字化地面电子重力仪。

2015年4月，我国首个海空重力仪研制取得突破性进展，填补了国内该领域的空白，其重力传感器温控精度优于0.01℃，静态测试精度指标优于0.5mGal，为保障重力仪动态测试精度达到1mGal的指标要求奠定了坚实技术基础，这是我国自主研发的首款可在飞机、舰船等不稳定环境中进行精确测量的重力仪器，可对沙漠、山川、原始森林、海洋等人类难以到达的地区进行快速、高效的重力测量。

在绝对重力测量方面，国内先后开展关键技术研究的单位有：中国计量科学研究院、清华大学、中国科学院测量与地球物理研究所、中国科学院地质与地球物理研究所、中国地震局地震研究所、浙江大学、华中科技大学、中国地质装备集团有限公司所属北京地质仪器厂等。

目前，正在组织实施的国家重大科学仪器设备开发专项“高精度绝对重力仪研发及产业化示范”项目，于2013年启动，将攻克落体驱动、激光干涉测量等关键技术，研制新型落体驱动机构、直线超声电机等关键部件，开发绝对重力仪控制及数据处理软件，通过系统集成和工程化开发，计划在5年内研制出具有自主知识产权、测量精度优于5 μGal的高精度绝对重力仪，在技术指标上达到或部分超过国外同类产品。

正在组织实施的“863”计划“地面高精度绝对重力仪”子课题，于2014年启动实施，将攻克对落体自由运动的距离进行精确测量的激光干涉系统关键技术，研究开发下落控制机构、高精度抛体系统、真空保持系统、数据采集及控制系统、数据处理软件等，完成测量精度为10 ~ 20μGal小型可移动的地面绝对重力仪研制，具备应用试验条件。

通过对激光干涉绝对重力仪的关键技术研究，设计了实验样机，通过不断改进，最终成功构建测量准确度为±10μGal，精度为10μGal的工程样机，基本与陆地常用于流动绝对重力观测的A10型绝对重力仪的性能指标相当。

2015年初，我国成功研制出NIM-3A型可移动式绝对重力仪，自动化程度和测量效率显著提高，测量精度优于 5 μGal，达到了国际先进水平，在 2015 年的“第九届全球绝对重力仪国际关键比对”中取得佳绩，并代表中国参加在北京昌平举行的 2017 年“第十届全球绝对重力仪国际关键比对”。

2016 年，中国相关专家完成了 GT-1A 航空重力仪的升级改造，利用升级后的 GT-2A 型航空重力仪与辅助系统进行集成，形成 GT-2A 航空重力测量系统，集成了我国首套高分辨率直升机航空重力测量系统。升级后的航空重力仪具有更大的动态范围（±1g）和更低的噪声水平。对其开展航空重力测量方法技术研究，及直升机和固定翼航空重力勘查系统应用示范，取得丰硕成果，促进了我国航空地球物理勘查的装备与技术水平的提升。

其他部门也相继研制与开发了海洋与航空重力仪，在西沙、山东渤海湾、南海、汉中等进行多次同机与同船实验，重复测线与交叉点不符值精度均与国际海空重力仪的精度水平相当；自主研制的联式航空矢量重力仪 SGA-WZ，航空矢量重力两个水平分量的重复线测量精度分别达到 1.23mGal 和 1.80mGal；开展了低成本无人机载捷联式重力测量系统的研究，以及适合陆基使用的旋转重力梯度仪与航空使用的超导重力梯度仪的研究工作。

（三）导航与定位应用

1. 北斗卫星导航系统应用不断扩展

北斗系统在不断完善改进自身卫星性能外，着力发展自身的地面基准站布网、地面数据处理中心等建设，推广北斗系统创新应用，开展与多个国家卫星导航领域的国际合作。同时，正在建设的北斗全球系统，已于 2015 年实施其组网任务，到 2016 年 3 月底，北斗卫星导航系统已成功发射 22 颗在轨卫星。

未来几年，我国在卫星导航定轨方面的研究将从过去以跟踪为主向以自主创新为主转变。我国北斗卫星导航系统的建设起步较晚，总体水平与国际领先水准相比还有一定差距，特别是一些关键技术亟需攻关。北斗地面跟踪站的全球布局和几何结构亟需改善。北斗卫星精密定轨技术，特别是 GEO 卫星的轨道精度仍有待大幅提高。未来几年，全球将出现四大卫星导航系统共存互补的局面，将会有一百多颗导航卫星播发多个频率的信号，需要突破一系列的关键技术难题。为此，我国将深入开展 BDS/GNSS 精密定轨定位与数据处理及应用的理论、算法、模型、软件与服务系统等研究。构建具有国际先进水平的卫星导航定位与定轨科技创新研究平台；突破现代时空基准建立与维持、卫星导航精密定位与定轨以及卫星导航定位综合应用服务等方面的瓶颈难题，形成 GNSS 统一模型、统一无缝高精度实时定位的整体性理论框架。

BDS 区域卫星导航系统的公开服务性能成为全球 GNSS 领域的关注热点。为进一步推动实现多卫星导航系统兼容互操作目标，保障用户更好的受益于多卫星导航系统带来的便利，我国在国际上发起了国际 GNSS 监测评估活动，并启动了国际 GNSS 监测评估系统（iGMAS）建设工作。目前，iGMAS 已经在国内外共建设了 14 个监测站并全部投入使用，

3 个数据中心已经正式运行，13 个分析中心已经正式运行并常态化提供 8 大类 25 种产品，监测评估中心、运行控制管理中心和产品综合与服务中心也开始正式运行。iGMAS 还将在全球范围内布设更多的监测站，并定期发布 GNSS 监测评估产品、报告，提供公开免费的 GNSS 服务，为 GNSS 监测评估领域的科学研究和创新应用提供开放平台，并将推动与 IGS 等组织的数据、产品共享，加强与美、俄、欧等国家和地区相关科研机构的合作，共同推进监测评估技术发展。

2. 全国 CORS 网研究和建设逐步深化

与北斗卫星导航系统的发展相适应，为加快推进北斗系统的产业化，北斗 CORS 网的研究与建设成为当前北斗发展的重要方向之一。国家发改委、科技部、国家测绘地理信息局已经在十二五规划中明确提出要加强北斗系统基础设施建设与服务，促进北斗系统的民间应用。

北斗 CORS 站主要完成 BDS/GPS/GLONASS/Galileo 等 GNSS 信号接收和测量、原始观测数据的采集，对数据进行质量检验和预处理，并将数据发送至数据中心。北斗 CORS 网主要指可接收北斗信号的 CORS 网络，并提供一定的差分服务。北斗增强系统是提高北斗系统服务能力和竞争力的重要手段，以北斗卫星导航系统为主，兼容其他 GNSS 系统，按照区域和定位精度可以划分为广域增强系统和局域增强系统。广域增强系统提供全球和国家级的差分服务，主要定位手段是 WAAS 和 PPP，定位精度在实时 1 ~ 2m 直到收敛后的分米厘米级。局域增强系统提供区域和省级的差分服务，主要定位手段是 LAAS 和网络 RTK，定位精度在实时分米级和实时厘米级。

国家测绘地理信息局国家大地基准现代化项目的 360 个 CORS 站都具备北斗信号接收和数据产生的能力，目前已经全部建成，可以实时接收数据流，并初步建成了国家广域差分服务系统，日常化生成实时精密轨道、钟差、电离层等产品，通过网络播发给广大用户使用。同时，相关兼容北斗的 GNSS 广域差分和 PPP 的手持终端已经研发成功，正逐步推广使用。

国内各省也开展了相应的北斗 CORS 站的更新升级工作，如四川测绘地理信息局已经建成了约 100 个站的北斗 CORS 站网，初步建成了兼容北斗的局域差分服务系统和兼容北斗的网络 RTK 服务系统，正在开展车道级差分服务和厘米级服务；河北建成了 72 个站的北斗 CORS 网，正在部署全省兼容北斗的局域差分服务系统和兼容北斗的网络 RTK 服务系统，开展分米级和厘米级高精度位置服务；湖南测绘地理信息局建成了约 80 个站的北斗 CORS 站网，湖北省建成了 30 个站的北斗 CORS 站网，新疆建成了 204 个站的北斗 CORS 网，山东区域 GPS/BDS CORS 试验网 11 个站，江苏和上海也建成了北斗 CORS 站网，广西在南宁区域和北海区域开展北斗 CORS 试验网工作，正在开展相关服务。

3. 导航与位置服务技术飞速发展

随着卫星导航与位置服务产业的发展，用户对室内外高精度无缝导航定位需求日益迫切。我国在广域实时精密定位技术与示范系统、大型建筑物复杂环境室内定位关键技术等方面取得了重大突破，分别实现了全国范围室外优于 1m、室内优于 3m 的定位精度，并成功开展了应用示范。国内的协同精密定位平台正在积极构建，“羲和计划”正在开展。羲和系统即基于协同实时精密定位技术构建的广域室内外高精度定位导航系统的搭建，开辟了覆盖我国的国家室内外协同实时精密定位系统的先河，该系统以北斗 /GNSS、移动通信、互联网和卫星通信系统为基础，融合广域实时精密定位和室内定位等技术，实现室内外协同实时精密定位。2014 年，开展了基于协同精密定位监测技术研究，成功搭建一套以北斗 /GNSS、移动通信、互联网和卫星通信系统为基础的实时移动、建筑物等监测系统。弥补了单一北斗系统的不足，提升北斗的大众导航市场占有率，增强了北斗的国际竞争力。2015 年，利用当下手机网络技术结合实时 GNSS 数据，建立了一套基于智能手机的协同定位平台及服务软件，该技术实现了大众用户室外定位精度 1m。

在基于云计算的大规模 GNSS 数据处理方面，国内专家和学者展开了大量的研究。利用分布式技术解决了地球参考框架和大地网高效处理、CORS 领域、重力场模型计算、大规模 GNSS 网平差以及大规模 GNSS 基准站网数据处理等相关复杂问题的求解；在云计算云存储方面，导航界出现的卫星导航“位置云”概念标志着位置云已经进入研究和实现阶段。国内学者将算法应用于大型 GNSS 数据的处理，研制的多线程、并行高精度实时定位软件，在地震监测，交通运输等领域实现一定规模的应用，将两者结合，理论上可解决大规模 GNSS 数据处理中任务分解型多处理器分布式并行计算的关键问题。已基本掌握基于云平台大规模 GNSS 数据处理的核心技术，正在进行实际工程方面的实现。

在导航和通信技术快速发展的情况下，国内导航定位终端发展良好。通过研究通信端口复用、电源模块复用、车载终端长时在线、云计算处理地图动态增量更新并实时下发等关键技术，降低车载导航终端的成本，提高其智能化。卫星导航芯片是车载导航仪、行车记录仪、手机导航定位、测速计等的核心部件。2015 年，由我国自主研发的 XN235 卫星导航芯片，达到国际先进水平，填补了国内高性能导航芯片方面的空白，目前已应用于交通部运输过程监控管理服务示范系统中，首批 8 万套已在河南、山东等省推广应用。

在导航定位方面，国内提出了基于 BeiDou、Galileo、GLONASS、GPS 的 4 系统融合精密单点定位算法，相比于双系统组合，可有效提高定位精度和收敛速度；提出了基于北斗三频宽巷组合的网络 RTK 单历元定位算法，直接使用模糊度固定的宽巷观测值和差分改正信息进行单历元定位；提出了基于“多参数”的组合 PPP 与码 IFB 估计定位方法，对码 IFB 进行函数模型补偿，实现基于单个测站观测数据的码 IFB 精确估计；提出了基于分步质量控制的 PPP 部分模糊度固定策略，提高小时解静态 PPP 定位精度；提出了基于非差误差改正数的长距离单历元 GNSS 网络 RTK 定位算法，实现网络 RTK 和 PPP 的统一；提出了基于原始观测值的单频 PPP 定位方法，通过增加电离层延迟先验信息、空间和时间约束信息，将电离层延迟与其他定位参数一并解算；将观测值白噪声、有色噪声和未模型化误差纳入非差随机模型，进行 Allan 方差分析，提出基于 Allan 方差分析的 GPS 非差随机建模方法，定位模型精度有所提高；研究了基于残差向量的双抗差因子 Kalman 滤波模型，有效克服传统抗差定位方法对高精度观测量粗差不敏感的缺点。

在组合导航方面，国内提出了基于 GPS/INS/Odometer 组合导航的自适应联邦滤波方法、基于 GNSS/RISS 的双滤波器组合方法、基于神经网络辅助的多重渐消因子自适应 SVD/UKF 方法、基于多普勒平滑伪距在 GPS/INS 紧耦合导航的应用方法、基于神经网络辅助的 GNSS/INS 松组合模式下的抗差自适应滤波算法、基于伪距 / 伪距率 / 双差分载波相位组合导航算法、基于导航过程中多路径效应动态消除算法、基于多星座 GNSS 接收机原始伪距观测量的 GNSS/INS 紧耦合算法、基于星光折射技术的 INS/GNS 自主组合导航算法、基于视觉 /INS 及地磁 /INS 自适应组合导航方法、基于单目视觉 ORB-SLAM/INS 处理组合导航系统在强干扰环境和室内环境下的组合导航方法、基于分布式自适应多传感器多目标跟踪方法，研究了基于 INS 虚拟观测值辅助 GNSS 模糊度高可靠定位解算模型、基于 GPS/INS 紧组合的定位模型、基于双差伪距 / 伪距率的 GPS/SINS 紧组合定位模型。

针对室内外无缝导航，提出了基于 WiFi 和 PDR 定位信息融合处理的无迹卡尔曼滤波算法、基于渐消因子的自适应加权扩展卡尔曼滤波的 WiFi/PDR 融合定位算法、基于粗时段导航和 RAIM 算法解决 A-GNSS 室内定位问题的算法、基于人体运动学机理的 IMU 行人导航定位算法、基于行人航位推算的误差补偿算法、基于传感器零速修正算法，研究了面向无线局域网位置指纹匹配定位的动态自适应模型、基于几何聚类指纹库的约束 KNN 室内定位模型。

（四）数据处理与地球动力学

1. 大地测量反演的发展

大地测量反演是利用大地测量观测数据研究地球表面客观形变演化特征和规律，推求地球内部物性参数和特征，进而解释地球内部力学过程的一门交叉学科。其主要涉及数据获取、模型构建、反演算法设计及地球物理解释四个部分。近年来，中国学者经过不懈努力，将现有理论和方法广泛应用于各个领域，且扩展了许多新理论、模型和方法。

在“数据获取”方面，主要研究了多类数据的综合处理理论及应用方法，包括高频 GNSS/ 远震体波数据、BDS/GPS/GLONASS 数据、GPS/ 水准 / 强震动数据、水准 /InSAR 数据、GNSS/InSAR 数据、GNSS/InSAR 时序数据、GNSS/ 探空仪数据、EGM2008/ 地面重力数据、卫星重力 / 地面重力 / 航空重力等。

在“模型构建”方面，系统深入研究了大地测量地球物理联合反演模型的构建，研究了顾及地壳结构各向异性的地震形变正反演计算的有限元模型，提出了断层几何构建的曲面模型，研究了基于高频 GNSS 数据准实时反演地震三要素的模型，研究了 GPS 和远震体波反演地震破裂过程的快速反演和联合反演模型，研究了 GPS、水准和强震动数据确定同震滑动分布的联合反演模型，发展了多源数据联合反演的随机模型，研究了InSAR 和水准数据融合的卡尔曼滤波模型，研究了顾及断层闭锁特征的地壳应变场构建模型。

在“反演算法设计”方面，研究了混沌遗传反演新算法，研究了最小二乘直接法的MPI 并行算法及其在卫星重力场建模中的应用，研究了区域重力场定量反演的多尺度刻痕分析方法，研究分析了断层三维滑动速率的反演算法，研究了大气折射指数反演新算法，提出了基于方差分量估计的地震同震滑动分布反演方法，研究了海洋扰动重力场反演的快速解析方法，研究了块体运动的混合最小二乘联合反演方法。

在“地球物理解释”方面，基于卫星重力数据获取了高精度全球静态重力场模型，利用卫星测高数据提取了海浪周期，融合多类 GNSS 数据研究了全球电离层特性，基于重力数据确定了构造应力场、中国大陆 Moho 深度及震后重力变化，基于 GPS、InSAR、水准及地震数据确定了多个地震的静动态破裂过程、震后地球物理机制及震间闭锁和滑动亏损状态，基于高频 GNSS 数据准实时反演确定了地震三要素，基于星载 GPS 数据研究了大气密度及折射系数，基于 InSAR 和像素偏移估计方法提取了火山形变及运动过程。

2. 地球动力学算法和应用的发展

近年来测绘及相关领域出现了一些新类型观测数据，针对复数观测的数据不能考虑观测误差、多余观测信息等问题，国内学者将测量平差从实数域推广到复数域，并定量研究了两种平差准则的优劣性。从理论上证明了复数域与实数域最小二乘平差结果的等价性，在复数域最小二乘的基础上提出了复数域总体最小二乘平差方法，推导了复数域总体最小二乘和复数混合总体最小二乘的相关公式。针对新的参数估计形式的精度与可靠性评估问题，杨元喜等将自适应估计分为内部、外部和半外部自适应参数估计，并对它们特点进行了分析。同时专家提出的可靠小波去噪质量评价指标，可以解决小波分析中诸如分解层次、小波基函数等最优参数选择的问题。将加性粗差代替均值移动并扩展为方差膨胀模型，应用 EM 算法实现稳健估计。针对测量中粗差问题，提出了抗差卡尔曼滤波算法。在不确定信息的利用方面，将不确定度作为参数融入函数模型，建立不确定性平差模型，依据残差中不确定性传播规律，确定了残差最大不确定度可达到最小的平差准则。在整体平差方面，我国学者做了大量的研究，早期的研究可以追溯到 20 世纪 80 年代刘大杰和刘经南发表的论文。专家合作将 partial EIV 模型进行推广，系统地讨论系数误差的影响，从而证明 EIV 模型方差分量的不可估性，同时对附有 constrained（equality/inequality）的 EIV 模型进行了讨论与分析。针对非线性整体最小二乘平差问题，专家提出了非线性整体最小平差迭代算法。

地球动力学研究的前缘，涉及地幔结构、上地幔过渡带、核幔边界、热柱和热点、板块运动、板块边界的扩展与消减、地幔的地球化学等方面。其中，与现代大地测量密切相关的部分，主要是对现今地球动力学过程的地壳运动学特征进行高精度和高时空分辨的观测获取，进而以地壳运动为约束，反演和推测深部地幔对流的运动方式和驱动机制等。具体而言，对地表板块运动、构造运动和地壳形变的观测，在空间分辨率方面，无论全球观测站还是局域观测站，其数量或密度均在迅速增加，并且观测的区域已由陆地拓展到了海底；在时间分辨率方面，已可高达 0.02s 或 50Hz；在观测精度方面，静态或缓慢运动单日解坐标的水平和垂直分量中误差分别达 ±3mm 和 ±5mm。而动态运动 1 ~ 20Hz 采样率的单历元解坐标的水平和垂直分量中误差分别达 ±15mm 和 ±20mm。因此，既可有效观测长期缓慢的地壳运动、地面沉降、冰后期回弹、震后弛豫变形等过程，亦可分辨地震破裂和火山喷发等快速地面运动的位移和形变过程。

三、本专业国内外发展比较

近几年，大地测量与导航无论是推动学科自身发展的基础与应用研究，还是与相关学科的交叉发展及新应用领域的拓展，均获得了显著的成就，对社会和经济发展产生了重要影响。我国在大地测量、时空基准与导航、大地参考系与数据融合、地球重力场等相关领域的基础与应用研究中进步显著，保持与国际同步，甚至在某些领域领先国际水平。

大地基准是建立国家大地坐标系统和国家大地控制网中各点大地坐标的基本依据，是导航定位的基础。全国基准站网是建立与维持国家和省市级区域高精度、动态、地心、三维坐标参考框架的现代化基础设施，测绘基准工程中正在建设的国家 GNSS 连续运行基准站及国家 GNSS 大地控制网配置的接收机具备了北斗数据接收能力，为中国大地坐标参考框架建立提供基础设施和数据。IERS 中心局建立的国际地球参考框架（ITRF）通过方差分量估计方法综合处理 VLBI/SLR/GPS/DORIS 等数据，SLR 解和 GPS 解加权平均后给出了 ITRF 原点，通过定义站点的历元坐标矢量和速度矢量来具体实现地球参考框架。IERS 不断积累各技术分析中心数据处理方法及分析策略，以 ITRF2008 为基础，从两个方面对 ITRF2014 进行了改进，一是估计了四种技术的周年项和半年项，二是建立了震后变形模型，将非线性因素填补到 ITRF2014 中。中国测绘科学研究院利用国家测绘地理信息局建立的全国基准站网、测绘基准工程和 GNSS 大地控制网数据，进行全国联合网解算、整体平差，获取中国大地坐标参考框架（CGCS2000）下的点坐标和速度场，为实现高精度国家动态地心坐标参考框架的建立与维护奠定基础。目前，正在开展 CGCS2000 全球参考框架建立与维持工作，及非线性模型的构建。同时开展针对短期地球科学等应用需求的历元参考框架建立和维持的技术研发工作。

北斗导航卫星系统（BDS）已具备区域导航定位能力，2020 年服务范围将覆盖至全球。北斗办正在加紧 iGMAS 建设，促进 BDS 地面及用户部分的应用发展。BDS 与其他 GNSS 系统的技术组合为维护 CGCS2000 坐标系奠定研究基础，但仍需进一步完善 CGCS2000 维持技术，精化相关模型。虽然 CGCS2000 坐标系在国土资源部、水利部、中国地质调查局、交通部、中国气象局、住房与城乡建设部等部分进行了推广应用，但是 CGCS2000 坐标系的应用领域和深度仍有待深化，应不断创新 CGCS2000 坐标系的应用模式，促进 CGCS2000 满足国家重大工程、行业应用和大众服务方面的需求。

空天一体化基准是实现航天器高精度空间定位与导航的基础。随着 BDS 系统的不断发展，基于 BDS 系统的空天一体化关键参数估计将是未来发展重点之一。BDS 与其他技术的集成建立、及空天一体化基准的维持，可为中国军事和民用提供可靠的导航定位服务。

由于目前国际上仍在使用的地球基本几何物理参数和椭球参数采用了 1980 测量参考系统 GRS80 定义，加之三十年来地球动力学环境的复杂多变，因此有必要对 GRS80 进行更新精化，国际上针对该问题进行了广泛研究，包括确定精化 W_0、GM、J_2 值和 IERS 定期发布的 ω 值，及最佳参考椭球参数，目前已获取显著成果。随着卫星重力场模型分辨率和精度取得突破，平均海面高模型 MSS 和 GNSS 定位精度提高至厘米级或更优，构建高阶与超高阶地球重力场模型的理论、方法和技术日益成熟，全球高程基准的高精度统一问题也有望解决。

在全国大地水准面数值模型构建方面，我国目前精度最高的 CNGG2013 大地水准面模型精度在 10 ~ 20cm，13 个局部省市在厘米级精度上实现无缝衔接。国际上，USGG2012 是 NGS 为美国研制的最新一代大地水准面模型。美国大地水准面的构建在近 20 年内发展迅速，平均每 3 年更新一次，精度从亚米级提高至 3cm，分辨率从 5 分辨率从提高至 1 分辨率，实现了高分辨率厘米级大地水准面的构建。2012 年，美国政府为美国国家测绘局主持实施的为期 10 年的 GRAV–D 计划斥资 39 亿美元，计划重建全美统一的高程基准，预计高程精度优于 2cm。在细化计算理论与方法的基础上，美国 20 年间进行了大范围 GPS/水准加密测量、重力加密测量，这些数据的获得大大提高了重力水准面的精度与分辨率。加拿大采用与美国相同的高程基准系统 NAVD88，先后研发的几代重力大地水准面模型如 GSD91、GSD95、CGG2000、CGG2005、CGG2010 等，均采用第二类 Stokes–Helmert 凝聚理论计算，其精度由最初的 78cm 提高至现在的 13cm。欧洲大地水准面计算开始于 20 世纪 80 年代初期，与中国相同，欧洲也采用正常高系统。第一代似大地水准面 EGG1 精度达几分米。为此，欧洲不断补充和扩展重力数据库，建立了高分辨率地形和重力异常格网模型，先后推出 EGG94、EGG95、EGG96、EGG97 等似大地水准面模型。

进入 21 世纪，欧美发达国家先后实施了 CHAMP、GRACE 和 GOCE 卫星重力任务，而美国宇航局（NASA）提出了下一代专用于地球中短波静态和中长波时变重力场精密探测的 GRACE–Follow–On 卫星重力测量计划。国外卫星重力测量计划的成功实施，一方面有助于我国汲取国外长期积累的经验，加快我国重力卫星研制步伐，另一方面，体现了我国在星载仪器的研制、观测手段的研究和卫星数据处理等方面存在的差距，仍然面临诸如卫星的关键载荷问题、星间精密测距、卫星轨道参数设计、卫星重力反演问题等关键技术难题。

海洋大地测量基准构建技术虽然起步较晚，但发展却十分迅速。早在20世纪80年代末，已有学者提出建设海底大地控制网的构想。20世纪90年代，美国鲍尔航空航天实验室成功研制了水下潜器和潜艇导航的重力仪/重力梯度仪，重力梯度仪分辨率为1E，系统导航定位精度可达到62m/8h；洛克希德-马丁公司也成功开发了通用重力匹配导航模板，能够实现潜艇14天精确导航。随着水下声呐、惯导和重力匹配导航技术的不断发展和完善，水下多传感器组合导航技术已成为国内外导航技术领域的未来发展方向。21世纪以来，美国、加拿大、日本等发达国家通过布测技术先进的海底大地控制网，不断完善海洋大地测量基础设施，有效提升了海洋科学和海洋地质等地球科学的研究水平和地质灾害的监测能力。国内自20世纪90年代就有学者尝试讨论海岛控制网的水下传递方法，提出基于船载GNSS定位技术，结合声呐定位技术实现海底控制点的定位与定向。

亚太区域的地理信息框架统一是联合国全球地理信息管理亚太区域委员会（UN-GGIM-AP）的主要工作之一，计划在未来几年推动亚太区域高程基准的统一。

截至2014年底，美国“全球定位系统”（GPS）星座已有32颗卫星在轨，其中工作星31颗，分别是GPS-2A卫星4颗、GPS-2R卫星12颗、GPS-2RM卫星7颗、GPS-2F卫星8颗。2014年，美国成功发射4颗GPS-2F卫星，加快了GPS星座的更新步伐。同时，美国也在研究增强GPS抗干扰能力的办法。2015年，发射了3颗GPS-2F卫星。此外，美国在嵌入式全球定位/惯性导航系统（EGI）、天文导航及增强型罗兰系统研究方面也有一定进展。自2011年俄罗斯“全球导航卫星系统”（GLONASS）系统恢复满星座运行以来，俄罗斯每年都持续发射新的GLONASS卫星，以保证系统服务和全球覆盖。到2014年底，GLONASS系统共有29颗卫星，其中24颗卫星在轨工作，2颗GLONASS-K1卫星仍处于飞行测试阶段。目前，俄罗斯正加紧建设国家高精度卫星定位网，实时导航定位精度达到分级米和厘米级。到2014年底，“伽利略”系统仍只有4颗试验卫星在轨运行。2015年初，伽利略重启卫星发射计划，分别在3、9、12月各发射2颗伽利略卫星，欧盟未来还计划发射14颗伽利略导航卫星，其中2颗由一枚俄罗斯“联盟”运载火箭发射，另外12颗分别由3枚阿丽亚娜5型运载火箭发射。“印度区域导航卫星系统”逐渐成形，分别于2014年4月4日和10月13日，成功发射2颗IRNSS卫星，这是该系统的第二和第三颗卫星。2015年3月，发射了第四颗IRNSS卫星。2016年1月和3月，分别发射了第五颗和第六颗IRNSS卫星。第七颗IRNSS卫星于2016年4月发射，之后经过在轨测试，7颗卫星组成的IRNSS导航系统将开始为印度的用户提供服务。与此同时，日本正加紧建造“准天顶卫星系统”，目前该系统已有1颗卫星发射升空。

随着全球导航技术飞速进步，相关数据处理模型得到长足发展。主要表现在“三多两高”（即多系统、多频、多类卫星，高频高精度），如卫星融合导航数据综合处理模型；组合导航紧及超紧组合稳健、自适应可信数据处理模型；针对室内外、地上下以及海洋的多源泛在信息的稳健、高效导航模型等。其中，引入智能算法、深度学习、视觉数据处理模型进行导航定位数据的处理研究逐步成为研究热点和趋势。目前，从事导航定位研究的国内外高校、科研机构较多，国外有德国地学中心、斯图加特大学、波恩大学；英国牛津大学、剑桥大学等；德国航空航天中心实验室，印度理工学院，瑞士皇家工学院的信号处理实验室，加拿大卡尔加里大学，西班牙高级科学研究委员会等。

在组合导航算法方面，国外发展了最优、稳健、高容错性的基于人工智能的多传感器组合算法，提出了不依赖卡尔曼滤波的基于自适应模糊神经网络，建立了基于网络控制的新一代组合导航算法等，取得了较好的发展。

国内，北斗卫星导航数据处理分析方面处于国际领先地位，特别是自适应导航定位理论研究在国际上影响十分重要。“十三五”国家重点研发计划在地学、公共安全等多个领域项目中把导航定位模型研究作为核心内容，如“室内混合智能定位技术”“协同精密定位技术”“灾害环境下快速应急定位组网技术”项目。近年来，室内导航定位引起了广泛关注，不单是研究机构，众多企业，如阿里巴巴、百度、华为、Apple、Google、Intel 等也参与室内导航定位的研究，近年来取得的突出成果主要涉及领域如精准营销（例如商场导购系统）、移动健康（例如家庭老人的健康感知与预警系统）、室内智能停车（例如大型商场智能停车服务系统）、虚拟实境应用（例如 VR 球赛、VR 观影）、应急救援（例如火灾场景下消防员定位、反恐救援）等。

大地测量反演是大地测量学科深入地球科学研究领域的重要发展方向之一，国内外在数据获取、模型构建、反演算法设计及地球物理解释等 4 个领域均取得了长足进展。随着欧空局 Sentinel 卫星数据公开获取，国内外科学家开展了大量深入研究工作，因其重访周期短，显著提高了高精度高空间分辨率地壳应变场的获取能力。我国高分 3 号雷达卫星也于 2016 年成功发射，目前已经得到较好的干涉条纹图，未来在雷达干涉测量领域将有中国的雷达卫星发挥重要的作用。此外，我国北斗卫星定位系统在地壳形变场监测、地震预警、大气状态获取等研究中发挥了越来越大的作用。大地测量反演的模型能够考虑更多的地球物理过程并进行估计、分离，例如各向异性的地壳结构、综合考虑同震、震后、冰川调整及地表负载等。反演算法的设计能够考虑待反演参数的数学特征，例如格林函数的不确定性、线性和非线性参数的耦合性。

近年来，加权总体最小二乘平差是测绘数据处理领域研究的热点问题。目前，处理加权总体最小二乘问题的算法有 Schaffrin–Wieser 算法、沈云中等算法、XU et al 算法和 Amiri–Simkooei 算法等，国内学者进一步发展了加权总体最小二乘平差问题。运用抗差 M 估计的等价权方法，发展了一种整体抗差最小二乘（TRLS）估计方法；提出了带有约束的整体最小二乘算法。在新类型观测数据平差方面，复杂先验信息的建模与解算，新平差方法精度评估方面国内学者的研究成果处于领先的地位。在大地测量界首先开展乘性误差的平差理论与精度评定研究，取得重要成果。

在地球动力学研究的现代大地测量观测方面，国内在陆地区域的观测与国际上基本保持了同步。但在海底大地测量方面，日本等国已有具体的技术和引人注目的成果，而我们国家目前在这方面尚无实质性的项目和结果。在研究方面，国际上近年有一些突破性研究进展主要在板块边界带区域，如无震慢滑移现象的 GPS 观测和物理机制解释等。而国内以往的研究区域主要在板内，但近年已通过自然科学基金重大项目和国际合作，在印度－欧亚板块碰撞俯冲带（特别是喜马拉雅东、西构造结）开展了地球动力学方面的综合研究，试图揭示大陆碰撞的完整过程和青藏高原大规模隆升的机制，建立新的大陆动力学理论，阐明碰撞后陆内变形过程与大陆碰撞及大陆深俯冲的关系。

四、本专业发展趋势及对策

党的十八大报告提出实施创新驱动发展战略。科技是驱动测绘与地理信息事业发展的不竭动力。在“科技兴测”战略的指引下，测绘地理信息科技取得了长足进步。测绘地理信息科技创新体系不断加快完善，自主创新能力逐渐增强，我国测绘与地理信息学科发展正进入全面构建智慧中国的关键期、测绘产品服务需求的旺盛期、地理信息产业发展的机遇期、加快建设测绘强国的攻坚期。在现代科学技术急速进步的今天，国家经济建设和社会可持续发展中有许多重大课题，需要我们测绘地理信息科技转型升级，特别是我国正处在一个“大众创业、万众创新”的大浪潮的新阶段，若要投身其中，则要求我们有创新的意识。创新是科技进步的核心，民族进步的灵魂。没有创新，也就谈不上立足世界科技之林。

我国未来大地基准重点发展方向集中在 CGCS2000 的建立与维持、兼容北斗的 GNSS 多源数据融合、大地参考框架维持及多源技术集成的空天参考基准一体化方面。大地参考框架建立和维持主要研究：考虑非线性的 CGCS2000 参考框架更新，历元参考框架建立和维持，BDS 系统的大地参考框架建立和维持应用，包括 BDS 精密定轨、兼容北斗的国家大地基准完备性监测技术、大规模 GNSS 站数据处理技术、兼容北斗的 GNSS 框架综合服务系列产品解算（坐标、速度场和地球定向参数）。在现有水利普查、航道信息、气象服务、海洋测绘、电网“一张网”等行业应用基础上，深化 CGCS2000 行业推广应用在国家重大工程创新应用，如一带一路、南水北调、西气东输等。空天参考基准一体化方面主要研究：VLBI 精确测定地球自转参数的全维参数；VLBI/SLR 并置测量提高地球自转参数预测精度；兼容北斗的 GNSS 地球自转参数精确估计方法；VLBI/SLR/GNSS 多源数据融合的地球自转参数加密测量及解算模型；空天参考基准统一方法等。

我国虽然已形成了较为完备和先进的陆地大地测量基准体系，并在大地测量数据处理理论、模型与算法方面取得了丰硕成果，但我国海洋大地测量基准和海洋位置服务技术与国际先进水平存在较大差距。我国现有国家空间基准和重力基准未能有效覆盖海洋，海洋大地测量基准和海洋导航技术已严重滞后于国家社会经济发展新形势和国防战略需求。水下导航技术单调、手段匮乏，陆海测绘地理空间信息尚未形成统一体系。应该加紧进行海洋大地测量基准论证、研究与建设，研究可行的水下导航定位信息源，实现陆海大地测量基准统一；突破海底框架点建设与维护关键技术，攻克水下高精度动态定位及多传感器融合导航关键技术，构建我国自主可控的高精度海洋大地测量基准和位置服务技术体系；自主研发我国海洋导航定位硬件装备和软件平台，构建全球 / 区域海洋位置服务框架体系，为我国海上丝绸之路战略、海洋资源开发、海洋权益保护、水下潜器导航定位、舰船航行安全等提供技术支持。

发展我国下一代自主和新型的地球卫星重力测量计划，将使我国卫星重力理论研究与技术有所突破，对于资源探测、环境保护及灾害预测提供重要的信息资源。

我国航空物探技术体系与各测量要素已经发展较为全面，但是装备能力尚且不足，这制约着我国航空物探数据采集的进度和应用程度。原子干涉型重力梯度系统作为航空物探测量领域的一项前沿技术，对于航空应用而言，距离实用化还有较大差距。但作为一项前沿技术，非常值得关注。

随着组合导航、多类传感器融合导航、室内外无缝导航技术的发展，多类传感器数据抽象、数据表达与智能定位模型将成为未来发展的重要学术领域；模型的鲁棒性、可行性及效能评估模型将成为研究的热点之一。在传感器技术高速发展的驱动下，米级定位精度应用市场将逐步成熟，未来高精度与低精度的“高低”定位数据处理模型的需求加大，尤其是高效在线处理模型的研究将面临挑战。针对这些新的变化，引入深度学习、数据挖掘等理论，完善与建立现有导航定位理论与模型将是有效的对策。

随着观测数据、类型的不断增加及观测精度的提高，大地测量反演研究出现了新的难题。如各类观测数据均有自身的优缺点，或对几何与物理变化信息敏感，或时空分辨率较高等。现有大地测量反演理论与方法在融合各类观测数据其优势方面仍有较大发展空间。如何进行长时间序列、强噪声背景下的信号提取，如何分析和评估数据处理结果的精度与可靠性，如何构建融合不同类型数据的数学模型及反演计算方法是急需解决的问题，为此需要发展新理论新方法，科学合理处理现有数据，充分利用大地测量技术的多源、多频、多期、多尺度的观测优势，从而提升大地测量反演科学在地球科学中的应用水平。

随着测绘技术的发展，许多新类型观测数据的出现，如时间序列观测数据，乘性误差数据，若无多余观测信息及复杂先验信息，如区间约束信息、模糊信息、不确定信息，则无法进行准确建模，需要将其纳入平差模型来提高参数估计的精度，这给测量平差的建模和平差准则提出了新的挑战，另外，许多新类型的算法，如时间序列分析、小波分析等，它们的解算结果不同于经典平差中参数估计，其解或是一个序列，或是一个函数，难以进行精度评估，这在测量数据处理中是一个缺陷。许多参数的先验统计性质模糊，基于概率的可靠性分析无法进行，需要研究非概率可靠性方法来提高参数估计的可靠性。

高精度的海底大地测量是地球动力学研究迫切需要解决的一个重要难题。因为全球陆地地壳的运动与变形特征目前已有较好的认知，而海洋区域的高精度观测几乎为空白。由此，应该从一些观测条件较好海域开展尝试性的观测，初期试验可引进国际上已有的成熟设备，但必须注重国产自主设备的研发，并将其列为重要而紧迫的目标之一。

大地测量与导航将在“十三五”期间持续繁荣发展，在人们的日常生活中发挥更大的作用，从而能够更好地服务于国家和社会。未来将进一步发展基础理论，综合利用多种大地测量数据和手段，构建并维持参考框架和动态基准，挖掘其科学信息，完善我国的大地测量观测系统，强调大地测量与导航专业在地球动力学、交通运输、能源勘探、自然灾害预警预报等领域中的应用，使其与环境保护、经济建设、防灾减灾等国家重大需求相契合，与通信网络、国际互联网及物联网、车联网等信息载体实现融合发展。

参考文献

[1] 宁津生，王华，程鹏飞，等. 2000国家大地坐标系框架体系建设及其进展[J]. 武汉大学学报（信息科学版），2015，40（5）：569-573.

[2] 宁津生，王正涛，超能芳. 国际新一代卫星重力探测计划研究现状与进展[J]. 武汉大学学报（信息科学版），2016，41（1）：1-8.

[3] 杨元喜，徐天河，薛树强. 我国海洋大地测量基准与海洋导航技术研究进展与展望[J]. 测绘学报，2017（1）：1-8.

[4] Jin T, Li J, Jiang W. The global mean sea surface model WHU2013 [J]. Geodesy and Geodynamics, 2016, 7 (3): 202-209.

[5] 杨元喜. 综合PNT体系及其关键技术[J]. 测绘学报，2016，45（5）：505-510.

[6] 李建成，徐新禹，赵永奇，等. 由GOCE引力梯度张量不变量确定卫星重力模型的半解析法[J]. 武汉大学学报（信息科学版），2016，41（1）：21-26.

[7] 杨元喜，陆明泉，韩春好. GNSS互操作若干问题[J]. 测绘学报，2016，45（3）：253-259.

[8] 胡敏章，李建成，李辉，等. 西北太平洋岩石圈有效弹性厚度及其构造意义[J]. 地球物理学报，2015，58（2）：542-555.

[9] 王峥，李建成. 航空矢量重力测量中光纤陀螺随机漂移误差实时补偿方法[J]. 测绘学报，2017（2）：144-150.

[10] 赫林，李建成，褚永海. 1985国家高程基准与全球高程基准之间的垂直偏差[J]. 测绘学报，2016，45（7）：768-774.

[11] 黄谟涛，宁津生，欧阳永忠，等. 航空重力测量厄特弗斯改正公式注记[J]. 测绘学报，2015，44（1）：6-12.

[12] 许厚泽. 关于高程系统的思考[J]. 地理空间信息，2016，14（1）：1-3.

[13] 杨帆，许厚泽，钟敏，等. 利用径向基函数RBF解算GRACE全球时变重力场[J]. 地球物理学报，2017，60（4）.

[14] 郭东美，鲍李峰，许厚泽. 中国大陆厘米级大地水准面的地形影响分析[J]. 武汉大学学报（信息科学版），2016，41（3）：342-348.

[15] 王伟，党亚民，章传银，等. 基于CORS站网监测三峡地区陆地水负荷对地壳形变和重力变化的影响［J］. 地球物理学报，2017，60(3)：962–971.

[16] 吴波，党亚民，杨强，等. 广播星历下多系统卫星位置、速度计算及精度分析［J］. 测绘通报，2016（1）：64–67.

[17] 岳彩亚，党亚民，杨强，等. 中国现今板块运动对陆态网基准站稳定性影响［J］. 测绘工程，2017，26(3)：32–36.

[18] 成英燕，党亚民，秘金钟，等. CGCS2000框架维持方法分析［J］. 武汉大学学报（信息科学版），2017，42(4)：543–549.

[19] Li J，Jiang W，Zou X，et al. Evaluation of Recent GRACE and GOCE Satellite Gravity Models and Combined Models Using GPS/Leveling and Gravity Data in China［M］// U Marti. Gravity，Geoid and Height Systems. New York: Springer International Publishing，2014：67–74.

[20] 孙文，吴晓平，王庆宾，等. 基于Airy均衡理论的空间重力异常构建［J］. 地球物理学进展，2015（3）：1011–1016.

[21] Xu C，Q Fan，Q Wang，et al. Postseismic deformation after 2008 Wenchuan Earthquake［J］. Surv Rev，2014，46（339）：432–436.

[22] 方荣新，施闯，王广兴，等. 利用高频GPS确定大地震震中和震级研究：2008年汶川8.0级地震应用结果［J］. 中国科学：地球科学，2014(1)：90–97.

[23] 冉将军，许厚泽，钟敏，等. 利用GRACE重力卫星观测数据反演全球时变地球重力场模型［J］. 地球物理学报，2014，57（4）：1032–1040.

[24] 姚志军. 祁连山断裂滑动速率的混沌遗传算法反演［M］. 西安：长安大学，2014.

[25] 朱建军，解清华，左廷英，等. 复数域最小一乘平差及其在PolInSAR植被高反演中的应用［J］. 测绘学报，2014，43（1）：45–51.

[26] 杨元喜，景一帆，曾安敏. 自适应参数估计与内外部精度的关系［J］. 测绘学报，2014，43（5）：441–445.

[27] G Chang. Robust Kalman filtering based on Mahalanobis distance as outlier judging criterion［J］. Journal of Geodesy，2014，88（4）：391–401.

[28] 龚循强，李志林. 稳健加权总体最小二乘法［J］. 测绘学报，2014，43(9)：888–894.

[29] 姚宜斌，黄书华，陈家君. 求解自回归模型参数的整体最小二乘新方法［J］. 武汉大学学报（信息科学版），2014，39（12）：1463–1466.

[30] 胡川，陈义. 非线性整体最小平差迭代算法［J］. 测绘学报，2014，43(7)：668–674.

[31] Xu P，Liu J. Variance Components in Variables Models：Estimability，Stability and bias analysis［J］. Journal of Geodesy，2014，88（8）：719–734.

[32] Y Shi，P Xu，J Peng，et al. Adjustment of Measurements with Multiplicative Errors：Error Analysis，Estimates of the Variance of Unit Weight，and Effect on Volume Estimation from LiDAR–Type Digital Elevation Models［J］. Sensors，2014，14（1）：1249–1266.

[33] 师芸. 加乘性混合误差模型参数估计方法及其应用［J］. 武汉大学学报（信息科学版），2014，39（9）：1033–1037.

[34] 党亚民，王虎，赵文娇，等. 融合BDS/GPS/GLONASS反演全球电离层特性研究［J］. 大地测量与地球动力学，2015，35（1）：87–91.

[35] 郭飞霄，肖云，苗岳旺. 利用EGM2008模型和地面实测重力资料反演川滇地区构造应力场［J］. 大地测量与地球动力学，2015，35（3）：445–448.

[36] 李怀展，查剑锋，米丽倩. 基于卡尔曼滤波的D–InSAR和水准监测数据融合方法研究［J］. 大地测量与地球动力学，2015，35（3）：472–476.

[37] 李萌，黄丁发，严丽，等. Mw6.6 级芦山地震三要素的准实时反演［J］. 导航定位学报，2015，(1)：27–32.

[38] 李煜航，崔笃信，郝明. 利用 GPS 数据反演青藏高原东北缘主要活动断裂滑动速率［J］. 地球科学（中国地质大学学报），2015（10）：1767–1780.

[39] 刘刚，王琪，乔学军，等. 用连续 GPS 与远震体波联合反演 2015 年尼泊尔中部 Ms 8.1 地震破裂过程［J］. 地球物理学报，2015，58（11）：4287–4297.

[40] 许才军，陈庭，张丽琴. 地球物理大地测量反演理论与应用［M］. 武汉：武汉大学出版社，2015.

[41] 玄松柏，申重阳，谈洪波，等. 利用 EGM2008 重力数据反演中国大陆 Moho 深度［J］. 大地测量与地球动力学，2015，35（2）：309–311.

[42] 杨文采，孙艳云，侯遵泽，等. 用于区域重力场定量解释的多尺度刻痕分析方法［J］. 地球物理学报，2015，58（2）：520–531.

[43] 翟振和，孙中苗，王兴涛. 全球及局部海洋扰动重力反演的快速解析方法［J］. 测绘学报，2015，44（8）：827–832.

[44] 张勇，许力生，陈运泰. 2015 年尼泊尔 Mw 7.9 地震破裂过程：快速反演与初步联合反演［J］. 地球物理学报，2015，58（5）：1804–1811.

[45] 赵静，江在森，牛安福，等. 川滇菱形块体东边界断层闭锁程度与滑动亏损动态特征研究［J］. 地球物理学报，2015，58（3）：872–885.

[46] 周浩，罗志才，钟波，等. 利用最小二乘直接法反演卫星重力场模型的 MPI 并行算法［J］. 测绘学报，2015，44（8）：833–839.

[47] 王乐洋，于冬冬，吕开云. 复数域总体最小二乘平差［J］. 测绘学报，2015，44（8）：866–876.

[48] 朱建军，章浙涛，匡翠林，等. 一种可靠的小波去噪质量评价指标［J］. 武汉大学学报（信息科学版），2015，40（5）：688–694.

[49] 宋迎春，谢雪梅，陈晓林. 不确定性平差模型的平差准则与解算方法［J］. 测绘学报，2015，44（2）：135–141.

[50] 王彬，李建成，高井祥，等. 抗差加权整体最小二乘模型的牛顿–高斯算法［J］. 测绘学报，2015，44（6）：602–608.

[51] X Fang. Weighted total least–squares with constraints：a universal formula for geodetic symmetrical transformations［J］. Journal of Geodesy，2015（89）：459–469.

[52] K Koch. Minimal detectable outliers as measures of reliability［J］. Journal of Geodesy，2015（89）：483–490.

[53] Prószynski W. Revisiting Baarda's concept of minimal detectable bias with regard to outlier identifiability［J］. Journal of Geodesy，2015（89）：993–1003.

[54] Y Shi，P Xu，J Liu，et al. Alternative formulae for parameter estimation in partial errors–in–variables models［J］. Journal of Geodesy，2015，89（1）：13–16.

[55] Shi Y，P Xu. Comparing the estimates of the variance of unit weight in multiplicative error models［J］. Acta Geod Geophys，2015，50（3）：353–363.

[56] 李彦川，单新建，宋小刚，等. GPS 揭示的郯庐断裂带中南段闭锁及滑动亏损［J］. 地球物理学报，2016，59（11）：4022–4034.

[57] 刘琦，闻学泽，邵志刚. 基于 GPS、水准和强震动观测资料联合反演 2013 年芦山 7.0 级地震同震滑动分布［J］. 地球物理学报，2016，59（6）：2113–2125.

[58] 孟国杰，苏小宁，徐婉桢，等. 基于 GPS 观测研究 2010 年青海玉树 Ms 7.1 地震震后地壳形变特征及其机制［J］. 地球物理学报，2016（12）：4570–4583.

[59] 苗娟，任廷领，龚建村，等. 基于星载高精度 GPS 观测数据的大气密度反演［J］. 地球物理学报，2016，59（10）：3566–3572.

[60] 谭凯，赵斌，张彩红，等．GPS 和 InSAR 同震形变约束的尼泊尔 Mw 7.9 和 Mw 7.3 地震破裂滑动分布［J］．地球物理学报，2016，（6）：2080–2093.
[61] 温扬茂，许才军，何平，等．多源数据联合反演权比确定及玉树地震同震断层滑动分布反演研究［J］．科技资讯，2016，14（18）：180–180.
[62] 许才军，邓长勇，周力璇．利用方差分量估计的地震同震滑动分布反演［J］．武汉大学学报（信息科学版），2016，41（1）：37–44.
[63] 赵俊，归庆明．部分变量误差模型的整体抗差最小二乘估计［J］．测绘学报，2016，45（5）：552–559.
[64] 王乐洋，赵英文，陈晓勇，等．多元总体最小一乘问题的牛顿解法［J］．测绘学报，2016，45（4）：411–417，424.
[65] Y Shi，P Xu，J Peng．An overview of adjustment methods for mixed additive and multiplicative random error models［J］．Springer Berlin Heidelberg，2015：1–8.
[66] Xu C，B Xu，Y Wen．Heterogeneous fault mechanisms of the 6 October 2008 Mw 6.3 Dangxiong（Tibet）earthquake using Interferometric Synthetic Aperture Radar observations［J］．Remote Sens，2016，8（3）：228.
[67] Yin Z，C Xu，Y Wen．A new hybrid inversion method for parametric curved faults and its application to the 2008 Wenchuan（China）earthquake［J］．Geophys J Int，2016，205（2）：954–970.
[68] 陈秋杰，沈云中，张兴福．基于 GRACE 卫星数据的高精度全球静态重力场模型［J］．测绘学报，2016，45（4）：396–403.
[69] Radiguet M，Perfettini H，Cotte N，et al．Triggering of the 2014 Mw7．3 Papanoa earthquake by a slow slip event in Guerrero，Mexico［J］．Nature Geoscience，2016，9（11）：829–833.
[70] 肖卓辉，许才军，江国焰．汶川地震前十年间龙门山区域顾及断层闭锁的地壳应变场［J］．地球物理学报，2017，60（3）.

撰稿人：白贵霞　党亚民　吴晓平　焦文海　许才军　孙中苗　成英燕　郭春喜
朱建军　欧阳永忠　姚宜斌　袁运斌　甘卫军　秘金钟　王　伟

摄影测量与遥感专业发展研究

一、引言

近年来，随着摄影测量与遥感多种新型传感器和遥感平台的出现及成熟，遥感数据的获取能力不断增强，形成了以高效、多样、快速、多源（多平台、多传感器、多比例尺）、高分辨率（光谱、空间、时间）为特点的空天地一体化数据获取手段。在数据处理方面，面向高空间分辨率、高光谱分辨率、高时间分辨率、合成孔径雷达（SAR）以及激光雷达（LiDAR）等专题数据处理的算法在性能上得到进一步完善，而多源数据的自动化处理、众源数据的智能应用正逐渐成为摄影测量与遥感专业研究的重要方向。

二、本专业最新研究进展

（一）技术进展

1. 平台与传感器

（1）高分遥感技术

在光学高分卫星发展方面，高分四号卫星作为我国第一颗地球同步轨道遥感卫星，通过指向控制，实现对中国及周边地区的观测。高分四号运行在距地 36000km 的地球静止轨道，与此前发射的运行于低轨的高分一号、高分二号卫星组成星座，具有高时间分辨率和较高空间分辨率的优势。高分四号卫星的研制开辟了中国高轨高分辨率对地观测技术的新领域，大幅提高了中国遥感卫星的整体设计水平，对于掌握新一代遥感平台的长寿命、高可靠、高精度定位及快速机动等核心技术，提高中国高性能遥感光学有效载荷技术水平具有重要意义。目前，国产更高分辨率遥感卫星以及更高精度的摄影测量卫星均处在设计研制过程中。与此同时，国外高分卫星的发展呈现以下特征：一是光学遥感测绘卫星的分辨率和精度不断提高。代表者当属 2014 年 8 月 14 日发射的 WcrldView-3 卫星，该卫星的分辨率为全球商业遥感卫星的最高水平 0.31m。据了解，2016 年发射的 WorldView-4 卫星延续了 WorldView 系列卫星在分辨率、准确度、光谱多样性、回访率和影像质量等方面的领先地位。二是通过提高卫星机动性能以及构建卫星星座，显著缩短了遥感卫星的重访周期。例如，法国的 SPOT 6、SPOT 7 卫星分别于 2012 年 9 月 9 日和 2014 年 6 月 30 日发射升空，上述两颗卫星均具有 1.5/6m（全色 / 多光谱）高空间分辨率，60km 幅宽。另外，SPOT 6 和 SPOT 7 卫星以及两颗 Pleiades 卫星一起构成卫星星座，从而可以实现一天之内同一目标的重复观测。此外，WorldView-4 和现有 WorldView 系列卫星组成星座，服务于不断扩大的 0.3m 高分辨率影像的市场。三是微纳卫星在遥感领域发展引人关注。其中，美国 Skybox Imaging 公司于 2013 年 11 月从俄罗斯发射微小成像卫星 SkySat-1，卫星重约 100kg，不但可以采集 1m 分辨率的影像，而且可以提供运动视频，该公司计划于 5 年内实现 24 星组网，整个卫星星座运行高效、成本经济，具备全球 3 ~ 5 次重访 / 天的能力。

在航空方面，随着国民经济及社会可持续发展对遥感数据的需求日益提高，无人机遥感以其全天时、实时化、高分辨率、灵活机动、高性价比等优势，在农业、生态环境、新农村建设规划、自然灾害监测、公共安全、水利、矿产资源勘探、测绘等国民经济及社会发展各个领域发挥了重要作用，成为继卫星遥感和有人通用航空遥感技术之后的新兴发展方向，发展潜力巨大，应用前景广阔。可用于遥感测绘的无人机平台种类繁多，主要包括微型无人机、固定翼无人机、无人直升机、滑翔机等。总结无人机遥感测绘系统发展趋势，首先明确向高端发展，主要体现在高性能、高可靠性、长航时、搭载多传感器等，其次就是向微小型化发展，主要体现在轻便易携、易学易用、单人操作等，最后通过与其他技术集成应用，体现在空地一体化测绘遥感系统装备、测绘地理信息应急监测车、土地执法巡查车等方面。[1-3]

在高光谱遥感传感器研制与信息获取技术方面，机载成像光谱仪商业化水平不断推进，应用领域持续拓展。近年来无人机高光谱遥感受到了业界人员的高度重视，表现出良好的技术优势和发展潜力。EO-1 Hyperion 仍然是目前空间和光谱分辨率最高的星载成像光谱仪。以德国 EnMAP（Environmental Mapping and Analysis Program）、加拿大 HERO（Hyperspectral Environment and Resource Observer）、美国 HyspIRI（Hyperspectral Infrared Imager）、日本 HISUI（Hyperspectral Imager Suite）等为代表的星载成像光谱仪研发工作持续推进，预计近几年内将会发射。目前，我国在 HJ-1A、嫦娥一号和天宫一号等探测系统中都搭载了成像光谱仪。此外，预计在 2018 年 4 月发射的高分五号装有甚高光谱分辨率探测仪和多部大气环境和成分探测设备，可以间接测定 PM2.5 的气溶胶探测仪，实现纳米级光谱差异探测。大气环境红外甚高光谱分辨率探测仪是高分五号卫星的主载荷之一，也是我国首个星载超高光谱卫星探测载荷，通过对温室气体、臭氧等成分和浓度的探测，为气候变化研究和大气环境监测提供科学依据。

（2）合成孔径雷达（SAR）技术

SAR能够在能见度较低的情况下获得较好的高分辨率雷达对地观测信号，其优势在于分辨率高，能够全天候工作，可以有效地识别伪装。自20世纪50年代后期被首次使用在战略侦察飞机上以来，SAR正向多平台、多波段、多极化、多模式、高空间分辨率和高时间分辨率方向高速发展。按硬件平台分，目前典型的SAR系统包括星载（Spaceborne）、机载（Airborne）和地基（Ground based）系统。

1978年，第一颗星载SAR海洋卫星SEASAT-A的成功发射，以及该卫星在L波段、HH极化、天线波束指向固定，标志着SAR迈入太空观测阶段。目前，各国都在开展SAR发展计划，已有超过20颗SAR卫星曾经或者正在太空中服役，并在各个领域发挥着重要作用。其中，美国国家航天航空局（NASA）的lascrosse系列SAR卫星以双星组网，采用X、L2和双极化的工作方式获得了大量的侦察情报，是国际上当前最先进的军用雷达卫星。欧空局（ESA）方面在ERS-1和ERS-2的基础上，后续发射了Envisat并继续开展对地观测和地球环境的研究。意大利的Cosmo-Skymed星座包括4颗卫星，其空间分辨率高达1m，为SAR卫星的应用开辟了更广阔的道路。德国宇航中心（DLR）的TanDEM-X双星编队系统，主星TerraSAR-X卫星于2007年6月发射，辅星TanDEM-X卫星于2010年6月21日发射（2010年7月22日获取了第一批DEM数据）。由于TanDEM-X具有无时间干损及获取InSAR测高最优基线长度的双重技术优势，其DEM质量达到相对高程精度优于2m，绝对测高精度为10m的DTED-3标准，其产品成为至今为止精度最高的全球DEM数据。2012年11月发射的“环境一号”C卫星是我国首颗S波段SAR卫星，能够与“环境一号”A、B卫星组成环境与灾害监测星座，进一步提升我国对于灾害和环境的监测能力。加拿大航天局（CAS）首次采用了可变视角的ScanSAR工作模式，显著提升了卫星的信息获取能力。此外，日本、以色列、俄罗斯各国都根据实际需求发射了SAR卫星，进一步拓展了对地观测的研究和应用。

在机载SAR系统方面，搭载在飞机或者无人机上的SAR系统（即机载SAR系统）能够根据实际应用有针对性地获取数据，信息获取过程更灵活，适合于特定范围的研究。同时，机载SAR系统能够在星载SAR系统发射前进行一系列参数和算法的验证，很大程度上弥补了星载SAR系统的不足。国际上较为著名的机载SAR系统有DLR开发的E-SAR，美国喷气推进实验室（JPL）的UAVSAR系统，以上系统已经在多个领域得到了成功的应用。目前，美国、德国、法国的实验室均已实现了能够实现0.1m分辨率的InSAR试验系统。国内由中国测绘科学研究院、中国科学院电子学研究所和国家测绘地理信息局联合研制的我国首套机载多波段多极化干涉SAR测图系统（CASMSAR），能够实现1∶5000到1∶50000比例尺测绘。

近年来，地基SAR成像系统也得到了迅速发展。通过合成孔径技术和步进频率技术实现方位向、距离向同步高空间分辨率成像，地基 SAR 成像系统视线向位移测量精度能够达到 0.1mm。当前，国际上较为先进的地基 SAR 系统有意大利 IDS 公司研发的 IBIS–L 雷达干涉仪、瑞士 GAMMA 遥感公司研发的 GPRI 便携式雷达干涉仪等，国内外众多单位和学者已经利用这些系统对滑坡、露天矿边坡、冰川运动等展开监测和研究[4]。

（3）激光雷达（LiDAR）技术

激光雷达（Light Detection And Ranging，LiDAR）是近三十年来快速发展起来的一种新型的测量技术。根据所搭载平台的不同，该技术可以分为星载激光雷达、机载激光雷达、车载激光雷达和地面激光雷达。其中，机载 LiDAR 系统及其数据处理技术发展较为成熟，主要用于获取大范围高精度数字地面模型和数字表面模型等。车载 LiDAR 系统侧重于获取高精度的数字城市道路及建筑物立面信息，主要用于道路环境与城市街景建筑物立面的快速重建。而地面 LiDAR 系统较之机载、车载 LiDAR 系统，能获取到地面目标高精度、高细节层次的几何数据，常用于文化遗产、古建筑重建等。星载 LiDAR 具有运行轨道高、观测视野广的特点，对大范围覆盖的地物的监测意义重大，常用于天体测绘、极地冰盖研究、林业资源调查、大气成分和结构测量、海面高度等研究。

最新的机载 LiDAR 平台主要来源于 Leica、Riegl、Optech 及 Trimble 等几个大型供应商，包括 Leica ALS70、ALS80–CM、ALS80–HP 及 ALS80–HA 等系列；Riegl 公司近年在包括机载及地面移动测量系统方面发展迅速，已经有包括 LMS 系列三种平台、VQ 系列四种平台投入市场；Optech 公司是最早研制成功机载平台的公司之一，近年来也有三种平台运行；Trimble 也发展了包括 AX80、AX60 及 AX60i 等多种型号的机载 LiDAR 设备。

星载激光雷达的发展与激光器及空间探测技术的发展密不可分。固体激光技术的进步，特别是高功率、高亮度、高效率激光二极管的出现，极大地推动了星载激光雷达技术的发展。激光二极管泵浦的全固态激光器具有寿命长、结构紧凑、效率高、质量轻等特点，能够满足星载固体激光器的要求，适应空间环境的应用需求，已经成为星载激光系统的主要发射光源。世界主要空间大国都竞相开展星载激光雷达的研究，先后发射了多种星载激光系统。其中，美国的星载激光雷达技术及规模均处于领先地位。比较典型的星载激光雷达系统包括：已发射 ICESat 卫星上的激光测高仪 GLAS，主要用于测量地球两极冰盖厚度及变化情况、陆地地形、植被高度、大气后向散射剖面；月球轨道激光测高仪 LOLA，主要用于月球表面测绘，绘制月球表面三维立体图像，也是美国第一台高精度月球立体测绘激光雷达；预计 2018 年发射的 ICESat–2 卫星上将搭载先进地形激光测高系统 ATLAS，为两极冰层变化分析提供更高精度的地形数据；预计 2025 年发射的全球地形测量系统 LIST，是独立实现对地三维立体成像的星载激光雷达系统。与此同时，国内相关技术也在同步迅猛发展，如用于月球探测的 CE–1 激光高度计、CE–2 激光高度计及 CE–3 激光成像雷达等。

鉴于车载 LiDAR 的巨大优势，国外各大研究机构与公司相继加大投入，研制出一批较成熟的车载 LiDAR 系统，如：IGI 公司合资开发的 StreetMapper 360 系统、加拿大 Optech 公司的 Lynx Mobile Mapper 系统、奥地利 Riegl 公司的 VMX 450 系统、美国 Trimble 公司的 MX8 系统、美国 Applanix 公司的 LandMark 系统、芬兰的 Roamer 系统、荷兰的 Tele Atlas 系统、日本 TopCon 公司的 IP-S2 系统、英国 MDL 公司的 DynaScan 系统等。[5] 我国紧跟国际 LiDAR 系统研究与发展现状，并结合国内不断增长的应用需求，于 20 世纪 90 年代中后期开始着手发展车载 LiDAR 系统，已经获得多项瞩目成果。其中，山东科技大学和武汉大学联合研制了车载城市信息采集与三维建模系统；南京师范大学与武汉大学合作研制了车载数据采集系统 3DRMS 系统；立得空间信息技术股份有限公司研制生产了全景激光 MMS 系统。2011 年，由刘先林院士主持，中国测绘科学研究院、首都师范大学等科研单位共同研制的首台完全拥有自主知识产权的车载 LiDAR 系统（车载激光建模测量系统 SSW-MMTS）目前也已投入量产。

目前，国内外厂商已将地面三维激光扫描仪商业化和产业化，一系列产品相继上市。在国外，地面三维激光扫描仪的生产厂家主要有瑞士 Leica 公司、法国 Faro 公司、奥地利 Riegl 公司、加拿大 Optech 公司、美国 Trimble 公司、德国 Callidus 公司、德国 Z+F 公司、澳大利亚 Maptek 公司、日本 Topcon 公司，它们提供了不同测量范围、测量精度、扫描频率、集成化程度和应用领域的三维激光扫描仪。在国内，扫描仪生产商主要有南方测绘、北京北科天绘（U-Arm）、武汉海达数云、武汉讯能光电（Scanlaser）、广州思拓力（Stonex X300）等。

近年来，搭载了 LiDAR 传感器的无人机 LiDAR 系统也到了迅速的发展。得益于无人机技术的强大应用潜力与需求，以及全球定位系统的日趋普及和成熟，无人机 LiDAR 系统的发展得到了迅速发展。国际主流数据采集系统供应商发展了众多系统平台，如 Riegl 公司发展的八旋翼 NEW RIEGL RiCOPTER 无人机 LiDAR 系统；法国 YellowScan 公司于 2015 年下半年设计完成了世界上最轻的一体化（all-in-one）LiDAR 航测设备，可以被安装在旋翼或固定翼无人机上。在国内，无人机 LiDAR 技术的发展领先于国际水平，多种型号的无人机 LiDAR 系统已经投入生产实用，如北京数字绿土科技有限公司的激光雷达无人机系统（Li-Air）、北斗星通公司设计的搭载了诺瓦泰 SPAN-IGM-S1 高精度组合导航系统的无人机 LiDAR 系统、武大卓越科技有限责任公司与武汉大学测绘遥感信息工程国家重点实验室研制的无人直升机（UAV）系统、北京七维航测科技有限公司与瑞士合作的 Dragon50 无人直升机系统、中飞万通无人机激光雷达系统（ZFWT-IR-E3）、北京金景科技有限公司 2014 年成功研发的 Scanlook 系列、ScanLook V/F/R 系列超轻便携激光雷达系统等。

（4）天绘卫星

“天绘一号”卫星是天绘系列卫星的首颗星，也是我国第一颗传输型立体测绘卫星，其目标是实现无地面控制点条件下 1∶5 万比例尺地形图（20m 等高距）的测制。“天绘一号”卫星采用太阳同步轨道，轨道高度 500km。光学相机包括 5m LMCCD（Line–Matrix CCD）相机、2m 高分辨率相机和 10m 多光谱相机，地面覆盖宽度均为 60km。01 星于 2010 年 8 月 24 日成功发射，02 星于 2012 年 5 月 6 日成功发射，2015 年 10 月 26 日 03 星成功发射。目前三颗星组网摄影，在轨运行状态良好。截至 2017 年 2 月，“天绘一号”影像全球有效影像覆盖率已达 81.2%，全国覆盖率达 99.9%，向国内外各类用户提供了大量的立体影像、高分辨率和多光谱影像，在地形图测制、遥感等发面发挥了重大作用。

无地面控制点卫星摄影测量系统工程技术复杂，涉及卫星平台、有效载荷、立体影像地面覆盖模式、数据传输及地面影像处理等诸多方面。“天绘一号”卫星基于 CAST2000 小卫星平台实施多功能载荷一体化设计，在 1000 千克左右的小卫星上，集成了 5 台相机、19 个独立影像信息源、3 台星敏感器、2 台测量型 GPS 接收机等，是目前中国最复杂、功能密度最高的小卫星，有效载荷占到了卫星重量的 50%。有效载荷中立体相机采用我国学者创新提出的 LMCCD 相机，建立了具有卫星摄影任务规划、数据接收、数据处理及产品存储与分发等功能完备的地面系统。

在影像高精度几何定位方面，提出基于 LMCCD 影像的相机几何参数在轨标定和多功能 EFP 光束法平差技术。基于 LMCCD 影像空中三角测量进行相机在轨标定，能有效解决光束法平差中因姿态稳定度造成的航线模型系统变形，其精度优于三线阵 CCD 影像标定的结果。为配合相机参数在轨标定，在东北设立 600 公里 × 100 公里范围的数字化试验场，定期对相机参数实施在轨标定。对于多功能 EFP（Equivalent Frame Photo）光束法平差，除传统 EFP 光束法平差功能外，也包括 EFP 全三线光束法平差、外方位角元素低频误差补偿等功能。EFP 全三线光束法平差，可以使两线交会区影像的定位精度接近三线交会精度，提高了卫星影像的应用效率；外方位角元素低频误差补偿技术，可以在很大程度上消除姿态测定系统中低频误差对定位精度的影响；偏流角余差改正技术，能消除由于卫星摄影中偏流角改正造成立体影像存在较大上下视差。为了系统、全面检测“天绘一号”卫星影像无地面控制点条件下的定位精度，在国内外选取一定量地面精度检测场，检测场所以地面控制点均采用野外 GPS 测量，国内检测场均匀分布，并包含山地、平原及丘陵等多种地形。在光束法平差处理中，地面点均不参与处理，仅当作地面检查点评估精度。经相关部门组织的第三方精度检测后，01 星无地面控制点条件下定位精度：平面 10.3m，高程 5.7m，02 星定位精度与 01 星相当，利用国内外 3 条航线的初步评估表明 03 星定位精度平面 7.2m，高程 2.6m[30]。

在实现“天绘一号”立体影像高精度定位的同时，开展相机辐射参数的定标工作。在新疆建立大规模的靶标场，基于野外实测数据和实验室数据，完成了相对辐射定标和绝对辐射定标，并进行了分辨率和 MTF 的检测。

为了提高影像质量及影像应用领域，一些学者也进行了相关研究。孙韬[31]等利用多种客观评价方法对比了同一季节同一地区的天绘一号三颗星的三线阵和多光谱影像数据，实验表明03星数据的质量优于01星和02星。耿弘毅[32]等研究了利用正弦函数补偿卫星平台飞行过程中的低频抖动的方法。陈小卫[33]等研究了利用公开DEM数据提高天绘一号定位精度的方法。张艳[34]等研究了利用天绘影像进行海岛礁测图定位的方法。张永军等利用“天绘一号”影像进行光束法平差试验；张艳等进行了“天绘一号”卫星三线阵CCD影像自检校区域网平差试验[6]；王昱等针对“天绘一号”多光谱相机提出了一种具有自适应特性的真彩色影像合成方法[7]；王孟琪等利用环境1A卫星进行了“天绘一号”交叉定标试验[8]；黄鹤等人研究了利用HPF、Mod、HIS以及PanSharp几种遥感影像融合方法在“天绘一号”影像融合中的性能差异。尚珂等利用“天绘一号”影像在河南封丘县进行了绿化面积识别试验，评估结果表明总体分类精度为93.50%，Kappa系数达到0.92[9]。“天绘一号”影像还在第二次全国土地调查中发挥了作用[10]。

（5）资源三号卫星

资源三号测绘卫星是中国第一颗民用高分辨率光学传输型测绘卫星。该卫星于2012年1月9日发射，搭载了四台光学相机，包括一台地面分辨率2.1m的正视全色TDI CCD相机、两台地面分辨率3.6m的前视和后视全色TDI CCD相机、一台地面分辨率5.8m的正视多光谱相机。资源三号卫星可以长期、连续、稳定地获取立体全色影像、多光谱影像以及辅助数据，可对地球南北纬84度以内的地区实现无缝影像覆盖，主要用于地形图制图、高程建模以及资源调查等。资源三号卫星影像经几何检校后，其平面直接定位精度可以达到10m，高程定位精度可以达到6m。截至2015年10月20日，资源三号卫星在轨安全运行1380天，获取原始数据6689轨，原始数据总量1006TB，影像数据173万景。我国陆海全境有效覆盖达1166万km^2，已实现中国境内陆地国土面积98.47%的有效覆盖。全球范围内有效覆盖面积达7073万km^2，有效覆盖率接近14%（亚洲有效覆盖率为60.39%，东亚、中亚接近全部覆盖，欧洲有效覆盖率为20.5%，北美洲有效覆盖率为9.7%，南美洲有效覆盖率为60.6%，非洲有效覆盖率为24.4%，大洋洲有效覆盖率为68%，南极洲有效覆盖率为3.2%）。目前，三颗资源三号后续测绘卫星已纳入国家相关规划，2016年已发射资源三号02星，实现两颗资源三号测绘卫星组网运行，进一步提升数据获取能力。

基于近年来资源三号卫星获取的数据，资源三号卫星全国数字正射影像库及数字表面模型数据库已正式向社会发布。全国数字正射影像库几何分辨率为2m，由全色和多光谱影像融合生成。同时，全国数字正射影像库是目前国内分辨率最高、覆盖最全、时相最新的公共数字正射影像，已经完成我国陆地国土面积960多万km^2的全覆盖，并对我国东中部地区实现了二次更新。全国数字表面模型数据库与国际上主流的同类产品相比，具有更高的空间分辨率和时间分辨率，对山区、平原、城市的局部细节纹理表达更加精细和保真。全国数字正射影像库及数字表面模型库实现了我国自主测绘卫星立体测绘产品的工程化、业务化生产目标，可以满足国民经济各行业和社会公众对地形骨架数据的需求，在土地督察、土地出让审计、林业资源调查、地质环境监测、水土保持监测、应急保障、导航地图更新等领域得到了广泛应用。全国数字正射影像库及数字表面模型库有效地降低了有关行业对国外高分辨率卫星的依赖程度，同时通过保持影像时相的最新性，有力提升了遥感影像在这些领域的业务化水平，显著提高了生产效率。

国家测绘地理信息局卫星测绘应用中心（卫星中心）组织完成了资源三号 2m 分辨率全国真彩色正射影像图的制作，并已经应用于国土、导航、林业等领域。资源三号全国真彩色正射影像图以资源三号为主要数据源，结合天绘、高分等系列卫星获得影像，能够覆盖全国的陆地国土面积。全图采集时间集中于 2012 年 6 月—2014 年 12 月，部分地区还实现了二次更新；全图经分区域无控自由网平差、正射纠正、融合、匀光、镶嵌而成，影像几何分辨率达到 2.1m；全图影像清晰，色彩鲜艳，与目前主流影像地图相比，具有在城市郊区影像时相更新、我国西部边远地区全覆盖等特点。卫星中心采用“边建设边应用”的模式，在开展全国真彩色正射影像图建设的同时，积极与多家单位开展应用合作，目前已经在国土调查、导航地图更新、水土流失监测、林业调查等领域得到应用。此外，卫星中心采取合作共赢、低成本推广的方式，在相关行业对资源三号 2m 分辨率全国真彩色正射影像图进行推广应用，并采用资源三号和后续相关卫星影像实现“一年一更新”，以保持影像时相的现势性。

为了更好地推进资源三号卫星数据的应用，有研究者针对其特点进行了大量的研究。Dong 等人分析了在中国东北区域使用资源三号数据获取的正摄影像和数字高程模型的方法[11]。Ni 等人结合资源三号卫星在森林区域获得的立体像对提取对应的地表高程信息[12]。同时，使用资源三号卫星进行制图也得到了重视。其中，Yao 等人利用资源三号多光谱影像的信息获得城市区域的高精度地表水体专题图[13]。Liu 等人综合资源三号影像及自发地理信息提取城市区域的道路网[14]。

2. 数据处理

（1）大规模立体测图卫星的数据平差

光学卫星不受地域、国界的限制，能够快速获取地球任意区域的高分辨率影像，已逐渐取代航空影像成为当前全球测图任务的主要数据源。长久以来，利用光学卫星影像进行无控制测图一直是摄影测量工作者追求的目标。随着我国以资源三号、天绘一号为代表的多颗自主立体测图卫星的在轨运行，以及未来两年内高分七号卫星的发射计划，获取覆盖全球的海量立体影像数据进行全球高精度测图，为国民经济建设、国防军事提供具有全球统一基准的高精度地理信息基础数据框架，已逐渐成为当前我国空间基础设施建设中的一项重要组成部分。对卫星影像数据进行平差处理是保证后续测图产品几何精度的前提，近年来受到了学者们的重点关注。张力等人在我国西部测图工程中，研究了基于 RPC 模型的区域网平差方法，并成功应用于 SPOT5-HRS 立体像对中，可以实现在利用少量控制点情况下满足 1 : 50000 测图精度的要求。Groecki 等人将基于 RFM 模型的区域网平差用于

IKONOS-2 的几何处理中，在仅有 1 个控制点条件下取得了 1m 的定位精度，并通过大量的分析论证得出有理函数模型比严格成像几何模型更加稳定。考虑到光学卫星长条带影像的几何误差与成像时间满足一定的变化关系，学者们从严格几何成像模型出发，构建了基于姿轨分段多项式、姿轨定向片等长条带影像区域网平差模型，在少量控制点条件下实现了长条带影像的整体平差。汪韬阳利用长条带相邻景之间的像点坐标映射关系作为约束条件，从单景影像 RPC 模型出发，在无需姿态轨道参数的条件下，利用少量控制点实现了长条带影像的整体平差。此外，研究者针对光学卫星影像与航空影像的联合平差问题也进行了一定的研究[15]。

然而，总的来说，当前光学卫星影像平差处理一般是针对少量影像的小区域进行的，并且在平差过程中还需要在测区内人工量测满足一定条件的地面控制点来保证几何精度。在面对国家级、区域级甚至全球范围的测图作业时，这种小区域附加控制点的平差处理方法无论是处理质量、效率还是成本均难以满足要求，特别是针对境外敏感区域、自然条件恶劣的无人区域时，往往需要进行无控制测图。因此，研究超大规模、无控制立体测图卫星影像数据的平差技术符合未来发展趋势。

目前，针对超大规模无控制立体测图卫星影像数据平差，近年的研究揭示了自主光学卫星影像的时变系统误差特性，建立了姿态低频漂移和高频震颤的时变系统误差补偿模型，解决了时变系统误差在无控制条件下区域网平差中的误差累积难题，从数据源头为无控制平差几何精度提供了保障；建立了基于局部连接关系的超大规模区域网自动构建和多级粗差的稳健剔除方法，实现了超大规模区域网中海量影像数据同名像点的高可靠、高精度、高效提取；攻克了复杂交会条件下的超大规模区域网平差解算和可靠性分析关键技术，并研制了国产具有自主知识产权的超大规模卫星影像区域网平差处理软件。在工程应用方面，首次利用 24000 余景资源三号卫星三线阵立体像对，构建了一张覆盖全国的区域网，并在无控条件下实现了高精度、高可靠性的平差处理，使影像几何定位精度从平差前 15m 提升至 4m，相邻模型几何拼接精度达到子像素，成功完成了目前国际上规模最大的卫星影像无控制区域网平差工程，显著提升了自主光学卫星影像无控制条件下的测图效率和精度。

可以看出，目前单一利用光学卫星影像数据进行平差的相关理论和关键技术已基本成熟。随着我国日益丰富的空间信息数据获取手段、不断出现的如激光测距仪等新型传感器以及多源参考数据，发展多源空间信息数据的高精度联合平差技术，针对各类空间信息数据源自身的特点，充分利用各自的优势，通过高精度联合平差处理，实现多源空间信息数据的融合，进一步挖掘各类数据的应用潜力。主要研究内容包括：①激光测高数据辅助光学卫星影像区域网平差技术；② SAR 影像、无人机影像与光学影像的联合平差技术；③基于矢量地图等多源控制数据的光学卫星影像境外大区域平差技术；④星载激光测距仪与光学相机联合在轨几何检校技术。通过多源空间信息数据的高精度联合平差处理可以发挥各类数据的优势，取长补短，充分挖掘数据价值，符合当前大数据处理的发展趋势，为我国未来高精度境外测图等一系列关键技术奠定基础。

（2）移动测量

集成 GPS/ 惯性导航（IMU）/ 激光扫描 / 光学相机 / 移动平台为一体的第二代移动测量系统蓬勃发展。第二代移动测量系统与第一代移动测量系统相比，在以下三个方面存在显著不同：①可直接获取三维密集点云进行地理空间的数字现实（Digital Reality）描述；②搭载平台由过去的车辆为主转换到无人机、机器人乃至便携式平台为主；③地理空间数据的获取由过去的单一影像来源转变为影像和激光扫描点云的多源化。

与传统以控制点为主的测量方式不同，三维移动测量系统具有数据采集速度快、三维点云密集采样、全天候，但存在数据大量冗余且误差分布差异性大等独有特点，为多源点云的质量改善、集成与整合、精细化分类等方面带来了巨大挑战。为此，国际摄影测量与遥感学会 2016 年成立了 point cloud processing 工作组开展该方面的创新研究。我国在三维密集点云的处理方面取得的主要进展包括：①建立了海量点云的可变三维体元空间索引与实时可视化方法，奠定了 TB 级点云高效统一管理的技术基础[16]；②提出了多源、多视角点云时空基准一致性自动整合方法，有效减少了数据间配准误差的传递，解决了配准参数非线性优化求解问题，具有鲁棒性强、速度快、精度高的优点[17]；③发展了融合地物语义知识的多尺度三维分割与三维目标层次化提取方法，解决了单一分割尺度难以兼顾整体和局部的缺陷，提高了小尺度目标、不完整目标、重叠目标提取的完整性和精度[18]。上述成果形成了广义点云处理的理论与方法，被国际摄影测量与遥感学会遴选为 2016—2020 年的重要研究方向之一。

随着通信、控制等技术的快速发展，三维移动测量的平台将由以单一平台（移动车辆）为主转变为以多源化、众包式为主的空地柔性平台；机器人等，定位定姿态方面将由以 GPS/IMU/ 里程计为主转变为多传感器组合为主；视觉 / 激光 SLAM（Simultaneous Location and Mapping），三维移动测量的现实获取（Reality Capture）由街景采集走向室内、地下采集，室内外、地上下全空间的 Reality Capture 已经来临。数字现实（DigitalReality）的实时更新、语义理解等关键技术亟待突破。

（3）三维 GIS

我们生活在日益复杂的三维立体空间，采用三维坐标（X，Y，Z）表示事物的空间位置、格局与形态结构，及此基础上关联表达各种属性的三维 GIS 已经成为数字城市最重要的信息承载引擎之一，并支撑从室外到室内、从地上到地下构建实时精准的真三维数字城市[19]。具有二三维一体化应用服务特点的“国家数字城市地理空间框架技术体系构建与应用”获得了 2015 年度国家科技进步二等奖，相关成果“在科研、技术和应用都达到国际领先水准”（香港大学叶嘉安院士推荐语）。

为了丰富和发展三维城市模型的内涵及其智能分析能力，国际开放地理信息组织

OGC（Open Geospatial Consortium）在2012年发布的CityGML2.0基础上，正在积极推进3.0版本的相关研究，加强几何、外观和语义的多细节层次表达。与此同时，2014年正式发布了室内空间数据模型标准IndoorGML1.0。我国也相继启动了“室内多维位置信息标识语言”“室内外多模式协同定位服务接口”和“室内地图数据模型与表达”等国家标准的研究制定工作，促进了三维GIS建模技术的发展和深度应用。

针对智慧城市与城市安全等重大需求，在已有三维GIS技术的基础上，深化发展了视频GIS、实时GIS和全息位置地图等新原理和新方法。人机物融合的三元世界全息表达的全空间信息系统正成为新的研究前沿[20]，我国率先将三维GIS拓展到对多粒度对象的时间、空间、语义、尺度和行为等多模态特征进行一体化的科学描述，并有望在高效的新型数据库结构与存储管理机制，以及高性能的多尺度高维度数据关联分析与协同可视化等方面取得原创性成果。

（4）高分辨率影像处理

高分辨率遥感图像中地物的细节信息非常丰富，但是受地物几何形态多样性、光谱异质性强、地物对象多尺度化等影响，基于像元的图像分析方法陷入困境。在高分辨率遥感图像分析中，必须强调空间关系、几何特征的应用以及多尺度分析。因此，面向对象的分析方法成为高分辨率遥感图像的主流分析方法[21]。即，首先图像分割必须具有多尺度分割的能力，以聚合不同尺度的地物对象。图像分割研究中多尺度分割算法的创新[22]、分割参数优化与分割尺度选择[23]等是热点问题，特别是如何从多尺度中自动选择若干个具有地理意义的尺度进行分析[24]需要重点关注。在对象分析阶段，如何提取有效的对象特征、如何有效地应用分类器是提高分类结果精度的重要途径。此外，综合利用多个尺度的对象进行图像分析也值得关注。

除此之外，也有学者将“投票”决策或者马尔科夫随机场、条件随机场等方法引入到高分辨率遥感影像分类过程中[25]。另外，利用多源、多时相遥感数据也是高分辨率遥感图像信息提取的重点之一[26]。多源遥感方面，综合利用高分辨率与中低分辨率遥感图像，发挥各自的优势，有益于提高信息解译能力。多时相遥感方面，在面向对象分析的框架下，重点是面向对象变化检测技术的研究，以及空间特征在变化检测中的有效利用研究。此外，几何配准、光照差异、成像角度、阴影差异等对高分辨率遥感图像变化检测具有重要的影响，目前已有研究试图消除或剥离这些因素的影响[27]，值得进一步关注。

最新的研究动态表明，对高分辨率遥感图像场景的机器理解将成为研究热点。根据“像元－对象－目标－场景”的层次关联过程模型，可将图像的机器理解问题转换为估计多重语义关系描述模型的场景理解问题。目前，场景中复杂目标识别、场景分类等问题引起了较多的关注[28-29]。图像的场景理解研究需要标准的数据集作为支撑，目前已有若干数据集出现[29]，但还需要进一步发展和完善。

此外，随着高分辨率遥感图像数据的日渐丰富，图像数据的管理、检索问题成为大规模数据应用的瓶颈。目前国际上已建立了多个基于内容的图像检索与信息挖掘系统，国内研究人员对这方面的关注还相对较少。

（二）学科进展

武汉大学作为拥有全国首批国家重点学科和“211 工程”重点建设学科“摄影测量与遥感”的高校，自 1956 年以来，经过当代中国测绘事业的开拓者、摄影测量与遥感学科奠基人王之卓院士和学术带头人李德仁院士、张祖勋院士、龚健雅院士等专家的辛勤耕耘，学校已形成从学士、硕士、博士到博士后的完整人才培养体系。现有“遥感科学与技术”“地理国情监测”2 个本科专业；拥有“摄影测量与遥感”“地图学与地理信息系统”“模式识别与智能系统”3 个学术型硕士学位授权点和“测绘工程”领域专业硕士学位授权点；拥有“摄影测量与遥感”“地图制图学与地理信息工程”2 个博士学位授权点；设有“测绘科学与技术”博士后科研流动站。武汉大学遥感信息工程学院于 2012 年开设的全国首个“地理国情监测”本科专业并开始全国招生，进一步完善了人才培养模式。在平台建设方面，学院与浙江省测绘与地理信息局合作建立的“地理国情监测国家测绘地理信息局重点实验室”正式由国家测绘地理信息局批准成立。

西南交通大学于 1978 年设立摄影测量与遥感专业（1996 年教育部专业目录调整更名为测绘工程专业）；1985 年设立工程测量硕士点；2001 年设立测绘科学与技术一级学科博士点（涵盖大地测量学与测量工程、摄影测量与遥感、地图制图学与地理信息工程 3 个二级学科）；2002 设立地理信息系统专业（2012 教育部专业目录调整更名为地理信息科学专业），2004 年设立遥感科学与技术专业。西南交通大学测绘学科为国家“211 工程”与“特色 985”优势学科创新平台重点建设的学科，“轨道交通国家实验室（筹）”主要参与学科、“2011 计划”轨道交通协同创新中心主要参与学科、四川省重点一级学科。2012 年，国家发改委批准建立“高速铁路运营安全空间信息技术”国家地方联合共建工程实验室。2013 年获准建立“高速铁路运营安全空间信息技术”教育部创新团队。

中南大学 2003 年起设置摄影测量与遥感博士点，2012 年起开设遥感科学与技术本科专业。中南大学地球科学与信息物理学院设有 5 个一级学科：地质资源与地质工程、测绘科学与技术、生物医学工程、地质学和地理学。学院拥有 3 个博士学位授权一级学科点：地质资源与地质工程、测绘科学与技术和生物医学工程。涵盖 13 个二级学科博士点和 15 个二级学科硕士点：地球探测与信息技术、大地测量学与测量工程、地图制图学与地理信息工程、摄影测量与遥感、资源环境遥感、光电子测绘仪器与信息获取、安全信息工程、生物信息物理学、生物医学工程、矿物学岩石学矿床学、矿产普查与勘探、地质工程和国土资源信息工程以及构造地质学、土地资源管理和地图学与地理信息系统。学院在国家

“211 工程”和“985 工程”建设中，建有地球探测与信息技术国家重点学科、矿产普查与勘探和大地测量学与测量工程 2 个省级重点学科、地质工程及生物医学工程 2 个校级重点学科。建有有色金属成矿预测教育部重点实验室、有色资源与地质灾害探查湖南省重点实验室、中国有色金属信息物理工程中心、湖南省地理空间信息工程技术研究中心等教学科研平台。

南京大学摄影测量与遥感学科起源于 1950 年代成立的航空遥感像片判读组和 1970 年代设立的地图学与遥感学科，是国内最早开展遥感地学分析与应用的单位之一，目前设置有“资源环境遥感”博士点（地理学一级学科下自主设立）和“摄影测量与遥感”硕士点。近年来，南京大学面向全球变化与区域可持续发展的重大需求，着力发展具有地理学特色的遥感科学研究、技术攻关与应用示范，理工学科融合交叉，基础研究和应用研究并重，在科学研究、队伍建设、人才培养、社会服务方面都取得了显著进展。南京大学目前设置有卫星测绘技术与应用国家测绘地理信息局重点实验室（与国家测绘地理信息局卫星测绘应用中心和江苏省测绘工程院共建）、江苏省地理信息技术重点实验室（与江苏省基础地理信息中心共建），是国家遥感中心江苏分部挂靠单位，承担国家 2011 计划中国南海研究协同创新中心南海动态监测与情势推演平台建设任务（与中国科学院地理科学与资源研究所共建），建有全球变化遥感江苏省高校优势科技创新团队和碳循环陆气协同遥感教育部创新团队。

中国测绘科学研究院是测绘地理信息行业最大的多学科综合性研究机构。近年来，研究院摄影测量与遥感研究所和地理信息工程、对地观测技术两个国家测绘地理信息局重点实验室针对“如何高效、快捷、精准地处理多源异构海量航空航天遥感数据，最大限度地实现数据处理自动化智能化，将作业员从繁重的工作中解脱出来”这个主要目标，以遥感影像的几何描述、遥感信息解译的自动化 / 智能化处理、遥感测图与地理信息变化监测的基础理论和技术为主体研究内容，在“现代航空航天摄影测量、合成孔径雷达遥感测图、遥感影像辐射处理与智能信息提取、灾害与环境雷达遥感、多传感器实时摄影测量与应急测绘、多源遥感地理国情监测”六个主要研究方向，坚持科学目标和国家目标并重的方针，初步形成并发挥了跨学科综合研究的优势，取得了一批重要研究成果，为我国航空航天测绘的发展发挥了积极作用。

近些年来，研究院在应用基础研究和研究成果大规模工程化应用方面积极开展工作。航空航天摄影测量与遥感方面，在超大规模稀少 / 无控制区域网平差技术、基于公众地理信息数据的大范围无控卫星影像对地定位、多源遥感影像特征提取及匹配技术、新型航空航天传感器智能数据处理、多目视觉机理与多视影像匹配模型、基于物方约束影像灰度互相关匹配、全色和多光谱影像配准、遥感影像众核 CPU/GPU 高性能集群分布式并行处理等方面开展基础研究和关键技术研发，进一步完善高分辨率光学遥感数据处理及测图的理论方法和技术体系，系统解决了多源卫星遥感数据联合区域网平差（包括立体模式、单景影像弱交会模式以及混合模式）问题，并在生产一线进行方案可行性验证，为全球测图、地理国情监测、应急测绘等重大项目的顺利实施提供可靠的技术基础。在遥感影像数据智能化解译方面，结合国情监测对自动变化发现 / 检测难题，在高分辨率遥感影像的自动—半自动解译算法研究、基于语义网络模型的智能解译研究，多模式下的自动—半自动变化检测软件框架构建以及基于深度学习的遥感分类等方面展开了扎实的工作。在充分调研现有变化检测主要方法、生产流程、作业模式等的基础上，提出了自动—半自动变化检测软件框架。在合成孔径雷达干涉测量方面，积极开展地形起伏较大地区的 InSAR DEM 反演、大区域地表形变 InSAR 监测等研究，取得了一系列的研究成果。在这些技术成果的基础上，研发了具有自主知识产权的 InSAR 形变监测软件（GDEMSI），该软件支持目前主流的商业雷达卫星数据处理，具有 InSAR 处理，差分 InSAR 处理、时间序列 InSAR 处理等功能，可提供 DEM、DOM、平均形变速率、累计形变量等产品。该软件对 InSAR 处理流程中的一些关键技术，如影像精配准、基线估计、地理编码等，均给出了良好的解决方案。

三、国内外研究进展对比分析

如上所述，近年来空间成像技术、主动式遥感技术、无人机遥感技术、基于 DGPS/IMU 组合系统的传感器自主定位技术、自动化 / 智能化数据处理技术在国内外都经历了快速发展。对比国际发展趋势与研究动态，本学科进展主要表现在以下几个方面。

第一，海量多源遥感数据处理一体化。一体化旨在将数据处理与用户独立起来，采用通用算法系统处理各种海量多源航空航天影像、光学和雷达影像数据、激光测距点云数据，打破了先前不同类型遥感数据采用不同专业模块进行处理的传统。同时，多源、多平台数据融合技术的发展使得融合不同类型数据（如光学影像数据 +LiDAR 点云数据）以提高目标产品的可读性和逼真性成为可能。目前，国内多源遥感数据处理水平已经达到国际前沿。

第二，新型多 CCD 线阵、多镜头倾斜航空航天遥感数据处理技术发展迅速。鉴于传统影像垂直角度拍摄的局限性，该类系统利用在同一飞行平台上搭载多条 CCD 线阵或多台传感器以及采用多个角度同步采集影像等方式，不仅能够更加真实地反应地物三维属性，而且通过采用先进的 POS 定位技术获取兼具有精确的地理信息和多维描述的影像信息，极大地扩展了遥感影像的应用领域。同时，非常规的大角度倾斜影像 / 大角度交会 / 宽基线影像自动配准、多角度影像的联合区域网平差、地面密集 DSM 自动匹配、三维数字城市建模及纹理映射方法也获得快速、突破性发展，达到国际领先水平。

第三，数据处理更加自动化、智能化。与国际发展同步，本学科在遥感影像处理、摄影测量与计算机视觉与人工智能相融合，航空航天遥感影像高精度定位 / 空中三角测量、

DSM/DEM 提取、DOM 生成和目标提取与地物识别等算法迅速发展。利用多角度多平台数据解决陡坎或城市地物高程突变等问题、结合计算机视觉方法进行倾斜或大交会角度影像高精度匹配。广泛采用基于多角度多视处理的算法同时处理多景影像，能够自动化地获取成像区域高可靠、高精度的三维信息。此外，对源数据缺失情况下的多传感器数据（视频影像、高速像机等）复合利用得以开始发展。

第四，自动影像分析与更新技术快速发展。自动化进行标识、定类、定位、细节识别/查询的影像分析技术（例如城区人工地物自动提取、农田边界自动勾绘、地理信息数据更新、自动变化发现与变化监测等）已经成为下一步的重要方向。利用现有历史数据对大范围地物进行快速更新与监测方法日新月异。智能化快速生成大范围区域的高精度逼真的真三维数字模型已经逐步成为现实。

第五，基于分布式、多核异构云计算的海量遥感数据处理技术得到运用。采用 CPU/GPU 多线程模式和基于高速局域网的多核 CPU/GPU 集群分布式并行数据处理方式，使得许多复杂的计算任务变为可能。云计算是解决海量遥感影像处理强有力的技术手段，通过云计算模型利用整个云网络中的计算资源，能够大大提高海量遥感数据处理的效率，形成强大的计算能力来满足遥感数据的实时处理。

第六，网络模式下分布式协同测图和实时化移动测图技术已经基本发展成熟。当前，网格计算、集群计算等基于分布式计算的新技术现已成为计算机领域研究与应用的热点，而相应的底层支撑技术必然越来越为人们所重视。这些系统已在实际数据生产中得到使用，其数据处理效率之高，远远优越于现有的单机版数字摄影测量工作站。同时，随着计算机、网络通信等技术的飞速发展，基于各种移动终端、无线网络及卫星定位技术的实时化移动测图技术（MMT）的研究不断升温并陆续出现了多套实用系统。

近些年来，IT 业巨头正逐步介入遥感数据处理领域，如谷歌地球（Google Earth）、脸书（FaceBook）和微软必应（Microsoft BING）；在国内，百度也成立了专门的研究院，从事空间地理大数据研究。IT 巨头的进入一方面带来了空间信息的全面社会化，“街景大数据”“云计算 / 移动计算”“数字地球”等概念已成为人们现代生活中的一种时尚。另一方面，这些“非专业”的科技公司的进入，对地理信息领域的科研人员来说，既带来了空前的压力和挑战，更意味着前所未有的机遇。因此，在应对众多技术挑战并进而有效地提升传统意义上的为国民经济建设服务的同时，更应思考的是，如何让所研究的摄影测量与遥感技术，从“束之高阁”到转化为更为普及化的产品，从而加快我国信息化测绘的进程并惠及更多非专业的普通用户。

四、本专业应用现状及前景

随着对地观测技术和传感器成像能力的不断进步，以及广大工作者的不懈努力，摄影测量与遥感专业已经获得了相当突出的成果，摄影测量与遥感应用现状及前景包括：

在测绘卫星发展方面，随着对于地面细节信息要求的不断提升，人类对遥感卫星的观测能力提出了更高的要求。目前，光学卫星能够提供海量的观测数据，为精细化观测提供了基础，以后卫星将会向高空间分辨率、高光谱分辨率及高时间分辨率发展。高空间分辨率影像提供了更多的空间结构信息，有利于联合空间信息进行地物的识别。高光谱分辨率影像中，地物的光谱信息高度细节化，有利于从光谱特征出发进行地物的准确识别。高时间分辨率影像能够反映地物在长时间序列中的不同表现，体现了地物的动态变化情况，有利于对地表覆盖情况进行监测。同时，针对高分影像的特点，影像解译技术也会得到进一步发展，满足实时性，准确性及稳健性的需求。

在机载摄影测量系统发展方面，无人机技术的发展，为对地观测提供了更便捷的途径，其成本更低，数据获取更灵活，并且受到的限制较小，显著降低了摄影测量的技术门槛，提高了机载摄影测量系统应用的灵活性。同时，随着载荷小型化、轻量化技术的发展，包括微波合成孔径雷达（SAR）、激光雷达（LiDAR）等载荷将具备成为无人机载荷的能力，使得航空摄影测量全天时、全天候工作能力得到显著增强。而无人机技术的迅速商业化，也极大地促进了摄影测量与遥感技术进入公众的视野。

在移动摄影测量系统发展方面，移动测量车集成度越来越高，测量车上可以搭载不同的传感器，同时获得多源的数据，有利于对城市进行更全面及准确的观测。激光测距仪、多光谱甚至高光谱相机的加入，大大提高了移动测量车的能力，使得测量车不但能够采集城市三维信息，还能同步采集街景信息。手持式测量设备的发展，使得测量工作更为方便，可以直接利用手持式测量设备获取井盖、灯杆等信息，使得移动测量设备可以在智慧城市应用中发挥更大的作用。同时，基于手机及平板电脑的测量方式，使得公众可以参与到智慧城市构建中，有利于信息的及时更新。

此外，空天地一体化智能传感器观测网络技术的发展同样值得关注，天基、空基、地基以及手持式测量终端能够从不同层面上获得大量的观测数据。为了有效利用多源数据的互补信息，未来的发展趋势将是充分结合多种传感器的优势，构建更强大的地面观测及信息处理系统，从而完成以智慧城市为代表的多种分辨率、多种类型的空间数据获取任务。

大量的传感器为人类提供了海量的数据，并且随着时间的推移，数据的爆发式增长将会持续。更多的传感器，更高的分辨率，更丰富的细节为摄影测量与遥感专业提出了更高的要求，也提供了更大的机遇。随着摄影测量与遥感在日常生活中的普及，其应用范围也将越来越广，将来应该向以下几个方面发展：①日常化。摄影测量与遥感技术将会在居民日常生活中发挥越来越重要的作用，同时随着商业化进程的发展，公众的认知度及接受度将会更高，为其日常化提供基础。②专业化。在需要专业背景的领域，摄影测量与遥感将会与其背景学科联系更为紧密，从实际需求及问题出发，向专业化应用发展。③深入化。随着摄影测量与遥感专业的发展，可以获取越来越详尽的地理信息，利用所获得的数据能够在不同领域进行更深入的应用。④多元化。当前成像技术的发展及数据获取能力的不断提升，摄影测量与遥感在多个领域得到了重视，并在不同的行业中显现出作用。

参考文献

[1] 李德仁，李明. 无人机遥感系统的研究进展与应用前景［J］. 武汉大学学报（信息科学版），2014，39（5）：1163-1168.

[2] Moranduzzo T，Melgani F，Mekhalfi M L，et al. Multiclass Coarse Analysis for UAV Imagery［J］. IEEE Transactions on Geoscience and Remote Sensing，2015，53（12）：6394-6406.

[3] Zhang Q，Qin R，Huang X，et al. Classification of Ultra-High Resolution Orthophotos Combined with DSM Using a Dual Morphological Top Hat Profile［J］. Remote Sensing，2015，7（12）：16422-16440.

[4] Monserrat O，Crosetto M，Luzi G. A review of ground - based SAR interferometry for deformation measurement［J］. ISPRS Journal of Photogrammetry and Remote Sensing，2014（93）：40-48.

[5] Puente I，Gonz á lez-Jorge H，Mart í nez-S á nchez J，et al. Review of mobile mapping and surveying technologies［J］. Measurement，2013，46（7）：2127-2145.

[6] 张艳，王涛，冯伍法，等. "天绘一号"卫星三线阵 CCD 影像自检校区域网平差［J］. 遥感学报，2015，19（2）：219-227.

[7] 王昱，陈璐. 一种改进的多光谱真彩色影像生成方法［J］. 测绘科学与工程，2014，34（4）：17-22.

[8] 王孟琪，刘修国，黄晓东. 基于准不变目标物的天绘一号多光谱数据交叉定标［J］. 测绘科学，2014，39（3）：10-12.

[9] 尚珂，于信芳，岳彩荣，等. 天绘一号卫星影像的平原绿化提取方法［J］. 地球信息科学学报，2015，17（3）：361-368.

[10] 刘志勇，胡辉，战鹰，等. 国产卫星在全国土地变更调查监测中的应用［J］. 国土资源信息化，2015（3）：8-12.

[11] Dong Y，Chen W，Chang H，et al. Assessment of orthoimage and DEM derived from ZY-3 stereo image in Northeastern China［J］. Empire Survey Review，2016，48（349）：247-257.

[12] Ni W，Sun G，Ranson K J，et al. Extraction of ground surface elevation from ZY-3 winter stereo imagery over deciduous forested areas［J］. Remote Sensing of Environment，2015（159）：194-202.

[13] Yao F，Wang C，Dong D，et al. High-Resolution Mapping of Urban Surface Water Using ZY-3 Multi-Spectral Imagery［J］. Remote Sensing，2015，7（9）：12336-12355.

[14] Liu B，Wu H，Wang Y，et al. Main Road Extraction from ZY-3 Grayscale Imagery Based on Directional Mathematical Morphology and VGI Prior Knowledge in Urban Areas［J］. Plos One，2015，10（9）：e0138071.

[15] Wu B，Tang S，Zhu Q，et al. Geometric integration of high-resolution satellite imagery and airborne LiDAR data for improved geopositioning accuracy in metropolitan areas［J］. ISPRS Journal of Photogrammetry and Remote Sensing，2015，109（4）：139-151.

[16] 陈驰，王珂，徐文学，等. 海量车载激光扫描点云数据的快速可视化方法［J］. 武汉大学报（信息科学版），2015，40（9）：1163-1168.

[17] B Yang，Z Dong，F Liang. Automatic Registration of Large-Scale Urban Scene Point Clouds Based on Semantic Feature Points［J］. Isprs Journal of Photogrammetry & Remote Sensing，2016，113：43-58.

[18] B Yang，Z Dong，Y Liu. 2017. Computing multiple aggregation levels and contextual features for road facilities

recognition using mobile laser scanning data [J]. Isprs Journal of Photogrammetry & Remote Sensing, 2017 (126): 180–194.

[19] 朱庆. 地理信息可视化与虚拟地理环境进展研究 [C] // 2012—2013 地理学学科发展报告：地图学与地理信息系统. 北京：中国科学技术出版社，2014.

[20] 周成虎. 全空间地理信息系统展望 [J]. 地理科学进展，2015，34 (2)：129–131.

[21] Myint S W，Gober P，Brazel A，et al. Per–pixel vs. object–based classification of urban land cover extraction using high spatial resolution imagery [J]. Remote sensing of environment，2011，115 (5)：1145–1161.

[22] Zhang X，Xiao P，Feng X，et al. Hybrid region merging method for segmentation of high–resolution remote sensing images [J]. ISPRS Journal of Photogrammetry and Remote Sensing，2014，98 (12)：19–28.

[23] Witharana C，Civco D L，Meyer T H. Evaluation of data fusion and image segmentation in earth observation based rapid mapping workflows [J]. ISPRS Journal of Photogrammetry and Remote Sensing，2014，87 (1)：1–18.

[24] Yang J，Li P，He Y. A multi–band approach to unsupervised scale parameter selection for multi–scale image segmentation [J]. ISPRS Journal of Photogrammetry and Remote Sensing，2014，94 (8)：13–24.

[25] Zhong Y，Zhao J，Zhang L. A hybrid object–oriented conditional random field classification framework for high spatial resolution remote sensing imagery[J]. IEEE Transactions on Geoscience and Remote Sensing, 2014, 52(11): 7023–7037.

[26] Wen D，Huang X，Zhang L，et al. A novel automatic change detection method for urban high–resolution remotely sensed imagery based on multiindex scene representation [J]. IEEE Transactions on Geoscience and Remote Sensing，2016，54 (1)：609–625.

[27] Chen G，Zhao K，Powers R. Assessment of the image misregistration effects on object–based change detection [J]. ISPRS Journal of Photogrammetry and Remote Sensing，2014，87 (1)：19–27.

[28] Cheriyadat AM. Unsupervised feature learning for aerial scene classification [J]. IEEE Transactions on Geoscience and Remote Sensing，2014，52 (1)：439–451.

[29] Zhang F，Du B，Zhang L. Saliency–guided unsupervised feature learning for scene classification [J]. IEEE Transactions on Geoscience and Remote Sensing，2015，53 (4)：2175–2184.

[30] 王任享，王建荣，胡莘. 天绘一号 03 星定位精度初步评估 [J]. 测绘学报，2016，45 (10)：1135–1139.

[31] 孙韬，王鹏波，方俊永，等. 天绘一号 03 星三线阵 / 多光谱载荷影像质量评价 [J]. 遥感学报，2016，20 (6)：1335–1341.

[32] 耿弘毅，龚志辉，高超，等. 天绘一号三线阵相机在轨几何参数精化 [J]. 测绘学报，2016，45 (3)：282–290.

[33] 陈小卫，张保明，张同刚，等. 公开 DEM 辅助无地面控制点国产卫星影像定位方法 [J]. 测绘学报，2016，45 (11)：1361–1370.

[34] 张艳，王涛，冯伍法，等. "天绘一号" 海岛礁影像稀少控制下的定位技术研究 [J]. 武汉大学学报 (信息科学版)，2016，41 (5)：617–623.

撰稿人：龚健雅　杜培军　胡　莘　隋立春　王　密
杨必胜　张　力　朱　庆　李家艺　黄　昕

地图学与地理信息系统专业发展研究

一、引言

地图学与地理信息技术的发展，正经历从数字化向信息化的转变，大数据和移动互联技术推动了地理信息服务的迅速普及，地图学与地理信息技术和国民经济以及百姓生活的关系愈来愈紧密，取得了令世人瞩目的成绩。本文根据 2015 年以来中国在地图学与地理信息技术方面的进展状况，对地图学与地理信息理论、数字地图制图技术、地理信息系统技术、地理信息基础框架建立与更新、移动地图与互联网地图、地理信息应用与服务等方面所取得的成就和进展进行总结，并进行了国内外对比分析，文章最后对地图学与地理信息技术今后的发展进行了展望。

二、地图学与地理信息理论进展

地图学与地理信息理论对于地图制图和地理信息技术发展与应用的指导作用日趋显现，理论对技术的拉动也促使越来越多的学者开始并持续关注理论问题的研究。

（一）地图学与地理信息理论体系

王家耀院士等[1]指出关于地图与地图学的讨论是一个永恒的主题，地图与地图学已经成为人类工作、学习和生活不可缺少的科学语言和工具，地图学具有其自身独特的科学属性、技术属性和工程属性，地图的科学理论指导地图制图与地理信息领域的技术和工程活动，而技术和工程活动又支持和促进理论的发展与深化。地图被誉为改变世界的十大地理学思想之一，是表达复杂地理世界最伟大的创新思维。地图作为地图学的主题，具有科学价值、社会价值、法理价值、文化价值和军事价值，地图对人类社会的重要性怎么评价都不为过。随着地图产品更加多样化，地图对人类社会的作用也更加突出。李志林等[2]认为地图是人类认识客观世界的有力工具，地图的核心功能是传输空间信息，现代地图学已发展成为一个崭新的研究领域—地图信息论。地图信息度量对现代地图学发展产生重要的推动作用，在地图质量/可读性评价、地图综合、地图设计等诸多领域产生了新的变革，并取得了一系列标志性的应用成果。

（二）经典地图学理论的演进

经典的地图学理论是地图学与地理信息系统的基石，是本领域长期理论研究的固化成果。这些理论随着地图制作和使用活动的深入所产生的演进并没有停止，在经典地图学理论的基础上结合技术和应用发展所进行的深入研究没有停止。

李志林等[3]分析了数字地图的新概念，认为地图既是空间信息的载体和传递渠道，也是空间认知和图像思维的工具。纸质地图只能展现地物和地理现象的静态信息，以计算机为代表的电子媒体技术的出现，从根本上改变了用户通过地图对空间信息进行交流、探索和理解的途径，也对地图制图学提出了新的挑战。李志林教授系统回顾了地图定义的发展、现有的各种地图分类方法、基于地图制作和显示的过程，对实地图、虚地图、地图函数和地图对象的概念进行了分析。地图载体的改变带来地图对象的变化，最终改变了地图本身的功能与显示方式等。

（三）地理信息科学理论与方法论

地理信息科学的提出源于地图学特别是理论地图学的发展，意在研究地理信息系统设计及应用的支撑性理论和方法论。地理信息科学理论和方法论的研究涉及了地图学与地理信息系统的一些基本问题，有望成为独立于飞速发展的信息技术的新的研究领域。

齐清文等[4]结合本学科的时代需求和国家前瞻布局，对地理信息科学理论问题进行了相关研究，认为其方法论研究受到科学哲学和地理学方法论的指导。在此基础上，提出了地理信息科学方法论的哲学观和实用观，阐述了研究中应该处理好的六个关系，由地理信息本体论、六种科学方法和七种技术方法组成了方法论的结构体系。

空间数据模型是地理信息科学工程的核心问题，它既涉及真实世界本身，又与人对于世界的认识密切相关，如何在数字世界表达真实世界及其认识是空间信息建模的基本问题。郭仁忠等[5]结合开放式空间基础信息平台建设，指出空间模型是地理信息数据的核心技术，它与多源数据一体化整合、全尺度城市空间编码体系和自适应处理的连续尺度变换技术等一起构成了开放式空间基础信息平台的关键技术。谢潇等[6]提出了一种显式表达视频变化的多层次地理视频语义模型，通过面向变化的三域（特征域—行为过程域—事件域）定义地理视频语义的层次结构和数据的层次表达，在各层次语义描述中将地理环境语义与视频内容语义有机结合，支持多地理视频数据的关联表示。

（四）地图与地图学新概念

在以云计算、大数据和智慧地球等新概念、新架构和新方法的推动下，地图和地图学本身的概念内涵和外延在不断的演化中，出现了全息位置地图、智慧地图和新媒体地图等衍生新概念，为地图学在信息时代的进一步发展提供了新动力。

周成虎[7]提出了全息位置地图的新概念，是以位置为基础，全面反映位置本身及其与位置相关的各种特征、事件或事物的数字地图，是地图家族中适应当代位置服务业需求而发展起来的一种新型地图产品。与一般的位置地图相比，全息位置地图具有以下两方面的基本特征：①全息位置地图是语义关系一致的四维时空位置信息的集合；②全息位置地图由系列数字位置地图所构成。全息位置地图可以满足多种应用需求，可以形成多种场景，并可以多种方式呈送给用户。

杜清运[8]提出了新媒体地图学的概念，指出地图学正面临测绘学科从数据获取向数据应用重心后移的技术趋势，地图学的发展迎来了前所未有的历史机遇，包括制图者与终端用户特有的联系，地图与 IT 主流业态的无缝结合、互联网作为数据获取与分发的双向通道、传感器网络与大数据来源的日趋丰富、以地图为中心的工程组织模式、新媒体地图眼球经济对行业的促进等。在分析新媒体概念及其特点的基础上，分析了新媒体与地图的关系，重点阐述了新媒体时代地图学发展的主要趋势及面临的关键特征问题。

三、数字地图制图与制图综合技术进展

（一）数字地图制图

在数字地图制图方面，采用先进的数据库驱动制图技术和方法，进行地理信息更新和地图符号化出版工作，多比例尺地图数据库动态更新、增量更新、级联更新、要素更新以及实体化数据模型建立正在实现，地理信息更新和地图符号化出版一体化已经实现。中国研究构建一整套基于空间数据库驱动的快速制图技术，研制了一套基于1∶5万、1∶5万、1∶100万数据库的地形图制图生产系统，地图制图效率大幅提高。通过地形数据库和制图数据库的紧密关联和集成管理，可对两个数据库进行联动编辑和同步更新，实现了制图要素符号、注记、图外整饰的自动优化配置，可进行灵活的制图编辑及图形关系处理，与此同时，地名字库和注记系统适用于多种比例尺地形图出版要求。李霖等[9]为了有效解决地图制图过程中需要大量人工处理地图要素图形冲突的问题，基于“先处理、后符号化”的策略，通过分析引起图形冲突的形式以及地图制图规范对冲突处理的要求，提出了针对图形重叠和图形衔接两类图形冲突处理的基本操作，即将对地图要素（地理要素符号化）的图形处理转变为对地理要素本身的处理，从而减少了后期图形冲突处理的工作量。

（二）基础地理信息的持续更新

郭庆胜等[10]根据不同比例尺下道路网数据特点，分析了 stroke 匹配算法在不同比例尺道路网数据下的局限性，提出了一个融合多种匹配技术的算法，改进了空间场景结构的评价方法，对道路网数据的更新有较好的帮助作用。

吴涛等[11]基于轨迹地图匹配技术，提出一种采用“检查—分析—提取—更新”过程的道路网数据更新策略，通过逐条输入轨迹，借助 HMM 地图匹配发现已有路网中的问题路段，进而从问题路段周边局部范围内的轨迹数据中提取并更新相关道路信息。

陈换新等[12]提出，利用空间数据融合方式进行空间数据的生产和更新，即通过多源数据分析评定确定数据的使用方案，通过空间数据集成消除多源数据间的差异，通过空间数据匹配建立同名实体在不同数据集中的对应关系，通过数据融合和更新得到更好的新数据。实验证明该方式生产周期短，有效可靠。

汪艳霞等[13]分析了不同几何类型目标之间的几何相似性，结合属性相似度，提出了针对数据联动更新的目标相似性的计算模型以及目标匹配方法。在此基础上，提出了数据变化发现和提取方法，并依据数据之间的映射关系实现多重表达矢量数据的联动更新。

何海威等[14]提出了一种基于道路层次骨架的道路网选取方法，利用 stroke 对象的中介中心性划分层级并通过层级间的连通关系建立重要性评价模型，采用结构特征识别完善道路层次骨架，通过自上而下的逐层计算完成道路网选取，较好保持道路网的整体结构以及道路网的层次关系，选取结果在整体上保持原有的结构特征。刘闯等[15]提出了一种顾及上下级空间关系相似性的道路网联动匹配方法，模仿人类在读图时通过特征地物和空间关联寻找目标地物的思维过程，将匹配作为一种特征目标寻找、信息关联传递的推理过程。选取高等级骨干道路作为起始特征对象，计算道路间的上下级空间关系相似性，逐级迭代使匹配信息在道路网联动匹配模型中传递，从而得到匹配结果。

许俊奎等[16]以居民地要素为例，提出一种树型多比例尺空间数据关联关系模型。该模型首先对相邻比例尺同名居民地对象建立关联，然后以树的形式组织管理各种关联关系，并针对选取造成的数据空洞进行优化，利用更新中的新增、修改和删除操作对更新在多比例尺关联关系树中的传递路径和模式进行了研究。

赵肄江等[17]提出一种基于版本相似度的自发地理信息志愿者信誉度计算模型，将每个志愿者对某个地理空间目标的一次编辑定义为一个版本，当其他用户编辑该目标版本时，通过计算版本相似度来获得其他用户对该志愿者目标版本的支持度，然后通过计算其他贡献者对某志愿者所贡献的每个目标的支持度，对所有目标的支持度进行加权平均获得该志愿者的综合信誉度。杨爱民等[18]针对 DLG 要素快速更新问题，利用高分辨率遥感影像，采用图像代数方法对两期影像进行了变化检测，快速获取了 DLG 要素的变化位置、变化范围等信息，辅助 DLG 要素增量数据获取。采用空间数据匹配的方法建立了现状、历史与增量数据间的关联关系，并采用增量更新的方法对 DLG 要素实现了快速更新。陈占龙等[19]提出了一种复杂带洞面实体空间对象的几何相似度度量方法，通过提取面实体的中心距离、轮廓线的多级弦长、弯曲度及凸凹性等特征，构造多级弯曲度半径复函数对其局部和整体特征进行描述，并通过傅里叶变换得到傅里叶形状描述算子对面实体间的形状相似性进行度量。

（三）地图制图综合

刘民士等[20]提出了一种顾及拓扑一致性的水系三维曲线化简方法，通过对 D-P 算法进行三维扩展，实现水系中单条河流三维曲线化简，构建水系树结构表达其拓扑关系，按照水系树的层次顺序依次进行河流曲线化简和干流与支流的拓扑关系重构。该方法既能保持水系的三维形态特征，又能保证河流交汇处的拓扑一致性。

李成名等[21]提出了一种顾及空间关系约束的线化简算法，建立线要素全局化简方法和矢量位移、面积位移等 5 类评价指标，其处理结果符合开方根规律，降低了曲线复杂度，保持了曲线整体形状特征。何海威等[22]以弯曲为单元分析道路化简前后弯曲的形态变化规律，对化简过程产生的要素间空间冲突类型进行了归纳和总结，基于道路弯曲与要素之间的空间关系，提出了相应的冲突判别规则，利用弯曲化简的可控性和弯曲组的间接化简策略实现对化简冲突的避免。

胡慧敏等[23]考虑到居民地的行政等级、位置特征、面积大小等因素对居民地选取的影响，提出了基于层次分析法的面状居民地自动选取方法，通过对影响居民地重要性的因素标准化，采用层次分析法对这些因素构建单个居民地层次结构模型，使这些因素加以关联。在此基础上，计算各因素的权值，并综合评价地图上单个居民地要素的重要性程度，最终利用开方根模型完成居民地的选取。晏雄锋等[24]针对居民地要素分布和表达具有典型模板化的特点，通过对其形状结构和区域环境进行分析，运用形态抽象概括和区域典型化基本原则构建一批模板作为居民地目标化简与典型化表达的候选形状，并基于转角函数的形状描述算子，计算居民地目标与模板之间的相似性程度。

四、地理信息系统技术进展

（一）空间数据感知、获取与集成

空间数据感知、获取与集成方面的研究领域包括：网络地理空间数据获取、常规地理空间数据获取方法的完善、DEM 空间数据插值以及空间数据集成等。

在网络地理空间数据获取方面，陈占龙等[25]根据空间对象的形状定量描述空间对象之间的方向关系，借鉴平衡传输问题的优化方法计算复合方向矩阵间最小转换代价，量化方向对间的差异，获得不同尺度下复合对象的方向相似度并对其进行比较。郭庆胜等[26]在地图综合过程中将线的图形简化和移位算子进行协调，将线图形的简化转换为线上的点移位，构建邻近地图目标之间的移位传播路径，在考虑上下文关系和地图感受规则的前提下，使移位过程能考虑到线图形简化，保持地图目标的空间特征，避免在地图综合过程中进行空间冲突的多次探测，提高地图综合数据处理的效率。亢孟军等[27]提出了一种基于地址树模型的中文地址提取方法，该模型以拓扑关系作为空间约束关系是否一致的判断标准，可以从非标准地址中提取标准地址，并剔除非标准和错误地址元素。张子昂[28]以新浪微博为研究对象，通过划分性别与地域属性，利用“横向”“纵向”时间分层法，对南京钟山风景名胜区内部游客活动时空演变特征进行了实证研究。杨伟等[29]提出了一种运用约束 Delaunay 三角网从车辆轨迹线集中提取道路边界的方法，通过三角形边长度和 Voronoi 面积等几何特征表达轨迹点分布的聚集性差异，并将这两种不同几何维数的控制条件进行集成，建立道路边界识别模型，运用“种子点”区域扩展方法实现道路边界的精确提取。

有关志愿者地理信息道路数据的获取和处理，马超等[30]对志愿者道路数据的几何特征融合和属性特征融合进行了研究，就城市道路中天桥主桥部分依据其几何特征和属性特征构建特征空间，利用支持向量机的方法进行识别。附属设施部分依据已识别的天桥主桥，按照路段的长度、属性等判定规则进行识别，为志愿者道路的处理提供帮助。付仲良等[31]提出了一种道路网多特征匹配优化算法，从形状、距离、语义三方面分别设计了基于面积累积的形状差、综合中值 Hausdorff 距离和全局加权属性项距离三种相似性度量，更准确地描述道路待匹配对之间的特征差异，通过 SVM 对相似性特征样本集训练，构建道路网回归匹配模型。该算法对非线性偏差明显的道路网数据能够实现较高的匹配准确率和召回率，能有效用于包含多重匹配关系的道路网匹配。

在其他空间数据获取方面，刘玮[32]针对使用坡面畸变邻域法提取黄土地貌的沟沿线时，会产生大量的碎屑多边形和分类错误的问题，采用区域生长方法实现了对沟沿线的自动提取，解决了由于正负地形分类错误造成的沟沿线定位不准确的问题，提高了沟沿线的提取精度。

在 DEM 格网聚合方面，黄泽纯等[33]根据主成分变换模型推导 DEM 格网聚合数学公式，构建主成分聚合模型。在此基础上，提出一种既能保证较高精度又能较好保持地形形态的 DEM 格网聚合方法。钱海忠[34]针对许多等高线内插算法在等高线急剧变化以及闭合等高线处存在问题的情况，提出了一种利用内切圆内插等高线的算法，一方面弥补了已有等高线内插方法中的问题，另一方面有效提高了等高线内插的速度和质量。余莉等[35]通过构建面目标的强度函数计算目标与邻近目标的位置聚集程度，提出了有效作用于双重约束下的面目标位置聚集法，并以判断相邻尺度下同一面目标类的强度函数阈值相等作为算法的收敛条件。有关地表面积计算，薛树强等[36]研究了地表面积统计数学模型及其影响因素，提出了一种顾及复杂地形因子的地表面积统计方法，利用泰勒级数逼近原理对微观地形因子进行最小二乘估计，然后利用这些地形因子对DEM和多边形区域边界进行加密，最后利用加密后的DEM和多边形边界构建地表三角网统计地表面积，可明显提高低分辨率DEM地表面积统计精度。

孙卫新等[37]以建筑物平面图为数据源，提出了一种自动生成室内地图空间数据的方法，根据与柱子相交墙线的相邻关系，建立了与柱子关联墙体连通性的恢复方法，结合渐进扩张与图形推理判断门窗两侧墙体符号局部特征的类型，通过修正门窗外接矩形，建立了与门窗关联墙体连通性的恢复方法和将门窗转换为室内地图点状要素的方法。

王琛智[38]针对目前采用DEM结合其派生地形因子建立指标体系来识别月海和月陆方法中存在的可扩展性差和指标体系中因子权重设置主观性强等问题，提出了一种以月表DEM数据识别月海、月陆的自动快速方法，该方法可克服原有方法中因子权重设置的主观性，又具有较好的通用性。

（二）时空数据组织与管理

对时空数据组织与管理的研究，主要集中在时空模型构建，空间数据存储，空间关系查询、索引和处理以及数据并行处理等方面。

在时空数据模型构建方面，邓敏[39]假定原始时空数据由较大尺度下的全局趋势项与较小尺度下的局部偏差项构成，提出了融合空间尺度特性的时空序列建模方法。施群山[40]在分析空间环境数据特点的基础上，将过程思想引入空间环境数据模型的研究中，实例验证表明基于过程的空间环境数据模型可有效组织、管理空间环境数据。吴明光[41]基于空间分布模式分析，针对批量操作的粒度问题，设计了一种基于空间分布模式变化检测的索引更新方法，提出了一种自上而下与自下而上相结合的Pattern-tree索引树构建算法，比已有的方法具有更高的构建与窗口查询效率。

在空间数据存储方面，李朝奎[42]分析了现有三维城市模型数据划分方法的不足，提出了基于拓扑关系模型的大比例尺图幅划分方法，并借助非关系数据库软件Mongo DB进行数据存储实验，实验表明该方法适用于三维城市模型数据划分，划分后数据的存储效率明显提高。王金鑫等[43]详细论述了球体大圆弧QTM八叉树网格的剖分原理、网格几何特征分析和编解码等理论方法，利用剖分瓦块实现了球体的任意分割以及地下、地表和空中实体的建模，在此基础上构建了真三维数字地球平台。研究表明球体QTM网格具有剖分规则简单、体系规整、几何特征明晰、实用性强等特点，可以推广到椭球体，适用于天地一体化的空间数据的组织、管理和应用。韩元利[44]针对大规模云数据，提出了Delaunay三角网构建的一种算法，通过自适应网格空间分割，实现了海量点云数据的规模均衡网格化逻辑分割。对网格内的顶点按距中距离排序，通过各网格由外而内的插入法建立三角网，显著提高了三角网建模能力。

在数据并行处理方面，陈达伦[45]针对传统的单节点关系型空间数据管理方式难以满足大数据量空间数据查询的问题，设计并实现了基于 Massive Parallel Processing（MPP）架构的并行空间数据库中间件原型系统，并通过实验验证了该系统的先进性。谢传节[46]针对 Plane Sweep 算法在海量空间数据空间关系查询中效率较低的问题，提出了一种多边形间空间关系查询的异构多核架构并行算法，并通过试验验证了该算法的准确性与高效性。唐建波、刘启亮等[47]提出了一种空间层次聚类结果显著性的统计判别方法，用于确定空间层次聚类的停止准则，减少聚类过程中对参数设置的依赖。该方法能有效判别空间层次聚类结果的显著性和确定层次聚类合并过程的停止条件，具有很好的抗噪性。王春[48]以 Pfafstetter 编码为基础，对流域编码并行化方法进行了研究，实验结果表明该流域编码并行算法可获取与实际较为一致的计算结果，编码计算效率高。李寅超等[49]针对地表覆盖变化时空数据建库和时空分析需求，提出了基于对象和快照的混合时空数据模型，该模型用面向对象描述地表覆盖的斑块对象时空过程，组织管理斑块对象时空事件和空间、属性信息，同时用快照描述地表覆盖整体分布，组织管理栅格快照，两者通过基于时间和空间位置的逻辑关联关系形成混合模型。李坚[50]针对现有 Delaunay 三角网构网方法研究的不足，提出一种基于并行计算的海量点云 Delaunay 方法，实验证明该方法能较好地降低算法的运行内存，减少运算时间。刘纪平[51]针对空间数据的读写（I/O）时间占比过高问题，提出了一种流式并行化方法，实验表明该算法的计算效率与内存使用率相对于直接并行方法均获得明显改善，且空间数据流式并行处理方法与具体地学算法耦合度低。

在空间索引、查询与处理方面，周晓光等[52]提出一种基于结点度的线 / 面细分拓扑关系描述与计算方法，推导出 21 种有意义的线 / 面交线细分拓扑关系类型。刘爱龙[53]针对移动地理计算需求，构建了嵌入式环境下瓦片数据组织的约束关系模型，提出了一种基于全球框架的瓦片数据组织模型，设计了海量瓦片的物理存储模型，采用二维线性编码方案，实现了对瓦片数据的快速检索。沈敬伟等[54]针对带洞面状对象间的拓扑关系，以点集拓扑理论为基础，将带洞面状对象分为内部、外边界、内边界、外边界外部、内边界外部共 5 个部分，提出了一种 5×5 的矩阵模型，基于 25 交集模型，对 8 种拓扑关系进行了细分描述。曹亚妮[55]分析了目前线面空间关系集成表达方法的不足，通过对线面简单拓扑关系的分析和类型划分，提出了元拓扑关系的概念、线面复合关系的集成表达模型以及评价指标。李振豪等[56]按道路对建筑物的包围程度，将道路与建筑物之间的关系类型分为开放型、半开放型和闭合型。以道路网眼为单位，采用最小生成树的方法生成建筑物群的骨架，以骨架的长度和角度特征分别作为建筑物移位的距离和角度约束条件，以建筑物与网眼的面积比作为建筑物移位的面积约束条件，能够有效消除因道路拓宽导致的道路与建筑物冲突，较好保持建筑物群的空间分布模式。何占军等[57]提出一种基于模式重建的显著空间同位模式多尺度挖掘方法，定义了互邻近距离指标，用来确定距离阈值的有效取值范围。以模式重建为基础构建零模型，借助统计检验的方法发现显著的空间同位模式，从而避免兴趣度阈值的设置。对空间同位模式进行多尺度挖掘，引入生存期的概念对同位模式多尺度挖掘结果进行有效性评价。付仲良等[58]设计了一种基于改进四叉树的空间数据划分方法，规定了叶节点区域的最小数据量，通过四叉树节点的再合并，解决了划分后各子区域间存储量不平衡的问题，给出了 MapReduce 框架下 M-Quadtree 索引的快速构建、查询与更新算法。周波等[59]从地形建模的认知过程出发，引入“地形语义”描述地形的整体特征，剖析了地形语义的特点，实现了地形语义的形式化表达，保留了地形区域的语义特征，提高了 DEM 的保真度。王沫等[60]在满足水深综合的特殊要求并保持综合前后水深分布空间一致的基础上，利用 Voronoi 图工具，采用定性和定量分析方法，建立了相应的综合规则和控制流程，设计了一种中心内缩综合元的水深自动综合模型。

（三）地理表达与可视化

地理表达与可视化方面的研究包括：自动制图与矢量数据可视化、三维建模可视化以及经济社会事件可视化方面。

在自动制图与矢量数据可视化领域，李霖[61]参照标准图式规范，提出了一种面状居民地名称注记配置方法，并以 1∶5 万地图数据进行了注记实验，取得了较好的效果。张翔等[62]研究并实现了一种可避免压盖的“大尺寸”点状符号高效可视化方法，有效解决了 Web2.0 环境下点状符号地图混搭中的制图问题。该方法通过四叉树网格单选，采用网格平移对多次单选结果投票来计算符号在各缩放级别的显著性等级，解决符号在相邻网格的空间冲突。陈静[63]为了实现网络环境下虚拟地球的多尺度矢量、影像和地形数据的集成可视化，提出了面向虚拟地球的多尺度矢量数据结构和多尺度矢量数据分块构建与组织方法，基于网络三维虚拟地球平台 GeoGlobe 开发了实验系统。王玉晶[64]通过分析统计专题地图图例符号的分类和特点，构建了基于图例元的统计专题地图图例符号自动生成模型，设计并实现了统计专题地图图例的自动生成模块并应用到统计专题地图制作中。禹文豪等[65]针对城市空间 POI 点的分布模式和分布密度，分析了核密度方法在置入网络结构中受多种约束条件的扩展模式，给出了网络空间核密度计算模型，讨论了衰减阈值及高度极值对核密度特征表达的影响，分析了 POI 基础设施在城市区域中的分布特征、影响因素和服务功能。

在三维建模可视化领域，谈心[66]提出了一种基于屏幕像素进行投影反算的渲染方法，以及基于地表延伸长度的周期判断方法。李志强[67]在 Geo SOT-3D 地球空间剖分框架下，将现有三维快速可视化方法与 Geo SOT-3D 剖分框架特性相结合，提出了八叉树索引的空间对象裁剪和消隐策略，实现了 Geo SOT-3D 框架下空间对象的快速剖分表达。陈占龙等[68]为表达符合面状对象间的细节拓扑关系，对经典 9- 交集模型进行了改进，给出 2 种基于分解思想的 9- 交集模型，能较好表达符合面状对象各子部分之间的拓扑关系细节，扩充了 9- 交集模型。王金鑫[69]设计并实现了瓦块编码到空间直角坐标之间的互换算法，构建了真三维数字地球可视化平台的雏形框架，实现了球面和球体的任意剖分、地表上下空间实体的可视化建模及简单三维空间分析。谭仁春[70]提出了一种城市三维快速建模方法，即以 3D GIS 技术所追求的精确数据为出发点，向虚拟现实所追求的逼真效果靠拢，提高了城市三维人工建模的效率，保证城市三维模型的逼真效果。高勇[71]面向大规模动态地形可视化，提出了一种 LOD 预处理与实时更新相结合的混合调度技术。陆刚兰[72]提出了顾及用户体验的复杂三维城市模型数据自适应组织方法，并以分布式数据库 MongoDB 为平台验证了方法的可行性和有效性。

在经济社会事件可视化方面，华一新[73]提出了一种基于标签云的位置关联文本信息可视化方法——标签云地图，给出了标签云地图的设计思路和实现流程，并以腾讯微博的真实数据集为例建立了原型。余丽等[74]提出了一种开放式地理实体关系的自动抽取方法，通过 bootstrapping 技术统计词语的词性、位置和距离特征来计算语境中词语权值，据此确定描述地理实体关系的关键词，最终组织成结构化实例。该方法能自动挖掘自然语言的部分词法特征，适用于未知关系类型的信息抽取任务。王勇等[75]提出了一种顾及位置关系的网络 POI 地址信息标准化处理方法，通过对 POI 信息进行切分提取并逐层匹配地址树模型，基于 4 种位置关系从标准 POI 库中选出相应集合，作为丰富和修正非标准 POI 地址要素的候选。最后通过最小粒度地址要素的回溯，实现 POI 地址信息的快速标准化处理。

五、地理信息基础框架建立与更新进展

（一）国家基础地理信息数据库建设与更新

国家测绘地理信息局启动了国家基础地理信息数据库动态更新工程，从 2012 年开始，对国家 1∶5 万数据库每年更新 1 次、发布 1 版，然后再利用更新后的 1∶5 万数据库联动更新 1∶25 万、1∶100 万数据库，并同时更新相应比例尺的地形图制图数据库。

1. 全国 1∶5 万基础地理数据库实现年度动态更新

1∶5 万地形数据库全要素包含交通、居民地、境界、地名、管线、水系、土质植被、地貌、控制点等 9 大类、430 多个小类的地理要素。2012 年和 2013 年连续两年对国家 1∶5 万基础地理数据库重点要素及连带的相关要素每年更新一次、发布一版。其中，重点要素是指变化频率高、对经济社会发展影响大的交通、管线、居民地、地名、境界等 6 大类、117 个小类要素，连带的要素为地貌、土质植被两大类以及 57 小类要素；2014—2016 年，同时开展全要素更新，每年对重点要素、全要素各更新 50% 左右的区域面积，实现了重点要素每年更新一版、全要素在两年内完成一轮更新。2016 年的重点要素的变化率为 5% 以上，更新后建成了我国 2016 版的 1∶5 万地形数据库，整体现势性达到一年之内，并实现多时态数据的管理与服务，数据成果在时效性、实用性、准确性及应用价值等方面都得到全面提升。

2. 利用1∶5万数据库联动更新1∶25万数据库

2013年，国家基础地理信息中心利用2012年完成的1∶5万数据库成果通过缩编和联动更新，生成1∶25万数据库，现势性达到2012年。从2016年开始，每年利用1∶5万数据库动态更新增量数据成果，进行一轮联动更新，现势性与1∶5万数据库保持一致。

经过多轮更新后的1∶25万地形数据库，要素和属性内容更加丰富，数据集由原来的9个增加到32个，要素子类有原来的158个增加到229个；数据结构更加优化合理，实现与1∶5万数据库保持相互协调和关联，并实现与1∶5万数据库快速联动更新；数据现势性得到全面和持续提升。

3. 利用1∶25万数据库联动更新1∶100万数据库

1∶100万基础地理数据库对于在宏观层面的区域规划设计、作为叠加专业数据的地理地图以及编制出版公众版地图等，具有重要作用及需求。2014年，利用更新后的1∶25万数据库，进行了一次全面缩编更新，生成了1∶100万数据库，现势性达到2012年。从2016年开始，每年利用最新的1∶25万数据库，进行一轮联动更新生成新的1∶100万数据库，现势性与1∶25万数据库保持一致。

4. 全国1∶5万、1∶25万、1∶100万地形图制图数据库更新

1∶5万、1∶25万、1∶100万地形图是国家基本比例尺地形图，即使在数字化产品应用十分广泛的今天，用户对纸质地形图的需求依然很大，特别是1∶5万地形图的用量每年达到5万～6万张。为此，国家测绘地理信息局于2013年印刷了全国范围完整的一套1∶5万地形图，每幅印制300张，地形图的现势性为2008—2012年。目前，采用先进的数据库驱动制图技术和方法，已建成地形数据与制图数据的“图－库”一体化存储管理的1∶5万、1∶25万、1∶100万地形图制图数据库，并实现了地形数据与制图数据的同步联动更新。到2016年底，利用1∶5万数据库重点要素更新成果对1∶5万地形图制图数据库进行了4轮联动更新；在对1∶25万、1∶100万地形数据库更新的基础上，也同步联动更新相应的地形图制图数据库。利用更新后的地形图制图数据库，可以快速打印输出最新版的标准地形图，也可以根据需要定制成图输出。

（二）省级基础地理数据库及数字城市建设

全国各省、市、自治区测绘地理信息部门继续扩大1∶1万基础地理信息的覆盖范围，加快1∶1万数据库的建设和更新。到2016年底，全国已有约70%陆地国土面积实现1∶1万基础地理信息（含地形图）的覆盖，近几年生产或更新的1∶1万DLG数据全部为全要素，DOM数据多为0.5～2.5m多分辨率正射影像，少数几个省采用Lidar技术生产获取了全省3m间距的高精度DEM数据。有超20个省已基本建成省级基础地理数据库，主要包括1∶1万DLG、DEM、DOM等“3D”产品，或包含DRG在内的“4D”产品。有近10个省完成了第一轮更新，部分省实现2～3年全面更新一次，重点要素半年至一年更新一次，

数据库的现势性大幅提高。从 2012 年开始，启动了全国 1∶1 万基础地理信息数据库整合升级工作，首先开展完成技术设计、标准规范制定、研制相关软件系统与生产试点等，2013 年各省全面开展对现有 1∶1 万基础地理信息数据（DLG、DEM、DOM）进行整合处理，至 2016 年底基本完成数据整合并建库，优化升级了数据库管理服务系统，基本建立起全国规范化的 1∶1 万数据库。

六、移动地图与网络地图进展

（一）新一代在线地图形式

随着网络地图应用的普及和新媒体地图的发展，产生了智慧地图（或称智能地图）、公众参与地图、全息地图等地图新概念，提出了混搭地图、众包地图、个性化地图等在线地图服务的新模式，探索了面向地图的多模态人机交互模式，包括语音、手写、手势、表情感知等[76-77]，也包括对位置、方位、速度的智能感知与服务驱动。

其中，智慧地图是结合云计算、物联网、互联网、人工智能与数据挖掘技术等，通过对多源、多尺度、多时空、多结构要素的图层数据整合，强调人与专家模型的知识以及地图之间的动态融合，形成动态的互相推动、互相支持决策的地图新形式[78]。智慧地图为智慧城市[79]、智慧旅游[80]、智慧校园[81]、智慧政务[82]等应用提供高效、灵活的地图智能化服务。

全息（位置）地图通过位置实现多维时空动态信息的关联，有效地将各种位置空间信息、传感网信息、社交网信息、自发地理信息、实时公众服务信息等进行相互连结，是一种以个人为中心的泛空间信息展示与智能服务[83]。向隆刚等[84]依据核密度思想，通过累计邻域点时空贡献来定义轨迹点的停留指数，在此基础上设计了停留指数图，以图形方式直观表达轨迹点的时空聚集程度变化。针对源于停留指数的潜在停留段，提出了一种基于潜在停留段时空临近关系的逐级合并算法，以自动发现和提取停留。

混搭地图（Map Mashups）将政府制图部门、私营软件开发商和志愿者的互联网地图内容和交互功能进行无缝拼接，提供各种开放式的地图服务，用户可以共享其他用户提供的更新内容[85]。近年来地图混搭服务已在互联网上得到了应用普及，国外具有代表性的产品有 Google My Maps、GeoCommons、Map Warper 等；国内学者则探讨了基于服务器端的混搭地图框架设计[86]、基于 SVG 的专题地图与 Google 地图混搭技术[87]、基于混搭技术的网络地图多变量制图方法[88]以及混搭地图在水质监测的应用[89]等。

众包地图采用“众包模式”建立大众参与的地图服务，它既可以是一种地图数据提供方式，也可以是一种地图制图方式。众包地图的应用得到快速发展，已进入制图、救灾和规划服务等领域[90-92]。由于室内地图涉及的用户人群多、数据量大、更新快，其众包模式正得到极大的关注，有助于解决室内地图数据的快速获取问题[93-94]。

（二）网络地图与移动地图设计表达

近年来，地图服务已成为地图应用的主流趋势，由于地图设计与表达模型直接关系到地图服务质量与性能，因此成为网络地图、移动地图应用研究的基础支撑内容。

在网络地图设计与表达方面，探讨了基于视觉感受的网络多尺度表达模型、基于个性化表达的网络地图符号设计模型和基于认知实验的旅游网络地图符号设计模型。田江鹏等[95]剖析了移动地图制图的过程，将句法模型定位在制图的逻辑演算层面，结合地图表达的层次性和递归性特征，将移动地图制图的句法结构抽象为“制图词汇＋句法规则”的最简形式。在制图词汇方面，建立了制图词汇的分类体系，并重点对空间关系谓词系统进行了建模。在句法规则方面，描述了句法操作规则和不同层次的句法单位描述规则。王晓蒙等[96]通过分析路网交通流速度的时空特征，构建了一种基于朴素贝叶斯法的估计模型，实现对路网中未被样本覆盖路段交通流速度的估计。时间特征主要考虑目标路段相邻时段的交通流速度，空间特征根据路段间交通流相似关系进行分析，突破了传统基于欧氏空间或拓扑关系的度量方式。

在移动地图设计与表达方面，提出了基于情景体验的移动地图情景模型、基于用户需求的移动地图自适应表达模型[97]和基于邻近区域的移动地图变比例尺表达模型[98]等，构建了适用于用户偏好的移动导航地图主动表达规则[99]。将地图服务由“大众化的信息管理”拓展到“个性化的知识推理”，已成为学科研究新趋势、用户需求新方向。李伟等[100]研究了个性化地图符号相关理论，提出了地图符号个性化设计策略，深入讨论了个性化地图符号设计方法和过程。

（三）在线地图的多尺度表达

多尺度可视化方法是在线地图合理显示地图信息的重要手段，能较好地解决由于显示屏幕不同造成的信息载负量差异问题。杨敏等[101]针对 POI 数据与背景数据的混搭式地图多尺度可视化问题，提出通过多层次结构化方式组织 POI 数据，按显示比例尺及范围检索选取 POI 目标，再集成移位操作来提高多尺度表达质量，有效解决符号拥挤、压盖等问题。周鑫鑫等[102]归纳三维注记绘制的内容、位置和方法，针对小规模地理场景点要素三维注记配置问题，以“信息不丢失、注记尽可能少的遮挡”为配置目标，配置规则为“遮挡后优化并显示”。算法以透视变换矩阵、逆透视变换矩阵及 GRID 算法为基础，以遗传算法为核心，以三维注记质量评价函数为遗传算法适应度评价函数实现点要素三维注记的可行最优解求解。蒋雪[103]基于用户视觉感受原则，从地图负载量、地图分级显示以及地图符号尺寸三个角度，提出一种网络地图的多尺度表达模型，为用户提供了较好的视觉感受。

（四）导航电子地图表达与应用

近年来，随着智能移动终端普及和4G网络下的手机导航地图应用，导航地图从单一的导航平台到综合信息服务平台和社交平台，发生了巨大变化，功能也更加完善，主要表现在：①导航地图系统设计研究更加完善；②导航地图数据研究更加深入；③导航地图可视化更加完善；④导航地图适用范围更加广泛等。

在导航地图可视化表达方面，逐步由二维平面地图转向三维和实景地图导航[104]，甚至是立体导航[105]，导航界面更加友好，符号设计更加人性化。赵军喜等从用户个性与应用特征出发，建立导航电子地图要素分级体系，实现了导航电子地图的多尺度主动表达[106]；高扬[107]将可量测影像与二维导航数字地图、卫星导航定位数据、CCD实时影像数据、惯导数据和里程数据有机融合，提出可量测影像的实景导航数据模型，实现了实时实景影像导航。此外，在室内导航地图表达方面，宋龙等[108]从室内地图与移动终端的特征出发，提出了室内导航地图表达要遵循图形表达直观易接受、数据突出重点易传输、用户界面简洁易操作三原则，为室内地图的功能设计和数据表达提供了参考。

在导航地图应用方面，姜竹青[109]针对GPS失效时的SINS自主导航问题，提出导航数据的滤波改进算法，提高了自主导航的定位精度；在数据处理效率方面，张秀彬等[110]针对导航数据现势性的要求，提出导航数据信息实时增量法，实现了数据的实时更新与保存，提高了导航中数据实时处理效率；方志祥等[111]提出一种基于有限状态自动机的行人导航状态匹配算法，将行人导航状态分为熟悉、陌生及迷路三类，根据有限状态自动机理论建立了状态转移模型，设计了基于该模型的行人导航状态匹配算法。在多元数据融合与数据不一致性探测与处理方面，朱婧等[112]针对导航电子地图数据源的多样性引发的数据模型与存储结构的差异，提出一种多源地理空间数据的融合技术，设计导航变化数据融合算法，在导航数据融合的同时维护了导航数据的拓扑关系。

七、地理信息应用与服务进展

（一）“天地图”地理信息公共服务平台

国家测绘地理信息局正式上线的“天地图”地理信息公共服务平台网站，经过近两年的建设及省市级节点不断接入，天地图数据资源更加丰富、服务能力明显提高，是目前中国区域内数据资源最全的地理信息服务网站。“天地图”集成了全球范围的1∶100万矢量地形数据、500m分辨率卫星遥感影像，全国范围的1∶25万公众版地图数据、导航电子地图数据、15m分辨率卫星遥感影像、2.5m分辨率卫星遥感影像，全国300多个地级以上城市的0.6m分辨率卫星遥感影像，总数据量约30TB。新版天地图内容更加丰富，性能明显提升，可为各类用户提供公益性地理信息公共服务。新版天地图新增公共服务资源中心，覆盖国家、省、市（县）三级节点发布的在线地理信息服务资源，支持全国地理信息公共服务资源的统一管理、交换和共享，方便用户一站式查询和应用各类地理信息服务；新增了科学探索栏目，发布了综合性地理信息科学实验平台 GeoSquare，向用户提供在线分析功能。新版天地图 API 扩展了对 OGCWMS、WFS 服务的支持，新增了逆地理编码、地图区域限制、地图拾取器、标注编辑等接口方法，更好地支持用户的二次开发。新版天地图优化了专题服务的分类结构，对天地图发布的所有专题内容进行了重组，提供了用户调整图层顺序、控制图层显示等功能。新增发布了丝绸之路、文化遗址、全球地表覆盖等专题服务，利用《2014- 中国统计年鉴》数据更新了相应的专题地图服务。新版天地图更新并丰富了数据资源，补充了“一带一路”亚洲、欧洲部分重点区域 15 ~ 18 级矢量数据，发布了国内外资源三号卫星影像。“天地图”作为国家地理信息公共服务平台建设取得的重要成果，改变了传统地理信息服务方式，标志着地理信息公共服务迈出了实质性的一步，并致力于打造成为全球覆盖、内容翔实、广受信赖、应用方便、服务快捷、拥有自主产权的互联网地图服务中国品牌。

与此同时，在天地图的基础上，可以叠加各种专题数据，开发建立多个专题信息服务发布系统。张潇潇等[113]依托地理信息服务平台，叠加房产专题数据，采用 Silverlight 技术，构建了一个地理位置精确可视、房产信息多样的房地产交易信息发布系统，将原有零散的房屋交易信息有机组合起来，用户可以高效查询、检索位置信息以及周边服务设施等，充分发挥了天地图地理信息共享的优势，为用户带来了极大的方便。

（二）在线地图服务

在线地图服务正向服务功能主动组织、数据管理自动调整、地图自适应表达的个性化主动服务发展，开拓了一个崭新的电子地图公众服务时代，在地图服务形式、服务平台、服务模式、服务内容与对象等方面发生了巨大的变化，主要表现在：①地图服务平台从 PC 互联网平台向移动互联网平台转变，由单一服务平台向开放式地图共享服务平台转变；②地图服务模式从“找位置”进入“找服务”时代，正逐渐向以“LBS+SNS”模式为特点的社交网络地图服务转变；③随着街景、三维仿真等技术的发展，以实景地图、街景地图、影像地图、真三维地图服务集成的综合服务形式得到较多应用；④随着众包地图、志愿者地图的普及，用户不仅是在线地图服务的消费者，也是地图信息的生产者，譬如用户可以使用位置签到、位置微博和 Waze 社交化交通等方式提供地图信息。

蔡阳等[114]针对全国水利普查中对象信息获取、数据资源质量、成果质量控制和项目组织实施等主要难题，提出了由“基础数据支撑、数据模型先导、智能工具保障、技术管理融合”的技术路线，解决了全国水利普查空间信息系统的面向对象水利数据建模、数字河流获取、规则约束采集处理、多主题数据应用等关键技术，先后获取了超过 550 万个水利普查对象的空间信息，设计 28 类对象，集成了近亿个对象的属性信息，全面掌握了全国所有流域面积 50km² 以上河流和流域面积 1km² 以上湖泊的空间特征，为各项水利业务提供可基础数据支撑，极大地提升了水利应急信息服务能力。

（三）物联网与云 GIS

物联网与 GIS 的结合具有非常广阔的应用空间，在交通行业方面，传感器可对智能交通系统中的交通情况进行监控，实现交通流量的监测、视频监控、交通出行诱导等服务。通过传感器采集的交通大数据可为相关交通机构提供进一步的交通信息分析和决策支持服务[115]。在物流配送方面，通过传感器、读卡器等感知设备获取物流配送系统中的信息，并把信息传输至互联网中，构建智能物流配送系统，对信息进行实时的管理和控制。

云 GIS 是在云计算技术的支持下，利用云计算环境的基础设施即服务所提供的海量数据存储能力、大规模计算处理能力和高速网络传输能力，以及平台即服务所提供丰富的开发编程接口、大规模分布式运行环境和灵活方便的运营管理，将海量的地理空间数据以及相应的查询检索“数据处理”分析应用和可视化表达等地理信息处理功能封装为标准的 Web 服务，以便为各类用户提供方便快捷、稳定可靠、弹性伸缩、按需部署的 GIS 应用。针对智慧城市时空信息云平台中海量时空数据的管理和可视化问题，郭云嫣等[116]提出了一种时空索引建立及时空数据可视化方法，时空索引机制将时间、空间和专题属性作为同等重要的维度，兼顾了三者的查询效率，实现了对时空数据的快速提取。在时空数据可视化方面，增加了时间轴动画、多时态对比、对象状态回溯等可视化方法，实现了时空数据的交互动态表达。

八、学科最新研究内容国内外对比分析

近年来，国内外学者都加强了对地图学与地理信息理论的研究，在中西方古地图研究方面，2015 年 6 月在北京召开了“一带一路中西方古地图文化交流研讨会”，著名地图史学家、希腊亚里士多德大学额宛格里斯教授，德国科学院院士、慕尼黑工业大学孟立秋教授，中国科学院高俊院士、周成虎院士等参加了会议。会议就利玛窦古地图及对中国明代制图技术的影响、一带一路国家地图文化交流等进行了深入探讨。地图文化创意产品是近年来开发较快的一类新颖产品，引起业界的关注。2016 年 12 月在南京成功举办了第三届中国地图文化节暨地图文化论坛，集中展示了我国地图文化创意产品的最新成就。

随着地图应用和服务的广度和深度不断拓展，地图和地图集作品的数量和质量也在不断扩大和提高，地图市场进一步繁荣。满足公众需求，服务百姓生活的地图产品，包括政区地图、交通地图、旅游地图等，依然呈现品种多、数量大、覆盖广的繁荣景象，地图应用已经深入到社会的各个层面。据统计，每年全国出版各类地图产品近三千种。

传统地图产品呈现以下发展变化：从内容功能上，发挥传统地图产品一览性的特点，从找位置向出行规划、知识服务转变；从内容设计上，从普适化到个性化、专题化发展，并更加注重地图功能性与艺术性的最佳结合，使地图更具文化品位，更有观赏性和收藏性；从技术上，与新媒体技术融合，如二维码技术、AR（增强现实）技术等，扩展了传统纸质地图产品的内容表达。制图综合技术已经开始规模化应用，为地理信息逐级派生和地理信息多层次显示奠定了坚实的技术基础，实现了利用大比例尺地形数据库增量快速更新小比例尺地形数据库。地理信息系统技术应用由网络环境向移动环境转变，移动环境的地理信息服务呈大众化发展趋势，基于自然语义的地理信息获取和基于网络的地理信息获取向实用化迈进，面向任务的移动灾情采集直报技术和实时移动地理信息采集技术越来越普及。我国近年来实施的 1∶5 万基础地理信息数据库更新工程大幅度提高了地理信息的现势性，在此基础上，联动更新 1∶25 万和 1∶100 万数据库，初步形成了国家基础地理信息数据库动态更新技术框架，创建了基于数据库的增量更新生产技术方法与流程，使我国基础地理信息的质量和现势性居世界先进水平。世界其他国家也在制定计划定期更新各自国家的基础地理信息，不断开展地理信息的深化应用，更加关注地理信息与相关领域专题信息的联合应用。

在地理信息组织与管理方面，时空数据模型将得到越来越广泛使用，地理信息辅助各行各业更好地进行行业成果应用和分析，地理信息在规划、预测、管理等领域发挥越来越大的作用。近年来随着传感网、互联网、移动通信技术的发展，“互联网 +”产品已成为现代信息技术服务社会的主流形式。由于新媒体地图越来越多地依赖于移动网络和智能手机、平板电脑、穿戴式设备提供服务并为大众所喜爱，全球都在大力推进互联网和移动互联网环境下的地理信息应用，国外谷歌等大型公司不断进行地理信息更新、不断提高地理信息服务水平。国内阿里巴巴、百度、腾讯等纷纷采用收购、入股地图生产与服务企业的方式发展自己的在线地图服务，移动地图、网络地图因此成为现代地图学领域表现最为活跃、发展最为迅速、应用最为广泛的地图产品形式。

地理信息另一个广泛使用的领域是导航电子地图，导航电子地图数据是移动位置服务、智能导航、交通规划等领域不可缺少的空间数据资源，目前国内外都在导航数据处理等方面作了较多研究。导航地图的表现效果越来越好，并且与实时交通等信息一起使用。导航地图系统功能设计方面，增加了动态智能导航、移动社交网络、移动数据分析和商业服务推送等位置增值服务功能，设计了手势识别以及语音导航等人机交互功能。

九、学科发展展望

地图学与地理信息技术已步入快速发展时期，我国将在当前地理信息基础框架建设与更新工作的基础上，进一步丰富各类地理信息资源内容，提高基础地理信息数据的现势性，提高大比例尺基础地理信息资源的覆盖范围，提升我国地理信息数据库动态更新的技术水平，推动地理信息资源建设和集成整合，形成全国测绘地理信息部门内部纵向互联互通、协同服务的基础地理信息资源体系，实现全国范围内的基础地理信息资源标准统一、互联共享和协同服务。未来几年，我国力争建成数字中国地理空间框架和信息化测绘体系，实现基础地理信息在线服务，地理国情监测能力基本形成。

地理空间基础框架、移动位置服务和云 GIS 将利用海量的地理信息为各国政府、企业、社会提供全方位的服务。在新地理信息时代，地理信息的更新与维护既可以是数据提供者也可以是终端用户。地理信息技术的发展，将会使更多的人参与到地理信息的建设中来，也只有这样，地理信息技术的发展道路才会更加光明。此外，面向服务架构的地理信息应用，将拉动整个地理信息产业链条爆炸式增长，促进地理信息的共享，产生巨大的经济和社会效益，人类将会分享新形势下地理信息应用于服务所带来的巨大财富。

参考文献

[1] 王家耀，成毅．论地图学的属性和地图的价值［J］．测绘学报，2015，44（3）：237–241.

[2] 李志林，刘启亮，高培超．地图信息论：从狭义到广义的发展回顾［J］，测绘学报，2016，45（7）：757–767.

[3] 李志林，张文星，张红．数字化时代地图概念的探讨［J］．测绘科学技术学报，2013，30（4）：375–379.

[4] 齐清文，姜莉莉，张岸．地理信息科学方法论的理论体系研究［J］．测绘科学，2010，35（4）：5–9.

[5] 郭仁忠，刘江涛，彭子凤．开放式空间基础信息平台的发展特征与技术内涵［J］．测绘学报，2012，41（3）：323–326.

[6] 谢潇，朱庆．多层次地理视频语义模型［J］．测绘学报，2015，44（4）：555–562.

[7] 周成虎．全息地图时代已经来临——地图功能的历史演变［J］．测绘科学，2014，39（7）：3–8.

[8] 杜清运．从认识论范式看空间系统的智慧化［J］．测绘科学，2014，39（8）：7–10.

[9] 李霖，于忠海，朱海红，等．地图要素图形冲突处理方法——以线状要素（道路、水系和境界）为例［J］．测绘学报，2015，44（5）：563–569.

[10] 郭庆胜，谢育武．顾及尺度变化和数据更新的道路匹配算法［J］．测绘学报，2017，46（3）：381–388.

[11] 吴涛，向隆刚，龚健雅．路网更新的轨迹——地图匹配方法［J］．测绘学报，2017，46（4）：507–515.

[12] 陈换新，孙群，肖强．空间数据融合技术在空间数据生产及更新中的应用［J］．武汉大学学报（信息科学版），2014，39（1）：117–122.

[13] 汪艳霞，杜清运，任福．目标相似性的矢量数据联动更新方法［J］．测绘科学，2015，40（5）：106–111.

[14] 何海威，钱海忠．道路网层次骨架控制的道路选取方法［J］．测绘学报，2015，44（4）：453–461.

[15] 刘闯，钱海忠．顾及上下级空间关系相似性的道路网联动匹配方法［J］．测绘学报，2016，45（11）：1371–1383.

[16] 许俊奎，武芳，钱海忠．多比例尺地图中居民地要素之间的关联关系及其在空间数据更新中的应用［J］．测绘学报，42（6）：898–905.

[17] 赵肄江，周晓光．地理信息志愿者信誉度评估的版本相似度模型：以面目标为例［J］．测绘学报，2015，44（5）：578–584.

［18］杨爱民，陈峰，刘鹏珍，等．利用高分辨率遥感影像进行 DLG 要素快速更新的方法［J］．测绘通报，2016（3）：73-76.

［19］陈占龙，覃梦娇，吴亮．利用多级弦长弯曲度复函数构建复杂面实体综合形状相似度量模型［J］．测绘学报，2016，45（2）：224-232.

［20］刘民士，龙毅，费立凡．顾及拓扑一致性的水系三维曲线化简［J］．测绘学报，2016，45（4）：494-501.

［21］李成名，郭沛沛．一种顾及空间关系约束的线化简算法［J］．测绘学报，2017，46（4）：498-506.

［22］何海威，钱海忠．采用弯曲进行道路化简冲突避免的方法［J］．测绘学报，2016，45（3）：354-361.

［23］胡慧敏，钱海忠．采用层次分析法的面状居民地自动选取［J］．测绘学报，2016，45（6）：740-746.

［24］晏雄锋，艾廷华．居民地要素化简的形状识别与模板匹配方法［J］．测绘学报，2016，45（7）：874-882.

［25］陈占龙，龚希，吴亮．顾及尺度差异的复合空间对象方向相似度定量计算模型［J］．测绘学报，2016，45（3）：362-371.

［26］郭庆胜，王琳．线图形简化与移位算子的协同方法［J］．测绘学报，2016，45（7）：850-857.

［27］亢孟军，杜清运，王明军．地址树模型的中文地址提取方法［J］．测绘学报，2015，44（1）：99-107.

［28］张子昂，黄震方，靳诚．基于微博签到数据的景区旅游活动时空行为特征研究：以南京钟山风景名胜区为例［J］．地理与地理信息科学，2015，31（4）：121-126.

［29］杨伟，艾廷华．运用约束 Delaunay 三角网从众源轨迹线提取道路边界［J］．测绘学报，2017，46（2）：237-245.

［30］马超，孙群．志愿者地理信息中天桥的自动识别方法［J］．测绘学报，2017，46（2）：246-252.

［31］付仲良，杨元维．道路网多特征匹配优化算法［J］．测绘学报，2016，45（5）：608-615.

［32］刘玮，李发源，熊礼阳．基于区域生长的黄土地貌沟沿线提取方法与实验［J］．地球信息科学学报，2016，18（2）：220-226.

［33］黄泽纯，张倩宁．基于主成分变换模型的 DEM 格网聚合及其误差分析［J］．测绘学报，2017，46（3）：389-397.

［34］钱海忠，王骁，刘海龙．利用内切圆内插等高线的算法［J］．武汉大学学报（信息科学版），2015，40（10）：1414-1420.

［35］余莉，甘淑．克服双重约束的面目标位置聚集方法［J］．测绘学报，2016，45（10）：1250-1259.

［36］薛树强，党亚民．顾及非线性地形因子的地表面积计算［J］．测绘学报，2015，44（3）：330-337.

［37］孙卫新，王光霞．源自建筑平面图的室内地图空间数据自动生成方法［J］．测绘学报，2016，45（6）：731-739.

［38］王琛智，汤国安，袁赛．基于 DEM 纹理特征的月貌自动识别方法探究［J］．地球信息科学学报，2015，17（1）：45-53.

［39］邓敏，陈倜，杨文涛．融合空间尺度特征的时空序列预测建模方法［J］．武汉大学学报（信息科学版），2015，40（12）：1625-1632.

［40］施群山，蓝朝桢，周杨．基于过程的空间环境数据模型［J］．测绘科学，2015，40（9）：23-27.

［41］吴明光．一种空间分布模式驱动的空间索引［J］．测绘学报，2015，44（1）：108-115.

［42］李朝奎，严雯英，杨武．三维城市模型数据划分及分布式存储方法［J］．地球信息科学学报，2015，17（12）：1442-1449.

［43］王金鑫，郑圣亚．利用球体剖分瓦块构建真三维数字地球平台［J］．测绘学报，2015，44（6）：694-701.

［44］韩元利．网格总分并行式 Delaunay 三角网建模方法［J］．测绘学报，2015，44（6）：702-708.

［45］陈达伦，陈荣国，谢炯．基于 MPP 架构的并行空间数据库原型系统的设计与实现［J］．地球信息科学学报，2016，18（2）：151-159.

［46］谢传节，龙舟，马益杭，等．多边形间空间关系查询的异构多核架构并行算法［J］．测绘学报，2016，45（1）：119-126.

[47] 唐建波，刘启亮．空间层次聚类显著性判别的重排检验方法［J］．测绘学报，2016，45（2）：233-240．

[48] 王春，江岭，陈泰生，等．基于 Pfafstetter 规则的流域编码算法并行化方法［J］．地球信息科学学报，2015，17（5）：556-561．

[49] 李寅超，李建松．一种基于对象和快照的混合地表覆盖时空数据存储模型［J］．测绘学报，2016，45（7）：858-865．

[50] 李坚．基于并行计算的海量点云狄洛尼构网方法探讨［J］．测绘科学，2015，40（11）：137-141．

[51] 刘纪平，吴立新，董春，等．一种大规模空间数据流式并行处理方法研究［J］．测绘科学，2016（1）．

[52] 周晓光，陈斐，陈军．引入结点度的线／面细分拓扑关系细分方法与应用［J］．测绘学报，2015，44（4）：445-452．

[53] 刘爱龙，杜清运，张东，等．嵌入式环境下全球尺度瓦片地图数据组织与索引机制［J］．武汉大学学报（信息科学版），2015，40（4）：516-520．

[54] 沈敬伟，周廷刚，朱晓波．面向带洞面状对象间的拓扑关系描述模型［J］．测绘学报，2016，45（6）：722-730．

[55] 曹亚妮，吴芳华，王丽君，等．基于元拓扑关系的线面空间关系集成表达模型［J］．武汉大学学报（信息科学版），2016，41（1）：123-130．

[56] 李振豪，杨春成．道路与建筑物空间冲突的几何相似性移位算法［J］．测绘学报，2016，45（6）：747-755．

[57] 何占军，刘启亮．显著空间同位模式的多尺度挖掘方法［J］．测绘学报，2016，45（11）：1335-1341．

[58] 付仲良，胡玉龙．M-Quadtree 索引：一种基于改进四叉树编码方法的云存储环境下索引方法［J］．测绘学报，2016，45（11）：1342-1351．

[59] 周波，刘学军．基于语义认知的地形建模［J］．测绘科学，2017，42（3）：12-17．

[60] 王沫，李树军，金绍华．中心内缩综合元的水深自动综合模型［J］．测绘科学，2016，41（10）：176-180．

[61] 李霖，周玉杰，于忠海．面状居民地名称注记自动配置研究［J］．武汉大学学报（信息科学版），2016，41（2）：214-220．

[62] 张翔，王少东．基于偏移四叉树投票的“大尺寸”点状符号多尺度无压盖可视化［J］．测绘学报，2016，45（8）：983-991．

[63] 陈静，刘婷婷，侯小波．面向虚拟地球的多尺度矢量数据可视化方法［J］．武汉大学学报（信息科学版），2015，40（9）：1195-1200．

[64] 王玉晶，江南，张亚军，等．基于图例元的统计专题地图图例符号自动生成模型的研究［J］．测绘科学技术学报，2015，32（6）：635-639．

[65] 禹文豪，艾廷华．核密度估计法支持下的网络空间 POI 点可视化与分析［J］．测绘学报，2015，44（1）：82-90．

[66] 谈心，佘江峰．二维矢量线符号在三维地形表面的贴合渲染方法［J］．地球信息科学学报，2015，17（12）：1483-1489．

[67] 李志强，程承旗，李爽．基于 GeoSOT-3D 的空间对象快速可视化与实验分析［J］．地球信息科学学报，2015，17（7）：810-815．

[68] 陈占龙，冯奇才，吴信才．复合面状对象拓扑关系的表达模型［J］．测绘学报，2015，44（4）：438-444．

[69] 王金鑫，李耀辉，郑亚圣，等．基于 SGOG 瓦块的数字地球真三维可视化技术与应用［J］．地球信息科学学报，2015，17（4）：438-444．

[70] 谭仁春，姚岚．城市三维快速建模方法探讨［J］．测绘科学，2015，40（5）：136-138．

[71] 高勇，刘家骏，郭潇，等．面向大规模动态地形可视化的 LOD 组织与调度技术［J］．地理与地理信息科学，2016，32（1）：6-11．

[72] 陆刚兰. 顾及用户体验的复杂三维城市模型组织方法［J］. 地理与地理信息科学, 2015, 31(6): 41-46.
[73] 华一新, 李响, 赵军喜, 等. 一种基于标签云的位置关联文本信息可视化方法［J］. 武汉大学学报（信息科学版）, 2015, 40(8): 1080-1087.
[74] 余丽, 陆锋. 开放式地理实体关系抽取的 bootstrapping 方法［J］. 测绘学报, 2016, 45(5): 616-622.
[75] 王勇, 刘纪平. 顾及位置关系的网络 POI 地址信息标准化处理方法［J］. 测绘学报, 2016, 45(5): 623-630.
[76] 邓伟. 服务机器人的同步定位与地图构建（SLAM）问题研究［D］. 新疆大学, 2014.
[77] 管业鹏. 基于多模态视觉特征的自然人机交互［J］. 电子学报, 2013(11): 2223-2229.
[78] 孙世友, 杨献, 杨红粉. 基于大地图的地理信息服务模式［J］. 测绘科学, 2016, 41(2): 178-181.
[79] 龚玉利. 基于开源框架的智慧城市信息平台设计与实现［D］. 江南大学, 2013.
[80] 赵润东, 蒋志杰, 何萍. 基于智慧旅游的连云港旅游电子地图设计研究［J］. 现代测绘. 2014(02): 40-42.
[81] 陈建香, 刘欢, 卢蓓蓉. 智慧校园中的地图建设研究: 基于资源管控的视角［J］. 华东师范大学学报（自然科学版）. 2015(z1): 401-406.
[82] 许高峰. 图上的智慧政务［J］. 聚焦, 2015(02): 15-17.
[83] 李灿, 朱欣焰, 呙维, 等. 扩展 SPARQL 的室内空间语义查询研究［J］. 地球信息科学学报, 2015, 17(12): 1456-1464.
[84] 向隆刚, 邵晓天. 载体轨迹停留信息提取的核密度法及可视化［J］. 测绘学报, 2016, 45(9): 1122-1131.
[85] 孟立秋. 地图学和地图何去何从［J］. 测绘科学技术学报, 2013(04): 334-342.
[86] 刘先锋, 邬群勇, 马亨冰. 一种服务器端地图 Mashup 框架及其应用研究［J］. 测绘科学. 2013, 38(3): 112-114.
[87] 曾兴国, 杜清运, 任福. 一种采用 Mashup 的网络地图多变量制图方法［J］. 武汉大学学报（信息科学版）, 2015, 40(9): 1215-1219.
[88] 刘碧川, 吴秋轩, 徐景华, 等. 基于地图 Mashup 的水质实时监测系统软件开发［J］. 杭州电子科技大学学报, 2014(02): 103-106.
[89] 徐德军. 基于 Mashup 地图技术的苏州图书馆分馆导航图开发［J］. 电子世界, 2013(22): 113-114.
[90] 马振贵. Waze: 通过众包做社交地图［J］. 上海信息化, 2013(07): 47-49.
[91] 陈霞, 陈超, 刘凯. 多源异构众包数据风景旅行路线规划［J］. 浙江大学学报（工学版）, 2016(06): 10-15.
[92] 应申, 杨杰, 王凯, 等. 众包模式下室内地图变化发现与更新［J］. 测绘地理信息, 2016, 41(2): 62-65.
[93] 李萌, 李伟, 钱凌韬. 基于文本挖掘的个性化地图服务模型研究［J］. 测绘与空间地理信息, 2014(5): 39-41, 80.
[94] 晏晓红. 基于空间认知的网络地图设计与评价研究［D］. 武汉大学, 2013.
[95] 田江鹏, 游雄. 移动地图制图的句法模型［J］. 测绘学报, 2016, 45(11): 1352-1360.
[96] 王晓蒙, 彭玲, 池天河. 基于稀疏浮动车数据的城市路网交通流速度估计［J］. 测绘学报, 2016, 45(7): 866-873.
[97] 张晶, 江南, 周海, 等. 导航电子地图自适应用户模型构建与匹配研究［J］. 测绘与空间地理信息, 2015(02): 55-57.
[98] 郭王. 移动地图变比例尺表达方法研究［D］. 郑州大学, 2013.
[99] 武丽丽, 江南, 马健, 等. 导航电子地图主动表达规则研究［J］. 导航定位学报, 2015(03): 52-56.
[100] 李伟, 陈毓芬. 语言学的个性化地图符号设计［J］. 测绘学报, 2015, 44(3): 323-329.

[101] 杨敏，艾廷华，卢威，等. 自发地理信息兴趣点数据在线综合与多尺度可视化方法［J］. 测绘学报，2015,（02）：228-234.
[102] 周鑫鑫，吴长彬. 小规模地理场景中点要素三维注记优化配置算法［J］. 测绘学报，2016，45（12）：1476-1484.
[103] 蒋雪. 基于地图视觉感受的网络地图多尺度表达设计［J］. 测绘与空间地理信息，2014（02）：43-45.
[104] 裴曦. 移动三维景观地图系统的设计与实现［D］. 中国海洋大学，2014.
[105] 李根. 高德地图与华为联合研发推出立体导航［J］. 商周刊，2015（26）：86-86.
[106] 赵军喜，江南，孙庆辉，等. 基于用户应用特征的导航电子地图要素分级体系构建［J］. 测绘通报，2015（9）：44-47.
[107] 高扬. 可量测影像实景导航关键技术研究［D］. 长安大学，2013.
[108] 宋龙，夏青，田江鹏. 移动终端上的室内地图表达研究［J］. 测绘通报，2015（11）：102-105.
[109] 姜竹青. 自主导航中滤波算法的研究及应用［D］. 北京邮电大学，2014.
[110] 张秀彬，陆冬良，黄大坤，等. 导航地图信息实时增量法［J］. 地理信息世界，2014（03）：84-86.
[111] 方志祥，罗浩. 有限状态自动机辅助的行人导航状态匹配算法［J］，测绘学报，2017，46（3）：371-380.
[112] 朱靖，栾学晨. 面向导航电子地图制作的多源地理空间数据融合技术［J］. 地理空间信息，2014,（04）：147-149.
[113] 张潇潇，王崇倡. WebGIS 房地产交易信息发布系统的构建［J］. 测绘科学，2017，42（3）：169-173.
[114] 蔡阳，谢文君. 全国水利普查空间信息系统的若干关键技术［J］，测绘学报，2015，44（5）：585-589.
[115] 曹新，杨涛，张旭东，等. 基于车联网的智能交通管理及决策依据的研究［J］. 计算机应用与软件，2015，32（4）：83-86.
[116] 郭云嫣，刘全海. 时空信息云平台数据管理及可视化方法［J］. 测绘科学，2016，41（10）：100-105.

撰稿人：孙　群　杜清运　吴　升　王东华　龙　毅　张新长　徐根才　周　炤

工程测量专业发展研究

一、引言

工程测量是研究工程建设在设计、施工和管理各阶段中进行测量工作的理论、技术和方法的学科。因此，工程测量的发展必然受到工程建设需求的牵引。我国的“一带一路”国家战略、航天强国战略、海洋强国战略以及建设雄安新区等战略为工程测量提供了广阔舞台。国家基础设施建设快速发展，各种大型、超大型工程的数量和规模超过了历史上任何时期，如高速铁路、城市轨道和智慧城市等系统性建设项目，港珠澳跨海大桥、直径为 500m 的天文望远镜 FAST 和城市超高地标等代表性建设工程，需要不断进行科技创新，进行工程测量理论方法的研究、技术装备的研制和新技术体系的建立，加快工程测量技术改造升级，适应工程建设的新形势。

工程测量为满足体量大、机构复杂、空间变化不规则和精度要求高的各种大型工程建设项目的需求，需要融合吸收相关学科与技术的发展成果。大地测量、摄影测量等学科的发展，以及空间定位技术、地理信息技术、激光技术、无线通信技术和计算机技术等新技术的发展与应用，极大地促进了工程测量技术的进步，使工程测量面貌发生了深刻变化，涌现了三维激光扫描仪、智能全站仪、全站扫描仪、磁悬浮陀螺仪、地质雷达、管道 3D 重建测量仪、无人机等先进技术和装备。

通过工程项目的顺利实施，推动了新技术、新装备和新方法在工程测量领域的应用，创新了技术理论方法，创建了新的技术体系，促进了工程测量学科的发展。本文总结了近年来工程测量专业的最新进展，比较了国内外发展差异，并对工程测量的发展趋势进行了思考。

二、本专业的最新进展

（一）理论与方法进展

随着“互联网 +”技术、无人机技术的发展，新型测绘仪器的出现，工程建设的迫切需求等，使得近几年来工程测量在理论和方法上得到飞速发展，主要表现在以下几方面：

1. 精密工程测量理论与方法进展

新型和先进的智能化仪器装备（扫描全站仪、三维激光扫描仪、测量机器人、激光跟踪仪、无人机等）的出现，新技术（CPIII 技术、INSAR 技术、多频多系统定位导航定位技术等）和新工艺的开发与研究，及时在各领域的工程中得以迅速引进和推广应用，从根本上改变了工程测量的面貌，提高了作业效率和测量精度。如在高速铁路施工中所采用的 CPIII 技术，已经被应用到地铁长区间施工控制网的建设中；GB–SAR 应用中的空间统一问题和气象改正问题已经基本解决；应用测量机器人进行超长距离高精度高程测量的方法已经得到进一步完善；利用无人机影像进行 1∶1000 比例尺的地形图的生产；激光跟踪仪在我国 C919 大飞机组装中得到广泛应用等。

2. 变形监测的理论和方法的发展

变形监测是一项跨学科的研究，包括变形信息的获取、分析和解释以及预报变形的理论和方法。变形分析分为几何分析和物理解释。前者用于模拟时空的特性，后者用于解释变形和引起变形的原因之间的关系。对一些重要的建构筑物而言，监测的周期已经覆盖其全寿命周期，如大坝变形监测、核电站变形监测等。变形预测的方法除传统的线性回归与非线性回归外，近几年主要研究小波变换、时间序列分析、卡尔曼滤波、灰色理论等。由于引起变形的因素非常复杂，到目前为止，在保持预报精度的情况下，没有哪一种预测方法能适用于不同的场合。

（二）技术进展

1. 重大工程几何测控关键技术研究与应用

国家重大工程建设具有投资巨大、建设周期长、技术难度大、精度要求高、施工复杂、安全风险控制要求高等特点，给工程勘测设计、施工建设和运营管理的测量技术保障提出了新挑战。武汉大学在国家自然科学基金和重大工程建设科研项目资助下，以大跨度桥梁、超高建筑、城市地铁、复杂空间建筑等多个实际工程为背景，利用有限元数值模拟、GB–SAR、地面三维激光扫描系统、数字垂线仪、GNSS 和测量机器人等先进技术与理论方法，围绕重大工程几何测控的关键科学技术难题进行研究，取得了以下技术创新成果。

（1）提出了预变形分析和测量监控相结合的方法。建立了三维可视化下的放样点坐标获取与施工位置检核方法，形成了作业简便、方法科学、技术先进、质量可靠的基于测量机器人和GNSS相结合的空间三维精确定位及变形控制技术，实现了大空间、多层次复杂结构体的三维精确定位。结合长沙滨江文化园音乐厅的大跨异形建筑结构工程，通过有限元数值模拟分析，并利用测量机器人进行全过程实测验证，对保障工程主体结构施工过程的变形预控制和施工安全起到了关键作用。

（2）建立了GB-SAR多稳定点大气改正和变形计算模型，提出了一套基于地面三维激光扫描进行构筑物高频振动测量的数据处理方法与流程，实现了基于GB-SAR和地面三维激光扫描技术的大型构筑物非接触式高精度、高时空分辨率的挠度和振动测量，为大型构筑物的动态检测提供了一种新方法。该方法应用于大型桥梁静荷载试验和大桥、央视大楼等施工过程中的挠度与变形测量，有效提高了动态监测的精度、可靠性和效率。

（3）提出了基于测量机器人多连接点的基准网组建方法。研制了集测量机器人、无线网络、温度计、气压计、远程电源开关、工业计算机等于一体的地铁自动化变形监测软硬件系统，保障了地铁结构几何监控需要，实现了地铁隧道结构的长距离、全天候、实时、高精度、自动化监测，已在武汉、广州、沈阳、深圳、北京等城市地铁中得到推广应用。

（4）研制了激光点自动跟踪测量的数字垂线仪，并率先应用于超高层建筑施工过程的垂直度控制和摆动监测，实现了超高建筑平面基准传递和动态变形监测的高精度和自动化，解决了超高层建筑施工过程垂直度控制检核的难题。

（5）研发了GNSS和测量机器人相结合的桥梁施工实时几何监测系统。在苏通大桥上部结构施工几何形态测控中得到成功应用，解决了大跨度桥梁高塔柱形态测控与动态变形监测、钢箱梁动态安装测控等关键技术问题，有效地克服了异常环境条件下常规测量手段的局限性。针对钢箱梁安装过程中的塔梁几何监测问题，提出了基于测量机器人的定点跟踪法和定期扫测法两种监测模式。该技术创新为确保世界一流的苏通大桥塔、梁结构的施工质量，解决大跨度桥梁索塔和钢箱梁的施工测量、实时监测等关键性技术问题发挥了巨大作用。

2. 建筑遗产数字化保护

利用科技手段支撑和引领文化遗产保护与公共文化服务，是国际社会的普遍做法和策略。建筑遗产的数字化保护正在成为其中研究热点，作为基础性学科的测绘科学与技术越来越发挥重要的科技支撑作用。建筑遗产的全生命周期信息采集、精细化重构、健康监测、虚拟修复及数据储存组织管理等研究都取得了新的突破。

（1）建筑遗产精细重构与表达技术

通过高保真建筑遗产数字采集技术与装备，形成了空地联合遥感遥测的建筑遗产形貌结构信息提取的关键技术。武汉大学杨必胜等提出了一种基于空间曲率特征和形状特征的高精度点云自动配准方法，建立了一种文化遗产的多尺度高精度表达模型。北京建筑大学胡春梅等利用三维数据结合存档资料来进行古建筑构件隐藏部分模型构建。厦门理工学院的何原荣等基于现有软件的分层切片来构建古建筑的现状整体模型。在基于文化遗产三维模型的表达方面，北京建筑大学黄明完成了一种基于图像处理单元（GPU）的构件 3D 绘制算法。敦煌研究院吕文旭提出了利用三维激光扫描数据提取壁画线图表达的策略。此外，建设综合勘察研究设计院有限公司郑书民等研究了石窟寺文物三维激光扫描测绘中平立剖图的提取与描述方法。

（2）建筑遗产健康监测技术

建筑遗产的健康监测作为科学化保护的核心基础环节，需要建筑遗产全生命周期信息的全模态高精度采集以及文物本体状态主动精准感知。以激光三维扫描技术、高光谱技术等为代表的高新测绘技术及物联网与大数据技术的发展，为提高建筑遗产保护的动态监测带来新的契机。北京建筑大学的危双丰等、胡云岗等分别就古建筑病害开发了调查系统和针对小木构件的变形提供了监测方法。山东科技大学王健基于三维扫描数据分析了古塔的倾斜状况，得出了毫米级的误差精度。故宫博物院黄墨樵提出了故宫博古建筑数字化监测体系的架构与实现路径。

（3）虚拟修复技术

计算机文物虚拟修复是文物保护修复的重要依据之一。北京建筑大学侯妙乐完成的“大型复杂文物信息留取与虚拟修复关键技术研究与应用”，以顾及拓扑约束的三角网格模型骨架线提取算法，建立了大型复杂文物缺损部位复原预测模型，解决了修复参数定量化问题。在大足石刻千手观音抢救性保护、潼南大佛保护修复、云冈石窟等比例复制展览模型等文物保护修复工程中得到了应用，提升了文物保护的科学性，得到了文物保护专家的高度认可。

（4）建筑遗产大数据管理与展示技术

确保建筑遗产信息化海量数据组织管理的适用性、安全性和高效性，以数字文化遗产大数据多模态知识检索、内容挖掘、语义理解等关键技术，构建支撑文物研究、出版、导览和展示等业务的数字文化遗产内容服务云平台。胡云岗等研究了石窟寺三维数字化工程中多源数据管理的系统设计与实现；朱光等介绍了网页端的故宫建筑遗产的展示系统；黄明玉探讨了文物的知识组织在文物信息化数据组织管理中的作用；梁粥采用六层架构模型实现了古建筑展示平台的开发。

3. 大比例尺测图新技术

无人机测绘综合利用无人驾驶飞行器技术、测绘传感器技术、无线传感器网络技术、遥测遥控技术、通信技术、POS 定位定姿技术、GPS 差分定位技术，以各种成像与非成像测绘传感器为主要载荷，快速获取国土、资源、环境、事件等多源空间信息，并进行快速处理、多维建模和高效分析的先进新兴低空测绘技术。用于无人机测绘信息获取的传感器种类较为繁多，如非量测相机、倾斜相机、轻小型激光雷达扫描系统、多光谱和高光谱仪、多光谱扫描仪、红外或近红外相机、侧视雷达等，国内外研制的测绘空间信息获取系统也呈现出多用途的形式，由于微小型无人机的载荷量有限，目前无人机空间信息获取平台的传感器主要以非量测相机、倾斜相机、轻小型激光雷达扫描系统和光谱仪为主。

倾斜摄影技术是测绘领域近年来发展起来的一项高新技术，通过与无人机平台搭载多台相机的结合，从多个角度同步曝光采集影像，经过精密解算处理获取真实地物信息，自动构建实景三维模型并进行立体量测，服务于智慧城市建设。主要应用在农村房屋权籍调查测量及农村集体土地登记确权发证工作中。

4. 变形监测与安全检测技术

（1）核安全壳内外观缺陷检查 / 监测系统

核安全壳内外观缺陷检查 / 监测系统由核安全壳外观检查系统、内观检查系统和穹顶裂缝监测系统组成，包括硬件设备和相应软件系统。系统利用多传感器集成、自动控制、网络通信、数字图像处理等技术，首次实现了安全壳外观高分辨率影像自动定点采集、远程实时监控、缺陷自动检查，安全壳内衬鼓包检测统计，穹顶裂缝实时监测和远程传输等功能。该系统研发的主要内容包括：①研制了安全壳外观高分辨率影像采集平台。充分利用多传感器集成技术、网络通信技术和自动控制技术，解决了采集平台位置、姿态控制问题，实现了高分辨率影像的自动定点获取、传输及远程监控。②提出了安全壳表面缺陷自动检测算法和流程。提出了核电站安全壳自适应裂缝宽度的二值化算法进行裂缝特征提取，克服了传统二值化固定阈值的不足；提出了添加轮廓膨胀过滤的张量投票算法进行裂缝特征增强，实现了裂缝特征与复杂背景信息的分离；采用 HSV 颜色分割理论实现了锈蚀和渗流缺陷的提取与识别；实现了缺陷检测的自动化、信息化。③设计了基于位置约束的图像拼接算法，解决了低重叠度、贫纹理的安全壳外观影像拼接难题。将检测到的缺陷按照类型和位置加载至全景图，方便用户进行浏览和查验。④设计了安全壳内侧钢板衬体鼓包检测装置，集成了位移传感器和拉绳传感器，实现了对安全壳内衬的自动连续测量，测量精度高且操作简单，大大提高了检查效率。⑤首次实现了核电站安全壳穹顶裂缝监测数据的远程实时监控。利用智能中继、多级中继技术和无线传感器网络技术，解决了穹顶特殊条件下信号的低功耗远程传输难题。

该系统于 2015 年在大亚湾核电站 2 号机组安全壳完整试运行；2016 年，该系统在阳江核电站 2 号机组安全壳正式投入使用。系统运行结果良好，其中，外观检查系统在自动化程度、影像分辨率、检测精度、采集覆盖率等方面都优于法国 SITES 公司产品，且经济效益高，具有较好的应用前景；穹顶裂缝监测系统在测量精度和采样率方面与 SITES 公司产品相当，在远程数据传输和实时监控方面优于 SITES 产品。该系统的研究成果提升了国内核安全壳内外观检查技术水平，打破了国外技术垄断，使中国在核电站安全壳内外观检查领域达到国际领先水平。

（2）物联网安全监测云服务技术

物联网和云计算是当前发展速度最快、应用最为广泛应用的技术，其与自动化监测技术融合，将有力推动测量工作的一体化、自动化和智能化。物联网安全监测云服务技术以物联网络为基础，采用 RFID、3G、4G、光纤、蓝牙、ZigBee、WiFi 等多种通信技术实现监测设备的实时集成，利用云计算实现海量监测数据的流式处理、分布式存储、并行计算、及时预警。该技术在设备集成方面，突破了以往仅依赖测量机器人、GNSS 设备、电子水准仪的限制，可充分应用各种传感器设备进行数据采集，如振弦式、光纤式、微机械、微电子。除几何形变监测外，可对结构应力、环境温度、激励振动进行监测，为监测数据处理与分析理论研究提供了新的契机，从形变趋势预测到内在因素挖掘，单因子模型到多因子变量模型发展。

在大数据的背景下，安全监测数据作为一种专业性极强的空间地理信息数据，具有周期性强、精度高的特点，利用物联网安全监测云服务技术，以云计算为基础，搭建分布式的安全监测系统，在数据处理效率、能力、数据安全性上得到了极大提升。流式处理、并行计算，使监测数据从前端采集、集中处理、终端发布的时间缩短到 1s。利用数理统计、人工智能、空间分析等多种手段进行信息挖掘，可为领导决策提供参考依据。

物联网安全监测云服务系统集数据采集、处理、管理、预警于一体；在监测对象方面，依赖物联网络、可综合应用测量机器人、GNSS 技术、摄像测量、三维激光扫描、InSAR 技术等，实现监测对象从点、面、到三维立体的全覆盖。在可视化方面，以 GIS 为基础，进行监测对象的多维多尺度可视化；在数据处理方面，以数理统计、神经网络、时间序列、人工智能方法为核心，进行形变趋势提取，数据建模及预测预报。该系统可满足一般性的安全监测工作，也可应用于应急指挥。

物联网安全监测技术近几年得到了推广应用，在大坝工程中最先建立了自动化安全监测系统；借鉴国外经验，新建桥梁须建立健康监测系统，以实现桥梁生命周期内的安全监控；城市的地铁、隧道等基础性设施也在建立全面的监控系统；基于物联网技术的矿山安全监控应用也较为广泛。

重庆市勘测院针对山地城市特点，对物联网安全监测技术做了大量研究工作，自主研制了智能数据集成设备，并研发了覆盖 PC、移动终端的安全监测云服务平台。在重庆市石门嘉陵江大桥、悦来国际会展中心、轨道交通 3 号线上展开应用，降低作业风险，提高工作效率，取得了较好的社会经济效益。

物联网安全监测技术的进一步推广取决于前端设备的研制与集成，现有传感器的终端采集设备存在通信功能弱，数据采集准确性不足，需针对上述缺点进行终端设备的改进。与此同时，GIS 环境下的监测数据可视化，云环境下的监测数据处理、挖掘算法以及多学科交叉建模也是难点。

5. 移动测量技术

移动测量技术是 20 世纪 90 年代发展起来的一门前沿测绘技术，是测绘地理信息行业一种新兴的、高效的、综合的空间三维地理信息获取手段。人们将 GPS（全球定位系统）、INS（惯导系统）、三维激光扫描系统、CCD（影像系统）等先进的传感器和设备安置在可以移动的平台上，构成了一套移动三维测量系统（mobile mapping systems，MMS）。根据搭载平台的不同，可以分为车载、船载、机载、推扫等多种类型的移动三维测量系统。

在移动测量方面，我国相关的科研单位通过不断的理论和实践创新，先后研制出了一系列的不同用途的移动测量设备。从传统的室外移动测量到室内移动测量都有不同突破。两院院士李德仁带领的研究团队进行了车载移动测量系统中定位定姿系统误差校正与补偿的研究，其研究成果可以有效校正里程计刻度因子和定位定姿安装误差角，同时大幅提高 GNSS 失锁条件下的定位精度，配合平滑卡尔曼滤波器，可将城市移动测量两分钟 GNSS 失锁条件下的定位误差控制在 0.5 m以内。与此同时，李院士团队通过 3D SLAM 技术，成功地将激光扫描设备放在机器人上，可以进行室内激光扫描和定位，并支持在线三维实景空间浏览、人机交互、定位导航、协同信息交互，以及高精度实景测量等。北京建筑大学对移动 LiDAR 数据采集与预处理方法从理论和实践上进行研究，对移动测量系统数据处理若干关键技术、移动测量系统基础理论、POS 系统数据处理方法与精度分析、移动测量系统多传感器几何标定等问题进行了深入的理论研究。山东科技大学重点解决激光雷达系统原始数据由初始极坐标向当地坐标系统间坐标转换的问题。为了获取最终的空间三维坐标，研究人员引入了包括站心坐标系在内的多个坐标系统，通过各坐标系统间严格的公式推导，最后成功的计算出目标建筑物在当地坐标系统下的空间直角坐标。首都师范大学在原有 GPS、惯导与激光雷达扫描仪的移动平台基础上进行优化，将原有平台进行可升降设计，在数据采集时能够减小激光雷达扫描死角，尽可能完整的采集目标建筑物的三维点云。最终通过数据融合处理，获取行驶街区道路及两侧建筑物的三维空间数据。

围绕移动测量技术，国家测绘地理信息局出台了行业标准《CH/T 6004-2016　车载移动测量技术规程》《CH/T 6003-2016　车载移动测量数据标准》等，正在编制国家标准《实景地图数据产品》。

6. 高精度定位技术

近年来，iGPS、伪卫星和超宽带等高精度定位技术发展迅速，在航空航天制造、大型部件精确定位、飞行导航、室内定位等方面被广泛研究与应用。

（1）iGPS

20 世纪 90 年代，受 GPS 的启发，美国 ARCSECOND 公司开发了 Indoor GPS（简称 iGPS）。iGPS 主要用于解决大尺寸空间测量与定位问题，其原理与 GPS 类似，即利用三角测量原理建立三维坐标体系，不同的是采用红外激光代替了卫星信号。iGPS 利用室内的激光发射装置产生两个激光平面在工作区域旋转，每个发射器有特定的旋转频率，转速通常为 3000 转 / 分钟。接收器接收到信号后，能够对水平角及垂直角进行测量。在已知了发射器的位置和方位信息后，只要有 2 个以上的发射器就可以通过角度交会的方法计算出接收器的三维坐标。测量一个点所需要的最少发射器是 2 个，发射器越多，测量越精确。

iGPS 对于大尺寸的精密测量提供了一种新的方法，可以实现多目标实时动态高精度测量。与 GPS 类似，iGPS 把同样的定位性能从地球空间缩小到封闭的区域和局部测量的应用，可以围绕被测物体进行 360 度空间测量，而不需要转换坐标系，从而降低或消除转站造成的误差。具有高精度、高效率、灵活、可靠的特点，并且基本不受空间限制，通过增加发射器，可以大大扩展测量范围，特别适合于大尺寸工件的安装。

近几年来国内外业界深入研究了 iGPS 测量系统，波音、空客、洛克希德·马丁等国外航空航天制造企业较早开展了 iGPS 测量系统在柔性装配、大型部件精确定位以及自动钻铆机位置标定等过程中的应用研究，以缩短装配周期，提高装配质量。沈飞公司与天津大学、634 所联合研制的 iGPS 测量系统主要由发射基站、接收器（测量传感器）、前端处理机、控制网、任务计算机和主控计算机组成，经过系统应用测试验证，车间测量场系统精度能达到 0.2mm。

（2）伪卫星

伪卫星是一种能发射出类似于 GNSS 卫星信号的发射器。伪卫星的工作原理与 GNSS 基本相同，接收机的软硬件结构也与 GNSS 卫星接收机保持一致。作为 GNSS 定位系统的辅助手段和工具，伪卫星既可以在城市峡谷、露天矿场等区域辅助增强 GNSS 系统，降低 DOP 值，改善定位性能；也能够单独构建定位系统，在室内区域和地下空间提供高精度的定位服务。伪卫星定位采用到达时间（TOA）和到达时间差（TDOA）的定位原理，定位方法与传统的 RTK 定位类似：利用载波相位测量值的双差测量值，消除伪卫星的钟差和接收机钟差等误差项，然后将接收机的空间坐标和整周模糊度联合求解，以获取得到厘米级别的定位精度。伪卫星定位系统已在室内、地下、形变监测、飞行导航、火星探测等方面得到了一系列应用。

目前，许多国家都在研究和生产伪卫星，如韩国的 Navicom 公司、韩国首尔大学、澳大利亚的新南威尔士大学等都做了伪卫星的研究或生产工作。国外的一些公司也对伪卫星技术进行深入的研究以及产品化运作。国内对于伪卫星的相关技术研究起步较晚，但研究进展较快，并且得到了一定的实验性应用。例如将伪卫星技术结合 GPS 用于大坝形变监测中的应用，以及采用伪卫星技术实现厘米甚至是亚厘米精度的室内定位系统。当前，上海交通大学和武汉大学均搭建了高精度伪卫星定位平台，对伪卫星技术进行有针对性的研究。

（3）超宽带（UWB）

超宽带信号，正式定义为绝对带宽至少为 500MHz 或者分数带宽（带宽除以载波频率）为 20% 的信号，且连续区间内功率谱密度位于最大值的 10dB 以内。UWB 信号用于定位的主要吸引力在于多径分辨率。比如，若信号带宽为 1GHz，具有 0.3m 或以上不同路径延迟的多径分量可以独立解析出来，这使得在室内环境下，可以获得极佳的测距精度。UWB 通过发送 ns 级或者 ns 级以下的超窄脉冲来传输数据，并采用到达时间（TOA）算法和到达时间差（TDOA）算法完成测距和定位计算，能够获得 20cm 以内的测距精度。UWB 因其设计简单、成本低、网络节点布置方便等特点，可以为机场、军事基地、重要物资定位，火灾现场等极端环境下提供精确定位和搜救解决方案。

2002 年 2 月，美国联邦通信委员会准许 UWB 技术用于民用，此举加快了 UWB 技术的迅速发展。在此后的十几年间，UWB 的产品研发和技术发展都取得了长足的进步。AetherWire&Location 开发的 Localizers 定位系统是通过待定位的 UWB 接收机和几个参考定位的收发信机之间进行脉冲通信，利用监测信号中携带的伪随机码时延来判断接收机到不同参考点的距离。Multispectral Solutions 公司开发的 Sapphire 系统由多个漫游器，至少 4 个接收机和 1 个与计算机相连的控制中心组成，系统的定位精度是 0.3m，经过数据平滑后可达 0.1m。

在国内，南京唐恩科技开发出了基于 UWB 技术的 iLocateTM 无缝定位系统，实现了 2D/3D 的实时定位，并于近几年陆续开发出应用于仓储物流、工业自动化、机场人员定位的系统。清研讯科研发的 LocalSense 定位系统解决方案，能够解决工业现场供应链组件、设备、车辆与人员精确定位的问题。南京大学、浙江大学等、北京邮电大学、武汉大学也在进行采用 UWB 定位的相关研究。

iGPS、伪卫星和超宽带的性能对比

定位技术	定位原理	信号类型	定位精度	成本
iGPS	角度测量	红外激光	亚毫米	高
伪卫星	TOA 或 TDOA	连续载波	1 ~ 5cm	中
UWB	TOA 或 TDOA	脉冲信号	10 ~ 20cm	低

7. 空间数据挖掘与分析

空间数据挖掘技术是数据挖掘技术的分支，是指从空间数据库中抽取隐含的知识、空间关系或非显式存储在空间数据库中的其他模式等。常见的空间数据挖掘方法有空间分析方法、聚类与分类方法、空间关联规则挖掘方法、粗糙集方法、空间特征和趋势探测方法、云模型等。相关单位从需求出发，在充分利用 GIS 在数据存储、管理空间数据方面的成熟技术，对空间数据进行挖掘与分析，将海量的地理空间数据转换成能满足各方应用需求的知识方面进行了大量探索实践，拓展了数据挖掘的应用领域，在城市规划设计、城市现状与规划评估、安全监测预警预报等方面取得了良好的应用效果。

1）城市规划设计。重庆市勘测院利用空间数据分析技术，开展建筑规划设计、城市用地竖向规划、规划监察、规划评估等。在建筑规划设计方面，基于项目区域地形地貌、地上建（构）筑物、地下空间、地质和水文数据，以及区域范围内的经济、人口、历史文化等数据，搭建可视化、交互式的重庆市两江大桥规划建设三维仿真系统，对大桥修建方案在城市空间形态、景观优化、交通模拟、投资估算等进行了充分咨询论证，为项目选址和方案优化提供科学高效辅助决策服务。在城市用地竖向规划方面，通过对测绘地理等多源数据集成、融合，搭建三维地理环境，从城市竖向设计的实际需求出发，研究用地地形因子评价、场地设计、路网优化和管网综合等内容，形成基于三维地理空间环境的城市用地竖向解决方案。在规划评估方面，通过社交网络、手机移动轨迹、公交刷卡记录开展交通规划研究和评估，综合经济、人文等数据，可进一步对城市吸引力、产业聚合力和资源配置效率等作定量定性分析。

2）城市现状与规划评估。北京市测绘设计研究院立足传统测绘数据优势，结合不同类型的社会属性数据，如互联网数据（导航数据、社交网络数据等）、移动设备数据（手机信令、手环数据等）、传感器数据（位移传感器、速度传感器等）、社会调查数据（调查问卷、在线调查等）等，通过研发空间大数据分析模型，分析了北京市详细的建筑量与人口分布等信息，并将分析结果成功应用于多场景的城市现状评估和未来决策中，为城市体检、规划等重要工作提供决策依据。

3）建设工程安全监测预警预报。建设工程自动化、智能化安全监测技术受到很多研究单位重视，安全监测及评估决策系统不断成熟并在生产中得到应用。系统集成测绘地理信息、云计算、物联网、大数据等技术，以空间地理信息数据为基础，展开对工程项目的自动化安全监测，通过建立建设工程安全监测评估决策系统，实现监测大数据的及时处理、信息反馈，数据挖掘分析，安全预警分析等，面向相关用户单位及政府部门提供安全监测及管理决策服务。

8. 超高层施工测量技术

随着城市化步伐的加快，城市化人口越来越多，土地资源变得尤为紧缺，超高层建筑成为解决土地资源、人口占地问题的重要方式，超高层建筑是时代发展的必然历程，目前全国已建成的最高建筑为上海中心大厦，总高度 632m，在建的最高建筑武汉绿地中心总高 636m，建筑高度不断被刷新。全国已建成的超过 300m 的建筑 50 多座，在建的超过 300m 的建筑 70 多座，超高层建筑的日益增多以及建筑样式的多样化和异型化极大的带动了施工测量技术的发展与进步，逐步形成了一套系统的建筑物施工测量方法。

超高层建筑轴线的竖向传递。对于轴线的竖向传递，早期采用的是铅直仪内控法，对于超过 300m 的建筑，由于楼高、距离远，激光光斑随着距离会变大，光亮度变弱，轴线竖向传递的精度难以保证。近年来研究具有独特技术的激光铅直仪，采用“不同液体双光楔自动补偿器”，解决激光铅直仪的传统重力、机械补偿技术中无法克服的摩擦力影响，通过空间位相调制器，无需调焦，摆脱了调焦误差对长距离激光测量的精度限制，通过激光环栅、十字线光斑中心数字化识别技术，使长距离激光光斑达到智能数字化接收，提高接收的精度和分辨率，提高基准点竖向投测的精度。

超高层建筑的标高传递。超高层建筑的标高传递在传统的悬吊钢尺法、全站仪测距的基础上，形成了专利技术“超高层标高高精度自动传递工艺方法（ZL 201210539302.7）”，此种方法不受建筑高度的限制，直接把激光全站仪架设在基准点上向上传递，消除了人工误差和累计误差，不仅快速而且精度高。在深圳平安国际金融中心项目实施过程中，探索利用北斗兼容的 GNSS 高精度定位测量和数据处理方法，经过实测验证，轴线投测（600m）的平面精度达到 2mm，高程竖向传递（600m）的精度达到 4mm。

9. BIM 技术

（1）BIM 与 GIS 技术的结合与应用

BIM 是以三维数字技术为基础，集成了建筑工程项目各种相关信息的工程数据模型，BIM 是对工程项目设施实体与功能特性的数字化表达。BIM 模型信息具有完备性，可反映工程对象 3D 几何信息及拓扑关系，工程对象完整的工程信息描述和工程对象之间的工程逻辑关系；BIM 模型信息具有关联性，工程信息模型中的对象是可识别且相互关联的，模型中某个对象发生变化，与之关联的所有对象会随之更新；BIM 模型信息具有一致性，生命期不同阶段模型信息是一致的，同一信息无需重复输入；BIM 模型信息具有动态性，信息模型能够自动演化，动态描述生命期各阶段的过程。

正是基于 BIM 模型的以上特性，可实现工程全生命周期中包括测量信息在内的各种信息有效管理，如广州地铁 BIM 施工管理平台就是 BIM 应用比较典型的案例。在这个平台上是实现了统一的平台、模型，开发了三个系统，能直接操作模型实时交互数据的 CS 端系统，能支持远程协同工作的 BS 端系统及支持现场管理的移动端系统。

将 BIM 与 GIS 有机结合，可解决区域性、长线或大规模工程的 BIM 应用。利用 BIM 技术实现精细管理，利用 GIS 技术实现宏观或中观管理。在施工阶段，实现宏观、中观、微观相结合的多层次 BIM 施工管理。在运维阶段实现基于 GIS 的大型工程信息化管理。如昆明新机场航站楼运维管理和信息共享就是 BIM 与 GIS 结合的典型应用，利用 BIM 数据进行 GIS 表现，将图形数据通过 BIM 导入 GIS 平台，属性数据可直接从 BIM 数据库中读取，从而实现 BIM 与 GIS 直接的转换，在工程测量的全过程中，实现测量信息的数字化与可视化精细管理。

BIM 还可与数字监控、现代测量和三维激光扫描等信息进行融合，实现施工现场质量与安全动态监测，复杂结构施工自动定位与精度分析等，在济南黄河公铁两用桥施工中进行了成功应用。针对大跨度刚性悬索加劲连续钢桁梁桥顶推结构安全及位移精度要求高，通过将 BIM 与结构计算模型相集成，并动态集成工程施工测量及监控数据，实现了顶推施工过程中的安全监控、综合分析、安全预警以及可视化管理。

（2）基于 BIM 的施工测量技术

随着科技的进步，传统平面图纸化的施工正在向立体三维模型化施工转变，从建筑设计到结构设计，再到结构深化设计，都是通过三维模型的传递得以实现的。工程前期利用 BIM 模型进行点位选择、方案设计，施工过程中利用 BIM 模型解决空间关系冲突，减少返工，放样过程中建立数据模型，得到特征点的数据，依据模型数据进行现场放样，构件安装完成后利用三维激光扫描技术，对结构进行全方位扫描，建立结构模型，并与设计模型进行比较分析。在国家贸易中心三期 B 阶段钢构件安装过程中，利用 BIM 技术对梁柱节点、钢柱相贯节点等进行深化设计，从而减少了加工过程中材料的浪费，提高了现场安装质量。在望京 SOHO 中心工程 T3 工程屋顶钢结构桁架安装前，通过三维扫描技术对桁架采用数字扫描预拼装技术，扫描模型与设计模型进行比对，判断拼接后的桁架接口处是否与设计模型贴合。整体桁架拼装完成后，采用三维扫描技术对整体钢屋架进行数字扫描，生成三维模型，分别与设计模型、现场测量结果进行比对，检查桁架安装过程中的偏差。基于 BIM 模型的全新测量技术为建筑施工提供了有效保障，实现了平面图纸施工向三维模型施工的跨越。

（三）标准与装备进展

1. 标准体系

目前在工程测量领域，执行的标准主要有四个层面。第一是国家标准，如《工程测量规范》《精密工程测量规范》等；第二是由国家测绘地理信息局制定的行业标准，如《城市建设工程竣工测量成果规范》《全球定位系统实时动态测量（RTK）技术规范》等；第三是由各具体领域（如城建、交通、铁路、水利、电力、石化、冶金等）主管标准化部门制定的行业标准，如城建系统的《城市测量规范》、水电行业的《水利水电工程测量规范》、铁路建设方面的《铁路工程测量规范》等；第四是由地方政府制定的地方标准，如上海市的《城市轨道交通结构监护测量规范》、北京市的《建筑施工测量技术规程》等。行业标准和地方标准均须服从国家标准，它们是对国家标准的细化或补充。形成一个覆盖面广又层次分明的工程测量标准体系。

为了适应测绘新技术发展，工程测量标准体系也在不断持续更新与完善。国家测绘地理信息局一贯重视测绘国家标准和行业标准制修订工作，目前工程测量领域在研的国家标准有《城市测绘基本技术要求》《城市地下空间数据测绘规范》《工程测绘基本技术要求》等，在研的行业标准有《城市轨道交通结构形变监测技术规范》《古建筑测绘规范》《精密三角高程测量规范》等。

如今，工程测量标准体系逐渐完备，但仍然存在不足之处。行业标准繁多，又相对独立，导致相互间内容重叠度高，且部分标准间存在矛盾。另外，标准的制修订工作滞后，相关标准跟不上科技发展的步伐。为了更好地建设工程测量标准体系，宜对各个行业中的工程测量标准进行统筹与管理，增强国家标准的核心性，明确行业标准的特殊性，亦可鼓励工程测量单位参与到标准体系的建设中来，加快标准的制修订步伐，保证标准与科技发展不脱节。随着中国参与国际工程项目建设的力度不大加大，有必要主动参与国际标准制定工作，将我国工程测量领域的规范与标准逐步实现国际化。

2. 隧道快速检测系统

（1）瑞士安伯格 GRP5000 隧道限界测量与隧道全息成像系统

隧道属于永久性建筑物，有多种因素会导致隧道净空的变化，无法满足限界需求。为确保行车安全，就需要将车辆限界和设备限界与隧道断面进行比对，进行限界分析和净空测量。

瑞士安伯格 GRP5000 集成手推式轨检小车采用高速激光扫描测量技术。当小车在轨道上行走时，高速旋转的激光扫描仪发射的激光以螺旋线的形式对隧道表面进行全断面扫描，通过分析发射和接收到激光信号（强度和相位差），可以获得隧道衬砌的内表面影像图以及隧道衬砌表面各点距轨道中心线的距离；扫描仪每秒获取高达 50 万个测点的断面数据，每个测点包含该位置的反射率和几何尺寸信息（角度和距离）。上述测量成果构成隧道状态测量、净空测量和限界分析的基础资料。手推式轨检小车内嵌的轨距、超高和里程测量传感器可在隧道扫描的同时，实时动态测量当前轨道的相对几何参数和里程信息。GRP5000 扫描得到的元数据（隧道内表面影像图）中每个点都包含里程、角度、距离及反射率等信息，经 GRP Office 进行数据处理并沿隧道拱顶展开后，便可得到数字化灰度图。该灰度图清晰度很高，可清楚地分辩接触网等设备以及宽度 0.3mm 以上的裂缝等病害，也可导入 TunnelMap 中作为病害检测与管理的依据。

TunnelMap 软件中可以建立隧道的数字化模型，其中最重要的内容便是隧道内表面的数字化展开图。TunnelMap 还可充当隧道病害采集和状态评价系统，用于观察和收集已有建筑的结构数据。根据检测的要求标准不同，隧道智能绘图可以包括不同等级的细节信息。数字化的隧道智能绘图技术取代了在纸上对观察到的信息进行手动输入的方式，简化了实地绘图操作程序。数字化系统通过有效收集和处理原始数据以及其他数据评估、存档和图形结果输出功能，简化了信息管理。这些数字化的信息和数据可作为隧道状态评估的依据。

（2）国产轨道移动式扫描系统

我国有公司自主研发了隧道检测车—轨道移动式扫描系统，其核心思想是将三维激光扫描仪运用于地铁收敛变形检测。该公司在研究吸收安伯格 TMS 隧道软件的基础上，开发了自己的二维扫描软件，自行研制了一个轨道行走车。其原理是在四轮的行走支架车上安装了一个电动马达，在轨道上匀速前进。其好处是成本低廉，运动匀速，隧道影像成像均匀。数据原理是小车在起始环时，人工记录下里程标及环号，根据小车的运动时间与速度计算里程增量与环号增量来连接整个区间。断面收敛运用自己开发的软件计算，隧道成像及断面分析借鉴安伯格基础算法。但其精度有待提高，功能有待完善。

3. 地基合成孔径雷达

地基合成孔径雷达干涉测量技术（GB-InSAR）的出现为高精度面式变形监测与分析

提供了新的途径。经过十多年的发展，目前 GB-InSAR 技术正从试验验证阶段逐步转向核心技术完善、工程结构和地质灾害监测应用推广阶段。

地基合成孔径雷达（GB-SAR）硬件方面，得益于雷达信号处理技术的改善以及制造工艺水平的提升，一景 GB-SAR 影像采集时间大幅缩减，由原先 3 ~ 5 分钟减少至目前的几十秒钟：一方面，原始频域信号的快速采样使得一景影像合成孔径形成过程中的气象变化更加稳定均匀，能够确保气象变化剧烈条件下原始观测量的可靠性；另一方面，影像采集时间间隔的缩短又使 GB-SAR 系统能够探测更加快速的变形过程。此外，GB-SAR 系统可探测的区域面积也得到进一步提升，最远有效探测距离一般可达 8 ~ 10km。

国内对 GB-InSAR 技术的研究起步虽然相对较晚，但自引进 GB-SAR 设备开始发展迅速。多家高校、科研院所及勘测单位在 GB-SAR 硬件设计、信号处理以及变形监测应用技术等方面展开了较为广泛的研究。以开采矿区、支护边坡、大坝坝体、滑坡、堰塞体等区域作为监测对象进行了大量的试验研究，得到一批有益的分析成果，充分验证了 GB-InSAR 技术在小范围区域内进行高精度变形监测及灾害预报预警的巨大潜力。

针对实际监测工作的应用需求和变形体的变形特征，在干涉测量核心理论研究基础上，GB-InSAR 变形监测应用目前已拓展细化为三个主要模式：①准实时动态监测，充分利用雷达影像高频采样的特点，可满足一般快速变形测量、变形动态特征分析及安全状态评估的需求；②短周期日波变形监测，回避了对日波气象成分的分析处理，能满足中等速率趋势性变形提取应用需求；③长周期微变形探测，适用于地表或结构小尺度趋势性变形过程估计与稳定性分析的需求。变形提取和气象改正等核心算法由传统的控制点直接差分以及一维时域干涉相位积分法，发展到基于高相干点目标的网络分析方法，解决了变形相位在时间和空间上计算基准不一致的问题，同时削弱了干涉相位中主要气象成分的影响。

实际工程变形监测应用需求不同，监测环境条件各异，变形特征复杂。这对 GB-SAR 数据传输、处理和分析均提出了较高要求。然而，现阶段在用系统平台大都依赖设备进口，或者仅针对矿区等单一监测情景、适用性不强。仍缺乏能够满足各类监测需求并实现深度变形信息解译的自主研发平台。

目前是 GB-InSAR 变形监测技术算法研究与实践应用相结合的重要阶段。在较为理想的环境条件下 GB-InSAR 技术容易满足高精度动态监测的需求；而对于变化复杂、剧烈的自然条件下的监测应用，仍然存在大量亟待解决的关键技术问题。

4. 陀螺仪的进展

陀螺仪是基于高速旋转的陀螺转子定轴性和进动性（或能够测量相对惯性空间角速度和角位移的传感器）而研制的一种绝对定向的惯性测量装置。陀螺全站仪（经纬仪）是一种将现代高精度陀螺惯导寻北与智能测量技术集成，通过敏感地球自转效应测定任意目标真北方位的惯性测量仪器。德国 DMT 公司生产的 Gyromat2000/3000 系列全站仪及日本索佳的 GP1 陀螺全站仪，减小了“逆转点法”和“中天法”人为读数误差，提高了寻北自动化程度，“积分法”数据采集模式也提高了陀螺定向精度和效率。

我国对高精度陀螺全站仪的研发相对落后。近年来随着国防与民用对陀螺仪精度和功能等方面的需求，中国航天科技集团第十五研究所、西安总参 1001 厂、天津船舶 707 所等单位，基于悬挂带技术体系研制出多种下架式陀螺全站仪（经纬仪），解决了我国工程测量及国防领域应用的急需。由长安大学杨志强教授团队与中国航天集团第十六研究所联合摈弃了传统悬挂带支承体系，将磁悬浮支承及耦合优化、光电力矩反馈及静态模数转换、逐次多位置及双位置回转精寻北、自适应环境滤波等技术用于陀螺全站仪构架，成功研制出精度优于 3.5s 的第三代精密磁悬浮陀螺全站测量系统，为我国陀螺全站仪家族增添了新的类型，填补了国内空白，总体达到国际先进水平，在磁悬浮陀螺技术及受限空间快速定向测量应用方面达到国际领先水平。近年来，GAT 磁悬浮陀螺全站仪为世界超级工程港珠澳海底沉管隧道、世界第一高原隧道青藏铁路关角隧道、世界超长深埋第一隧洞引汉济渭等 40 余项工程的精准贯通做出了贡献。

国内外部分陀螺全站仪相关技术指标

序号	仪器型号	研制单位	技术特征	一测回中误差	定向时间	支承方式
1	Gyromat3000	德国 DMT	模式：全自动 原理：积分法	± 3.0″ ~ 5.0″	9 ~ 12min	悬挂带
2	索佳系列	日本索佳	模式：半自动 原理：逆转点法	± 15″	＞ 19min	悬挂带
3	GAK-1	瑞士 WILD	模式：人工 原理：逆转点、中天法	± 20″	＞ 30min	悬挂带
4	GAT-C 磁悬浮	长安大学 航天 16 所	模式：全自动 原理：力矩反馈	± 3.5″ ~ 5.0″	8min	磁悬浮
5	GAT-D 系列	长安大学 航天 15 所	模式：全自动 原理：积分法	GAT-D5：± 5″ GAT-D8：± 7″	9min	悬挂带
6	1001HG 系列	总参 1001	模式：全自动 原理：积分法	HGG05：± 5″ HGT07：± 7″	≤ 9 ~ 20min	悬挂带
7	中船重工 GT3	中船 707	模式：半自动 原理：拟合法 + 改化时差法	GT3：± 15″ TJ9000：± 30″	≤ 9 ~ 15min	悬挂带

5. 数字近景摄影测量系统

近景摄影测量指通过摄影确定（除地形以外）目标的外形和运动状态的技术。以数码相机作为图像采集传感器，对所摄图像进行数字处理的系统称为数字近景摄影测量系统，当用于工业产品检测时，也称为数字工业摄影测量系统。数字工业摄影测量技术在精密测量领域得到了迅猛发展和广泛应用，其典型测量精度为摄影测量距离的 1/2 万至 1/10 万。数字近景摄影测量系统一般分为单台相机的脱机测量系统、单相片位姿测量系统和多台相机的联机测量系统。近景摄影测量广泛使用人工标志，可以保证测量的精度和可靠性。按照材质的不同，人工标志可以分为回光反射标志和普通标志。

（1）基于回光反射标志的测量系统

采用回光反射标志可以实现摄影测量中特征点的自动提取，能够大幅度提高数字工业摄影测量系统的自动化程度。近两年来，基于回光反射标志的工业摄影测量系统的研究主要集中在单相机脱机测量系统、单相片位姿测量系统和多相机动态测量系统共三个方面。

单相机脱机测量系统。国外的单相机脱机测量系统以美国 GSI 公司的 V-STARS S8 工业摄影测量系统为典型代表，国内以信息工程大学的 MetroIn-DPM 工业摄影测量系统为典型代表，其关键部件有量测相机、编码标志、定向靶、基准尺等，核心技术有相机检校、像点高精度自动提取、像片概略定向、像点自动匹配、自检校光束法平差等。信息工程大学的冯其强等，采用数字工业摄影测量系统对上海 65m 射电天文望远镜的主反射面面型精度以及主、副反射面和馈源三者之间的相对位姿关系进行了精确测量，经 5 次测量 4 次调整后天线主反射面面型精度达到 0.38mm。信息工程大学的郭迎钢对工业摄影测量网形的优化设计进行了研究，为实际测量过程中摄站的布设提供了指导，有助于提高测量效率。中国矿业大学的马开锋对高低温环境下卫星天线型面变形的测量与数据处理进行了研究，并设计了天线变形的近景摄影测量方案。

单相片位姿测量系统。单相片位姿测量是利用一张相片实现对被测目标位置及姿态的测量技术，在航天器交会对接、飞机空中加油等过程中有着重要的应用。信息工程大学的冯其强等开发了一套基于点特征的单相片位姿测量系统，在 4m 距离上点位精度可达，在 6m 距离上姿态精度可达。南京航空航天大学的富帅研制了一种面向大型工件现场测量的光笔式视觉测量系统，在 2 ~ 10m 空间内对距离标称值为 320mm 的标准件测量标准差小于。北京航空航天大学的汪启跃利用高精度旋转平台几何摄像机的方式对航天器位姿参数进行解算，在 5m 范围内系统位姿测量误差小于，点位测量误差小于。

多相机动态测量。通过近景摄影测量技术来获取运动物体三维空间运动参数，需要两台或两台以上的相机同步获取被测目标的二维影像。信息工程大学的曹林对双相机数字工业摄影测量标志点匹配算法进行了研究，设计了一种基于相对关系不变性的图像匹配算法，实现了同名点快速、准确的自动匹配。哈尔滨工业大学的赵阳针对柔性天线的特性建立了一套双目立体视觉摄影测量系统，实现了卫星柔性天线的振动测量。西安电子科技大学的杨阳对双目位姿测量展开了研究，提出了一种基于模型的双目位姿参数求解方法。

（2）基于普通标志的测量系统

普通标志有漫反射标志、激光投点标志、彩色标志等。武汉大学的孟丽媛等采用非量测型数码相机进行基坑的变形监测，精度达到了亚毫米级。武汉大学的万荧等基于直接线性变换模型设计了近景摄影测量软件，达到了地质观测的分米级精度要求。天津市测绘院的陈楚将近景摄影测量技术应用到滑坡监测中，模拟并制定了一套完整的检测方案，在摄影距离约 50m 的情况下，监测精度达到厘米级的要求。吉林建筑大学的梁晓娜基于 Lensphoto 多基线数字近景摄影测量系统展开了边坡岩体的三维建模研究，实现了厘米级精度的边坡变形监测。

6. 地下管线测量新装备

（1）管道闭路电视检测系统

城市排水管道检测已有很长的历史，传统的管道检测方法主要是人员进入、潜水员进入、量泥斗法、反光镜法等，但由于这些方法存在着人身不安全、病害不易发现、判断不准确等诸多弊病，而不能得以推广。新型的电视检测、潜望镜检测、声呐检测等技术方法，无论在安全性、清晰度、直观等方面都有了很大的突破，并且随着这几年仪器设备的发展已成为排水管道检测技术最有代表和有效的技术。

管道闭路电视检测系统（Closed Circuit Television，简称 CCTV）主体是由三部分组成：主控器、操纵线缆架、带摄像镜头的“机器人”爬行器。主控器可安装在汽车上，操作员通过主控器控制“爬行器”在管道内前进速度和方向，并控制摄像头将管道内部的视频图像通过线缆传输到主控器显示屏上，操作员可实时的监测管道内部状况，同时将原始图像记录存储下来，做进一步的图像分析。通过摄像机器人对管道内部进行全程摄像检测，对管道内的锈层、结垢、腐蚀、穿孔、裂纹等状况进行探测和摄像，实现管道内部长距离检测，实时观察并能够保存录像资料，将录像传输到地面由专业的检测工程师对所有的影像资料进行判读，通过专业知识和专业软件对管道现状进行分析、评估，有效地查明管道内部防腐质量、腐蚀状况及涌水管道、涌水点的准确位置。利用 CCTV 检测技术，可以科学全面地了解管道的现状，编写管道现状报告，并对排水管道运行质量及功能进行评价，为管道的定点修复、新铺管道的竣工验收以及管道修复前的方案设计、修补过程中的施工监测、修补后复测等提供经济、有效的检测方法。

（2）管道 3D 重建测量仪

传统图像传感器只能获得三维空间在传感器所在二维平面的投影，在成像过程中丢失了深度维度的信息。如果能在二维图像中补充三维深度数据，即可重建三维空间的尺度信息，进而实现对空间结构的精确的测量。

我国有公司自主研发了管道 3D 重建测量仪。该设备由 4 部分组成：扫描设备（kinect2.0）、选转平台、固定支架和移动电源。这是一款通过扫描和摄影方法，获取排水井室、排水管道的空间信息和纹理信息，并进行三维重建。该产品采用基于 TOF（Time of Flight）技术的 Kinect2.0（扫描设备）作为图像采集设备。TOF 技术原理是：传感器发出经调制的近红外光，遇物体后反射，传感器通过计算光线发射和反射时间差或相位差，来换算被拍摄景物的距离，以产生深度信息。Kinect2.0 将 TOF 技术和传统的相机结合，就能将物体的三维轮廓以不同颜色代表不同距离的地形图方式呈现出来。将 kinect2.0 固定在机械结构上在井室内进行旋转，获取内壁的深度信息。再利用爬行机器人将此套装置送入管道内部，即可实现管道的三维重建。

三、国内外研究进展比较

近几年来，陀螺仪、无人机测绘、雷达测量、测量机器人、卫星定位、移动测量、传感器、物联网等先进技术和设备的研究和应用，快速推动了工程测量领域的飞速发展。同时针对体量大、结构复杂、空间变化不规则和精度要求高等技术难题，在理论、方法和应用上取得了重大进展。整体而言，我国工程测量理论、方法的研究及应用与国外相比，并不落后，某些方面甚至处于国际领先水平。以下从几个方面简单对比国内外工程测量的发展。

（一）无人机测绘技术

随着通信技术、传感器等技术的发展，测绘无人机作为一种低成本、高精度、操作简便的遥感影像获取设备应运而生。无人飞行器种类有很多，主要包括无人机、飞艇等。无人机测绘技术在高精度地形数据获取、防汛抗旱、抢险救灾、水土保持监管、河道监管、水生态保护、动土监测、山洪灾害调查评价、水利工程设计、岩土勘察等多个领域得到了广泛的应用，具有广泛的应用前景。目前，无人机在地形测量方面，基本上可以满足 1∶2000 ~ 1∶1000 比例尺测图需要，在某些情况下甚至可以达到 1∶500 测图的需要。

从 20 世纪 80 年代开始，国外就开始将无人飞行器应用于测绘工程，在全球定位系统尚未对民用开放前，无人飞行器只能通过简单的遥控操作来进行航摄作业。2009 年以来，美国持续促进无人机创新发展并实现首次大规模商用，商业经营者可根据需求选择不同尺寸及功能的无人机。这些无人机大多携带方便，用手机或平板电脑就能直接操作。近年无人机的最新研究主要包括基于无人机影像特征与点云的分类；无人机平台用于地下矿井测量；无人机对填海工程过程控制；基于无人机图像的地表高程变化自动测图；无人机在矿井测量中的应用精度研究；无人机用于沿海地形测量；利用无人机进行农业区域的边界测量；结合无人机与地面三维激光扫描的三维地图测绘；基于无人机的车道提取等。

在遥感测绘领域，目前国内无人机的主要研究内容包括：基于无人机的大场景序列图像自动数据采集和三维建模；基于无人机数码影像的土地利用与覆被分类，植被叶面积指数探测、树干生物量、种植信息提取、植被覆盖度研究等；无人机影像区域网平差精度影响分析；无人机三维影像技术在铁路勘察中的研究与应用；无人机彩色图像融合方法、无人机多光谱影像特征的最佳波段组合研究、无人机影像数据与 LiDAR 数据的融合；基于无人机影像的管线测量；基于无人机的大型水利工程监测、地质灾害监测、矿区监测；无人机航摄影像空中三角测量技术在管道工程带状地形图测量中的应用探讨等。

我国无人机测量技术与行业近年来发展迅猛，我国自主研发的无人机已能在多种复杂的地形与气候条件下及时获取精准的地理信息数据，从而成为传统航空摄影测量手段的有力补充。部分国产测绘无人机的技术指标已经达到国际领先水平，能够完全满足基础测绘工作的需要。国家测绘地理信息局多次举办无人机航摄系统推广会，在全国范围内大力推广应用国产低空无人飞行器航测遥感系统，同时率先在各省级测绘单位配备使用。今后，测绘地理信息部门将加大无人飞机航摄系统推广，陆续向有需求、有条件的地市配备无人飞机航摄系统，并推广到部分县级城市，最大限度地提升我国地理国情监测及应急保障综合能力。

（二）雷达测量技术

雷达测量技术的应用范围在军事以及日常生活等方面发挥着不可替代的作用，在国民经济生产与工程测量领域也发挥着重大的作用。雷达形式种类多样，在测量与遥感领域，主要包括：探地雷达、激光雷达及 InSAR 等技术。

探地雷达又称透地雷达，地质雷达，是用无线电波来确定地下介质分布的一种无损探测方法。可以探测金属及非金属物体，比如地下水泥管道、地下矿藏等。探地雷达在水文调查、工程测量、环境监测等领域已得到了广泛的应用。国际上，自20世纪70年代以来，许多商业化的通用数字探地雷达系统先后问世，比如美国的 Geophysical Survey System Inc 公司的 SIR 系统、Microwave Associates 的 MK 系列，瑞典地质公司（SGAB）的 RSMAC/GPR 系列等，加拿大 Sensor & Software 的 Pulse Ekko 系列等。这些雷达仪器的主要功能有多通道采集、多维显示、实时处理、变频天线、多次叠加、多波形处理等。国内探地雷达的研究始于 20 世纪 70 年代初，地矿部物探所、煤炭部煤科院以及一些高校和其他研究部门均做过探地雷达设备研制和野外实验工作。20 世纪 90 年代以来，由于大量国外仪器的引进，探地雷达得到了推广。目前，国内自主研发的探地雷达系列产品已从 LT-1、LT-1A、LTD-3、LTD-3R、LTD-10、LTD-2000 型发展到便携式 LTD-2100/2200 探地雷达，并且可适配不同型号的十种天线。该产品所有控制操作简便、可靠性高，既可用于对公路面层等浅层工程的检测，又可以实现对地下较深层目标的探测，应用领域现已遍及城市建设、交通、考古、农田、水利、环保、工程地质、公安和国防等部门。

激光雷达（Light Detection And Ranging，LiDAR）不仅是获取三维地理信息的主要途径，而且通过其获取的数据成果也被广泛应用于资源勘探、城市规划、农业开发、水利工程、土地利用、环境监测、交通通信、防震减灾及国家重点建设项目等方面。根据不同的搭载平台，激光雷达可分为星载、机载、地面激光雷达。目前机载激光雷达可以达到分米级至厘米级精度，地面激光雷达可以达到毫米级的测量精度，为国民经济、社会发展和科学研究提供了极为重要的原始资料，并取得了显著的经济效益，展示出良好的应用前景。集激光、GPS 和 IMU 于一体的对地观测系统，能部分穿透植被的遮挡，直接获取真实地表的高精度三维信息，可实现大范围、海岛礁、不可进入地区、植被下层等地面与非地面数据的快速获取。LiDAR 与航空数码相机集成，产生了 3D 数字航空相机。机载激光扫描测量，一般与 GPS、陀螺、IMU、大面阵数码相机结合，可以在很短时间内获取适合 GIS 使用标准化的大范围的、详细的三维地形数据。在精度上，Z 方向的精度优于 XY 方向，最好可达 10 ~ 15cm，最差 0.5m,XY 方向的精度为 15cm ~ 1m。在机载 LiDAR 测量方面，开展了 DEM 数据获取、4D 产品快速制作、电力线巡检等方面的应用研究。机载三维激光扫描系统测量范围大，速度快，但精度较差，价格昂贵。目前地面 LiDAR 则主要用于三维逆向建模、考古、地铁隧道变形监测等领域。

合成孔径雷达干涉（InSAR）是新发展起来的空间对地观测技术，是传统的 SAR 遥感技术与射电天文干涉技术相结合的产物，目前 InSAR 系统主要有机载系统、星载系统及地基系统。星载系统有利于大范围测绘和动态过程的长期监测，特别适合危险地区和人类无法进入地区的研究工作，已在地形测绘、DEM 建立、全球环境变化、地震与火山等灾害监测评估、地表沉降与山体滑坡等相关领域得到广泛应用。InSAR 技术向时序 InSAR 的过度，从传统的大尺度形变监测拓展到缓慢地表形变研究领域，使得其监测精度从厘米级提高到毫米级甚至亚毫米级。InSAR 的现有研究更多集中在数据处理工作步骤中，其中干涉处理与相干性分析、降噪滤波、亚像元精度配准、相位解馋等又是研究的关键理论和热点。近年，InSAR 与 GPS、LiDAR 的数据融合又成为 InSAR 技术研究的一个新的热点研究方向。

目前国际上的雷达测量技术的主要研究内容包括：结合雷达系统和无人机的测量；利用探地雷达进行道路表面测量；使用探地雷达进行价值工程修复重新设计；探地雷达在土木工程、环境工程、交通工程测量领域的应用；基于激光雷达的目标特征提取、植被分类、精细农业、隧道检测、三维建模及矿区沉降监测等；基于 InSAR 和 D–InSAR 的地表沉降分析、地址灾害研究等。国内在这个领域也开展了大量研究，主要包括：探地雷达在路面检测、碎石桩检测、地下管线检测、隧道衬砌检测、市政工程检测、岩土工程勘察、水文地质勘察、工程质量检测、地下埋藏物探测、塌陷和岩溶勘察、矿产资源勘探和考古等、南水北调工程等领域的应用；激光雷达在地铁隧道监测、考古、大型构建筑物建模等领域的研究等；机载激光雷达技术在植被覆盖区域输电线路工程中的应用；基于 InSAR 的城市地面沉降、矿区沉降、铁路沉降监测与安全评估等。

（三）移动测量技术

移动测量技术集成全球卫星定位、惯性导航、图像处理、摄影测量、地理信息及集成控制等技术。整体而言，国外在移动测量领域的研究和产业化起步较早，在硬件开发，数据采集与处理等方面较为成熟，形成了种类众多的移动测量系统。Google、微软等 IT 巨头为争夺未来网络信息的地位，纷纷投入了大量资源用于购买、组装移动测量系统，在全球范围内进行街景影像采集。

我国研制出了多款移动测量系统，其稳定性、功能和数据采集精度基本达到了发达国家的水平，在软件数据处理方面也日臻完善。这些系统已在城市基础设施测绘、城市大型工程监测、智慧城市三维建模等领域中发挥了重要的作用。

四、发展趋势展望

李德仁院士曾指出："我们应当跳出以测绘地图为目标的小圈子，将测绘科学放到大的多学科交叉领域中来发展和壮大自己，为解决国家重大科学问题做出贡献，为国家安全、国防建设、经济建设与和谐社会的创建，做出应有的贡献。"这段论述同样为工程测量专业的发展指明了方向。工程测量的发展离不开"需求"和"可能"。"需求"是指社会发展对工程测量提出的多样化要求，这是工程测量专业发展的外部驱动；"可能"是指在本学科及相关学科支持下的技术创新，这是工程测量专业发展的内在源泉。

（一）工程需求

三峡工程、特大型现代桥梁、高速铁路等超级工程和北京正负电子对撞机、上海光源、FAST 射电望远镜等大科学装置对工程测量科技进步起到了重大的推动作用。展望未来，如下工程将激励工程测量不断实现科技创新。

"一带一路"战略构想提倡"设施联通"，沿线国家的铁路、公路、港口及输油管道等建设任务将极为繁重，工程测量面临很好的发展机遇。论证中的渤海海峡海底隧道（123km）及琼州海峡海底隧道，对隧道工程的施工放样及变形测量技术提出了极高的要求。第四代核电技术（快中子反应堆）将在我国投入建设示范工程，必将促进核电站工程测量技术的进步。第四代光源（硬 X 射线自由电子激光）拟在我国上海、北京、合肥、武汉等多地建设，以及论证中的中国环形正负电子对撞机（周长 100km），将对精密三维工程控制网及精密准直测量技术提出严峻挑战。

以中国空间站计划、探月工程三期计划及中国火星探测计划为代表的航天事业稳步发展，为精密工程测量技术搭建了良好的应用平台。

我国第二艘航母已经下水，体型更大、技术更先进的航母设计和建造正在持续进行，我国已经成为世界造船大国和世界修船中心，工程测量技术为船舶工程和海洋工程服务的空间不断拓展。

以运 -20 入役和 C919 飞机首飞成功为标志，我国航空制造业成绩令人瞩目，后续 300 吨级、400 吨级大型运输机的研制正在扎实推进，为工程测量技术在航空制造业中的应用提供了更好的机遇。预警雷达是国家防御体系中的重要组成部分，以巨型战略远程预警雷达为代表的电子装备迅猛发展，离不开精密工程测量技术的支持。

（二）技术创新

以工程需求为牵引，以本学科及相关学科发展为基础，工程测量技术创新有着广阔的前景。

1. 室内外无缝定位技术

人类活动的 80% 信息与位置有关，而其中的 80% 以上又在室内空间，智慧城市、物联网、VR/AR 等对于室内导航定位的需求逐渐显现，室内导航定位成为工程测量的重要发展方向。室内导航定位涉及的技术众多，诸如无线局域网（WIFI）、蓝牙（Bluetooth）、惯性测量单元（IMU）、超宽带（UWB）、射频识别（RFID）、Zigbee、可见光传输（LED light）、红外波定位、超声波定位、声波定位、视觉定位、地磁、伪卫星、SLAM、二维码等多种技术的融合，5G 等新技术的出现加快了室内导航定位技术的更迭。Google 公司提出的 VPS，又称 vSLAM（visual Simultaneous Localization And Mapping，即视觉同步定位与建图技术）在范围（室内 + 室外）和精度（理论上达到厘米级）上都有大幅提升。VPS 在定位时会同时采用几十个甚至几百个视觉参考点来做定位，同时 VPS 一般还会使用惯性传感器来进一步提升精度。多种技术的融合、应用热点的拓展以及商业模式的设计将决定室内导航定位的发展。

2. 新型测量系统研制

为应对高精度、高效率、特殊环境的测量需求，采用各类位移传感器，研制新型测量系统。视觉测量系统具有非接触、采样频率高、采集信息丰富等优势，可用于太空、水下、强电磁辐射等特殊环境，发展潜力巨大。将视觉测量系统与其他测量系统深度融合，能产生自动化程度和智能化程度更高的新型测量系统。针对新型高能粒子加速器工程的特高精度要求（0.01mm），研发新型测量系统，如新型静力水准测量系统和新型引张线准直测量系统。

随着新型测距传感器的出现，可以构建实用的空间距离交会测量系统。针对超精密成型和超精细加工的高要求，研发微米纳米测量系统。

3. 精密三维控制网

基于 GNSS 的连续运行参考站（CORS）系统为工程控制网的建设提供了三维动态新方式，为城市基础设施建设、大型跨海跨江等工程提供测量基准。随着北斗全球卫星导航系统（北斗三号）的建成，北斗系统在工程测量中应用将更加深入。随着似大地水准面模型在全国范围内的普遍建立与精度提高，GNSS 可实现平面坐标与正常高同步测量，成为三维高精度工程控制测量的重要手段。将激光跟踪仪、电子水准仪、引张线等多技术融合，建立大尺度空间精密三维控制网，应对新型高能粒子加速器对控制测量的需求。

4. 施工放样技术

施工放样应着重解决超长隧道、超高建筑物、超大体量构筑物的高精度、高效率和自动化的测量需求。精密陀螺全站仪为超长地下工程高精度定向提供了技术保证。隧道开挖中，依托新型智能导向系统指导盾构机精确掘进，提高隧道成形质量。激光准直仪、激光投点器、数字正垂仪等仪器为高塔及超高层建筑等施工环境下的平面基准传递、轴线测控、垂直度测量等提供了高精度的测量手段。对于超大体量构筑物，研制专用的放样工装及相应的测量系统，提高施工放样的效率和自动化程度。

5. 变形监测技术

随着重要工程建（构）筑物的大量运行及地质环境的变化，工程及地表的安全监测与分析日益重要，对变形监测的精度和周期等方面提出了新的要求，高精度、自动化、实时动态监测已成为现代变形监测的特点。

在数据采集方面，数字近景摄影测量、三维激光扫描、地基 SAR，能以毫米级甚至亚毫米级的精度获得监测表面的细部变化。将 D-InSAR 和 Pixel-tracking SAR 技术融合，可以获得三维的、完整的大梯度地表形变。

在分析预报方面，目前的研究集中在对长序列的单模型分析以及组合模型分析，如回归分析、小波分析、卡尔曼滤波、人工神经网络、时间序列分析等方法及其组合应用，后续的分析预报研究可关注各类监测点间的空间同步相关分析、几何量和物理量的联合分析以及点面监测的优化组合与联合分析。

参考文献

[1] 李德仁，王树良，史文中，等. 论空间数据挖掘和知识发现［J］. 武汉大学学报（信息科学版），2001（6）：491-499.

[2] 肖建华. 推进“测绘 4.0”，实现测绘地理信息事业转型升级［J］. 地理空间信息，2017，15（1）：1-4.

[3] 杨飞，曾宪海，黎国清，等. 高速铁路工务基础设施状态检测与监测系统的研究［J］. 铁道建筑，2015（10）：132-135.

[4] Chris Rogers. 轨道几何形状的检测与系统试验［A］. 2010 年高速铁路建设与养护维修技术交流会论文集［C］. 2010.

[5] 赵有明. 高速铁路基础设施服役状态检测技术［J］. 铁道建筑，2015（10）：1-6.

[6] 黄丽萍，施养杭. 在役桥梁结构病害检测若干问题剖析［J］. 低温建筑技术，2014，36（6）：45-47.

[7] 冉雍. 深基坑工程监测管理的问题及对策［J］. 城市建筑，2015（6）：154.

[8] 许磊，王长进. 隧道断面自动提取方法研究［J］. 铁道工程学报，2016，33（8）：94-99.

[9] 高文峰，甘俊，王长进. DInSAR 沉降监测技术在铁路勘察设计中的应用［J］. 遥感信息，2015（5）：83-87.

[10] 铁道第三勘察设计院集团有限公司. 铁路基础设施检测监测及评价技术研究：基于差分合成孔径雷达干涉测量的基础沉降监测和环境监测技术及管理系统研究报告［R］. 2015

[11] 高文峰. 一种基于高铁结构体的PSI沉降监测结果处理方法：中国，201410588109. 1 [P]. 2017-04-19.

[12] 姜利利，胡云岗. 文物三维模型研究及其在应用中面临的问题 [J]. 遗产与保护研究，2017（01）：82-88.

[13] 杨必胜，张帆，方莉娜，等. 复杂几何对象高精度数字化重建理论与方法 [J]. 科技创新导报，2016（17）：176-177.

[14] 王晨阳，胡春梅，王晏民. 激光点云与存档资料相结合的古建遗址建模方法 [J]. 激光杂志，2016（12）：73-76.

[15] 黄明，张建广，付昕乐，等. 基于图像处理单元的古建筑构件快速绘制 [J]. 测绘科学，2016（05）：111-115，172.

[16] 危双丰，张冬梅，杨帆，等. 古建筑病害系统的设计与实现 [J]. 工程勘察，2017（03）：35-39.

[17] 梁弼，刘笃晋. 基于分层模型的古建筑文物展示平台研究 [J]. 计算机技术与发展，2016（04）：127-131.

[18] 黄明玉. 文物分类：从库房管理到知识组织的转变 [J]. 中国博物馆，2016，（01）：83-87.

[19] 黄墨樵，张小古. 世界文化遗产数字化监测体系构架路径分析——以故宫博物院为例 [J]. 中国文化遗产，2017（01）：70-75.

[20] 位再成，胡云岗，侯妙乐. 石窟寺数字化工程数据管理系统设计与实现 [J]. 城市勘测，2016（03）：15-19.

[21] 孙文潇，王健，刘春晓. 三维激光扫描在古建筑测绘中的应用 [J]. 测绘科学，2016（12）：297-301.

[22] 吕文旭，段奇三. 利用三维激光扫描测量数据与电脑绘图软件绘制敦煌彩塑 [J]. 敦煌研究，2016（02）：55-59.

[23] 何原荣，郑渊茂，潘火平，等. 基于点云数据的复杂建筑体真三维建模与应用 [J]. 遥感技术与应用，2016（06）：1091-1099.

[24] 冉俊勇，朱光，黄明. 基于Direct3D的故宫信息管理系统设计与实现 [J]. 黑龙江科技信息，2016（01）：177.

[25] 郑书民，夏国芳，胡春梅，等. 地面激光雷达技术在石窟寺立面精细测绘中的应用研究 [J]. 激光杂志，2016（01）：5-8.

[26] 吴葱，李珂，李舒静，等. 从数字化到信息化：信息技术在建筑遗产领域的应用刍议 [J]. 中国文化遗产，2016（02）：18-24.

[27] 黄兵，胡云岗，侯妙乐. 基于三维激光扫描技术的出水文物形态监测 [J]. 北京建筑大学学报，2017，33（1）：43-48.

[28] 梁阁亭，惠俊军，李玉平. 陀螺仪的发展及应用 [J]. 飞航导弹，2006（4）：38-40.

[29] 周海波，刘建业，赖际舟，等. 光纤陀螺仪的发展现状 [J]. 传感器技术，2005，24（6）：1-3.

[30] 宋桂云. 陀螺仪的应用及发展 [J]. 有色金属，2002，54（4）：106-110.

[31] 张茹. 微机械陀螺仪概述和发展 [J]. 山东工业技术，2016（15）：294-294.

[32] 李德仁，李明. 无人机遥感系统的研究进展与应用前景 [J]. 武汉大学学报（信息科学版），2014，39（5）：505-513.

[33] 范承啸，韩俊，熊志军，等. 无人机遥感技术现状与应用 [J]. 测绘科学，2009，34（5）：214-215.

[34] 晏磊，吕书强，赵红颖，等. 无人机航空遥感系统关键技术研究 [J]. 武汉大学学报（工学版），2004，37（6）：67-70.

[35] 范承啸，韩俊，熊志军，等. 无人机遥感技术现状与应用 [J]. 测绘科学，2009，34（5）：214-215.

[36] 陈义群，肖柏勋. 论探地雷达现状与发展 [J]. 工程地球物理学报，2005，2（2）：149-155.

[37] 刘经南，张小红. 激光扫描测高技术的发展与现状 [J]. 武汉大学学报（信息科学版），2003，28（2）：132-137.

[38] 刘国林，郝晓光，薛怀平. InSAR技术的理论与应用研究现状及其展望 [J]. 山东科技大学学报（自然科

学版），2004，23（3）：1–6.
[39] 许才军，何平，温扬茂，等. InSAR 技术及应用研究进展［J］. 测绘地理信息，2015，40（2）：1–9.
[40] 梅文胜，张正禄，黄全义. 测量机器人在变形监测中的应用研究［J］. 大坝与安全，2002(5)：33–35.
[41] 张正禄. 测量机器人［J］. 测绘通报，2001（5）：17.
[42] 宁津生，王正涛. 测绘与地理信息科技转型升级发展［J］. 地理空间信息，2016，14（2）：1–5.
[43] 李宗春. 现代测量工程学发展现状与展望［J］. 测绘科学技术学报，2006，23（2）：106–109.
[44] 徐进军，张正禄，张民伟. 工程测量的发展现状及趋势：第 14 届国际工程测量学术研讨会综述［J］. 测绘通报，2005(8)：1–4.
[45] 卫建东. 现代变形监测技术的发展现状与展望［J］. 测绘科学，2007，32（6）：10–13.

撰稿人：陈品祥　张凤录　杜明义　徐亚明　邹进贵　李广云　胡伍生
杨志强　丁晓利　林　鸿　胡　珂　王厚之　李宗春　易致礼

矿山测量专业发展研究

一、引言

矿山测量是伴随古代采矿业与测量术的形成与发展而诞生的一门十分古老的科学技术。自周代掌管矿山资源的地方官负责勘测矿产边界、绘制矿产地图、授权采矿者据图开采以来，矿山测量技术经历了三千年长期、缓慢的发展与完善过程。矿山测量的发展与人类文明及科技进步密不可分，按社会历史和科学进程，我们将矿山测量学科发展分为古代矿山测量、近代矿山测量、现代矿山测量三个大的阶段。

商周伊始，秦汉以降，直至明清，中国古代先人为满足生产生活资料的需要，将天文、数学、测量等知识与采矿工作相结合，诞生了古老的矿山测量术，为矿产圈界、矿山打井、巷道掘进提供定位、指向和测距服务。清末开始，西学东渐，近代光学、力学、金属工艺学的发展，带动了测量仪器的更新，促进了我国近代矿山测量技术的形成与发展。1949 年以来，采矿业的大规模发展催生了矿山测量学科的形成，成为采矿、地质、测量学科的边缘学科；现代光电学、计算机技术与信息科学的快速发展，带动了测量仪器与绘图技术的革新换代，促进了现代矿山测量技术的形成与发展，形成了自己的完整体系。20 世纪 90 年代以来，采矿学科、测绘学科、遥感科学与技术、地理信息科学、地质学科、地球物理学科、环境学科、管理学科的交叉融合与相互渗透，使得现代矿山测量学科的内涵不断充实，内容更加丰富多彩，步入了现代矿产测量的创新发展时期。

自 1953 年成立第一个矿山测量本科专业以来，矿山测量学科经过 60 年的发展、完善与壮大，已成长为一个基础扎实、内容宽泛、生命力旺盛的技术学科。当代矿山测量学科在现代科学技术体系和国民经济建设中的地位和作用悄然发生了深刻变化，矿山测量学科已成长为我国测绘科学与技术一级学科大家庭的重要组成部分；中国矿业大学的大地测量学与测量工程二级学科成为国家重点学科（培育）；联合于地下工程测量，“矿山测量与地下测量”新增为测绘科学与技术一级学科内的二级学科。

矿山测量作为一门独立的学科始于德国、苏联和东欧等国家。它的发展与社会的需求和科学技术的发展进步密切相关，并显示出不同时代的特点和内涵。矿山测量科学技术及其人才培养一直深受重视，发展较快，早在1969年就成立了国际矿山测量协会（ISM）。

近年来，矿山测量的内涵已经和正在发生深刻的变化。矿山测量不限于几何量测与分析，还包括矿山采场环境、矿区地表环境等非几何量的观测与分析；测量手段不限于常规的测绘仪器设备，还包括地球物理仪器、环境参数物联网传感器等。矿山测量综合运用测绘、地质、采矿工程和生态环境等多个学科的理论、技术方法，研究从地面到井下，从矿体（煤层）到围岩的各种空间几何、资源和环境等问题。矿山测量学科的内涵可表述为：以空间信息学和系统工程理论为基础，综合运用测绘遥感、地球物理、物联网等手段，观测并感知矿山全生命周期、矿区全方位对象的几何、物理及其空间关系变化，处理并解决矿产资源保护、矿山开发优化、生产环境安全、开采沉陷控制、矿区生态修复等科学与技术难题。当前，由于矿山的开采强度和开采深度越来越大，开采条件日趋困难，采矿工艺和技术也日益先进、复杂，以及采后土地复垦问题、生态环境保护问题也越来越紧迫，这给矿山测量工作提出了更高的要求。因此矿山测量正冲破传统认识，朝着由简单到复杂，由单一向多元化，由手工、半手工作业向数字化、自动化、智慧化方向迅速迈进。

二、我国本专业的发展现状

（一）矿山测量近年来发展现状

随着改革开放和市场经济的深入发展，大中型矿山企业进入调整、转轨阶段，矿山测量工作面临着不断适应社会经济发展变化的新形势。高等院校中的矿山测量专业统一调整为测绘工程专业，矿山测量学科出现了新的发展机遇，也面临新的挑战。这一阶段，矿产测量专业统一归类在测绘科学与技术学科内，学科范畴得到扩展、学科内涵更加丰富。目前，测绘科学与技术已成为信息科学，特别是地球信息科学的重要组成部分。近20年来，以地球空间认知与理解为核心、以“3S”技术和通信网络技术为支撑的地球空间信息科学与技术发展迅速，成为21世纪最具活力的技术之一。

在市场经济、知识经济和信息社会的大潮中，矿山测量学科的特色不断得到强化，已基本能够适应新的形势，并且在矿业技术创新和社会经济发展中发挥了重要作用。GNSS定位与矿区控制网改造技术开始广泛应用；数字摄影测量、遥感和地理信息系统等先进科技在一些生产单位得到应用；开采沉陷和“三下”采矿的研究与实践取得丰硕成果，综合效益明显；矿产资源三维可视化与分析评价、数字矿图绘制及其应用工作成效显著；矿区环境监测、治理及土地复垦工作立足生根、全面展开、成效明显。2011年，国家层面地理国情监测任务的提出，以及2013年中共十八大建设美丽中国任务的提出，为矿山测量人员服务于地理国情监测，实现美丽中国梦提出了新的任务，服务、保障和监测矿产资源绿色开发与利用过程，监测、评估和指导美丽矿区建设，是矿山测量工作者的当代新使命。

1. 矿山测量仪器

由于电子测量仪器、计算机和 GPS 技术在矿山测量中的广泛应用，1997 年 9 月，中国煤炭学会矿山测量专业委员会召开了“关于《煤矿测量规程》的研讨会”，建议对 1989 年的《煤矿测量规程》和《煤矿地质测量图例》进行修改，以适应形势发展的需求。全站仪、测量机器人、三维激光扫描仪、地下空腔扫描仪、GPS RTK、CORS 系统等现代测量仪器与方法，已成为矿山测量的新型武器；探地雷达、三维地震、EH4、瑞利波仪等现代地球物理与岩石物理仪器，也已开始向矿山测量领域渗透，矿山的几何量观测与物理量观测开始有机结合。面向智能采矿、无人采矿和应急搜救的需要，井下自主移动定位系统核心装置的研制取得初步进展，完成了模拟试验；面向矿区沉陷与露天矿地质灾害监测的需要，旋翼无人机形变观测软硬件系统的研制取得重要进展，实验飞行及精度评定效果优良。

2. 卫星遥感监测与应用

以光学、红外、微波遥感为代表的多源、多分辨率卫星遥感数据在矿区资源环境监测领域得到大量应用。利用长时序光学遥感数据，分析揭示了中国北部、东部矿区开发对地表覆盖、矿区环境影响的长期变化特征；利用低分辨率的卫星红外遥感数据，分析了矿区及矿区城市热岛效应、监测了西部煤田自燃火区扩展趋势；利用中分辨率的 NDVI/EVDI/AVI 数据，监测分析了矿区植被覆盖变化特征和长期变化规律；利用 TM/ETM 等高光谱遥感数据，监测评估了矿区地表覆盖变化与环境污染。2004 年，中国矿业大学（北京校区）率先开展了差分干涉雷达（D-InSAR）技术用于矿区沉陷无人监测的可行性分析与开滦矿区沉陷监测试验研究；随后，矿区沉陷 D-InSAR 监测研究引起关注；目前，角反射器、永久散射点、短基线等 D-InSAR 新技术、新方法已在矿区及矿区城市沉陷与形变监测中得到大量应用。近年来，随着高空间分辨率遥感数据的广泛应用，矿山测量人员开始利用高空间分辨率遥感数据监测矿产资源非法开采情况、分析矿区景观格局变化、以及评估土地复垦与生态重建效果。

3. 矿山地理信息系统

中国的矿山地理信息系统（GIS）应用始于 20 世纪 90 年代初期，起步较晚；国产矿山 GIS 的研发探索工作则是中国 GIS 协会于 1994 年成立之后的事情。自 20 世纪末开始，中国矿业大学（北京校区）、中国矿业大学等高校相继开辟了矿山 GIS 研究生培养方向，为我国矿山 GIS 事业发展培养了一批高层次人才。2000 年，中国矿业大学（北京校区）开发了国内首个自主知识产权的矿山 GIS——TT-MGIS2000，并在开滦唐山矿试验应用；2001 年，开滦矿务局率先开展全局电子矿图与交换图共享系统建设，在全国矿山 GIS 建设与应用中起到了示范作用，目前几乎所有国有大矿均已完成电子矿图系统建设。在矿山信息化改造和地测信息化建设大潮的推动下，一批性能良好的商用矿山 GIS 系统开始得到推广应用，大部分大型矿山已将矿山 GIS 变为地质、测量部门的必备工具和日常工作平台。

4. 数字矿山与感知矿山

数字矿山是知识经济的产物，是矿山 GIS 应用发展的结果。1999 年，首届国际数字地球会议上正式提出了数字矿山的概念，并参照“数字地球”的定义在《矿山测量》（2000 年 1 期）给出了数字矿山的定义。数字矿山作为矿山的空间数据基础设施和矿山信息化建设的共同平台，经过多年来的发展，从理论方法、关键技术、软件系统等各个方面均取得了重要进展。2005 年，中国矿业大学（北京）在国家自然科学基金课题、教育部优秀青年基金的支持下，开发出了国内首个矿山三维地学建模软件系统—— GeoMo3D；2009 年，东北大学在科技部“863”课题、国家杰出青年基金课题的支持下开发了国内首个地上下三维集成的数字矿山三维基础平台——吉思（Geos3D）。中南大学、北京大学、北京科技大学、山东科技大学的数字矿山软件系统研发工作也取得显著成绩。目前，以迪迈（Dimine）、龙软（Longruan）、蓝光为代表的一批数字矿山软件系统已分别在我国煤炭及非煤矿山得到广泛应用，为传统矿山的信息化改造发挥了积极作用。感知矿山则是物联网时代的产物，是现代矿山通信、泛在物联技术与矿山 GIS、数据挖掘技术的有机结合，与数字矿山、矿山自动化一起，共同成为智能矿山的三大技术支柱。数字矿山与感知矿山，为矿山测量学科的创新发展开启了新的窗口，为矿山测量业务的内涵扩展提供了新的舞台和无限空间。

5. 矿山开采沉陷与防护

这一阶段，矿山开采沉陷与防护研究及应用是稳中求进。主要进展有两个方面：①矿山开采沉陷控制理论的深化。以弹塑性力学、层状介质理论为代表的材料力学理论，在矿山开采沉陷研究中得到充分应用，诞生了条带开采托板控制理论、离层注浆控制理论等实用理论与技术。②矿山开采沉陷防护技术的提升。针对建筑物下煤层群开采防护、采空区上方高速公路建设安全性等现实需求，研究开发了多煤层条带空间布置、离层注浆减沉、老采空区地球物理探测与建筑地基处理等关键技术，为东部矿区老井挖潜改造、解放呆滞煤炭资源、延长矿井服务年限以及保障中国高速路网建设安全等发挥了积极作用，满足了国民经济和社会发展建设需要。

6. 土地复垦与生态重建

煤矿复垦工作开始于 20 世纪 80 年代。1986 年，我国第一个煤矿塌陷区造地复田综合治理项目在淮北矿务局岱河、相城煤矿试验成功。90 年代以来，由于世界人资源、环境和灾害问题日益突出，以及区域持续发展的要求，给本学科的发展提供了新的发展机遇。第十届国际矿山测量学术大会（1997 年在澳大利亚召开）的主题定为：采矿业的第三次黄金时代——采矿对社会和环境的影响。我国矿山测量的研究开始与矿山生态环境及其治理工作有机结合，涉及矿区生态环境监测、分析评价、调控、土地复垦（Land

Reclamation）、环境恢复（Environmental Rehabilitation）或重建、复原（Restoration）等方面。本世纪初期以来，矿区土地复垦研究与实践工作在土壤改良、生态重建、景观再造等方面取得新的突破。相比于土地复垦，矿区生态重建有了更多的内涵、更高的要求，需要测绘、土地、农林、环境、生态等多学科的交叉、融合与协作，需要在矿区空间信息技术的支持下进行多参数的整合分析和多模型的表达规划，这对矿山测量学科的知识结构与学科范畴提出了新的要求。

7. 研究平台的创新建设

矿山测量学科建设向纵深发展的同时，也积极向横向渗透，多学科的交叉融合已成为测绘学科的重要增长点和源动力。据不完全统计，迄今为止，我国矿山测量学科建设或参与建设了 21 个国家级、省部级实验室。例如：中国矿业大学的测绘学科已成为该校国家重点实验室煤炭资源与安全开采、深部岩土力学与地下工程、国家发改委感知矿山国家地方联合实验室的重要支撑学科；在两个国家重点实验室下分别设有矿山空间信息研究所、地下工程测量研究所及变形监测及防护研究所，在国家发改委实验室下设有矿区环境灾害协同感知实验室、可视化与云计算实验室；并且独立建设了国土环境与灾害监测国家测绘地理信息局重点实验室、江苏省资源环境信息工程重点实验室、教育部矿山生态修复工程研究中心、江苏省“3S”与国土信息中心、中英地理空间信息联合研究中心。中国矿业大学（北京）建有矿山生态安全教育部工程研究中心；中南大学建有精密工程测量与形变灾害监测湖南省重点实验室、湖南省地理空间信息工程技术研究中心、国家遥感中心有色金属矿产资源部等学科平台；河南理工大学建有矿山空间信息技术国家测绘地理信息局重点实验室、空间信息获取及应用河南省重点实验室；辽宁工程技术大学测绘学科建有地理空间信息技术与应用辽宁省重点实验室；山东科技大学建有原煤炭工业部矿山测量重点实验室、山东省 3S 工程技术研究中心、国家测绘地理信息局海岛（礁）测绘技术重点实验室。此外，东北大学测绘学科是该校辽宁省采矿工程重点实验室的重要支撑，江西理工大学测绘学科是该校“江西省矿业工程重点实验室”的重要支撑。

8. 产学研基地的多元化

高校矿山测量学科建设及矿山测量高等教育、人才培养工作与科学研究、社会服务紧密结合、相互支撑、相互渗透，在与科研机构、产业界的长期合作共赢中形成了长期稳定的合作关系，建立了多元化的产学研基地。例如：中国矿业大学的测绘学科分别成为中国测绘科学研究院研究生培养基地，国家测绘局基础地理信息中心、中煤航测遥感局、河北省测绘局、徐州市国土资源局、徐州市规划局勘测院、徐州矿务集团的产学研基地。中国矿业大学的空间与国土资源信息国际化人才培养基地，被江苏省教育厅遴选为省级高等教育人才培养模式创新实验基地。河南理工大学与解放军信息工程大学牵头，与河南省发展和改革委员会、河南省工业和信息化厅、河南省测绘地理信息局、河南省科学地理研究所、北京思维图新科技股份有限公司、黄河勘测规划设计有限公司等单位合作，2013 年获准建设“智慧中原”河南省协同创新中心。辽宁工程技术大学先后与辽宁省测绘局、内蒙古大雁地勘公司、辽阳勘察测绘研究院、辽河油田物探公司、盘锦市规划局等十余家单位建立了校外实习教学基地；西安科技大学分别与国家测绘局大地数据处理中心，西安煤航信息产业有限公司，ESRI China（北京），彬长矿业集团公司等签订了科学研究和人才培养合作协议，依托西部矿井开采及灾害防治省部共建教育部重点实验室和陕西省地理空间信息技术 13115 工程中心（与煤航共建）等科研平台，成为西部测绘学科领域内应用型、创新型人才培养、科学研究、对外技术服务的重要平台。

9. 国际合作与对外交流

从 20 世纪 80 年代开始，尤其是 90 年代以来，我国矿山测量科技教育工作者积极开展了国际合作和对外交流，不仅“走出去”参观访问、留学研究、参加国际学术会议，而且“请进来”合作交流和召开国际性学术性会议。例如：中国矿业大学与美国北卡罗来纳大学、英国诺丁汉大学、澳大利亚皇家墨尔本理工大学、加拿大瑞尔森大学建立了密切的合作伙伴关系，近年已有 10 余所国外知名大学的教授学者 30 人次到中国矿业大学进行学术交流；东北大学从 2005 年开始，几乎每年均派青年教师出国参加 IEEE 的 IGARSS 会议，这是国际地学与遥感领域最重要、规模最大的学术会议；辽宁工程技术大学在推进与国际矿山测量协会（ISM）的合作与交流方面做出了突出贡献。近年，中国矿业大学、山东科技大学、河南理工大学、中国矿业大学（北京）、煤科总院北京开采所也积极参加了 ISM 的国际活动及其在中国举办的区域性国际学术活动。煤科院唐山分院矿山测量所邀请了美国、英国、德国、俄罗斯、日本、澳大利亚、南非、波兰、加拿大等国家专家来华讲学和学术交流十几次，并派技术人员到国外讲学或学术交流二十多次，2007 年组团参加了在匈牙利召开的第十三届国际矿山测量学术会议。近年，在 IEEE 的 IGARSS 会议、国际摄影测量与遥感学会（ISPRS）的举办的国际学术会议、国际光电学术会议、国际数字地球大会、国际环境遥感等重要国际会议上，可以频繁见到我国矿山测量学者和研究生的身影。

（二）本学科的学术新进展

1. 无人机测绘新技术在露天开采金属矿山测量中的应用

露天金属矿山测量主要包括矿区控制测量、地形测量、开采储量检测、边坡稳定性监测、土方量测量等内容。连续运行卫星定位综合服务系统（CORS）、无人机航空摄影测量、地面三维激光扫描技术在露天金属矿山控制测量、地形测量、三维建模等方面业得到广泛应用。通过在露天金属矿山地形测量中的实验；无人机航空摄影测量的平面中误差及高程中误差都满足《GB/T 15967–2008 1 : 500、1 : 1000、1 : 2000 地形图航空摄影测量数字化测图规范》要求，可满足矿区 1 : 1000 比例尺地形测量的精度要求；三维激光扫描成果平面位置中误差为 ±0.08cm，高程中误差为 ±0.12cm。地面三维激光扫描可满足矿区地形测量、储量检测、土方量测量精度要求。这些新技术，提高了工作效率，降低了劳动强度，且精度可以满足露天金属矿山测量的要求，效果良好。

2. 惯性测量系统在矿山测量中的运用

惯性测量实际上就是一种导定位航技术的使用，在具体的矿山测量过程中由于其自主式、全天候、机动灵活的特点，给矿山测量提供了一种新型的测量方式。惯性测量主要的工作原理就是根据采集的高程、方位角、垂线偏差和重力异常的数据来进行综合分析的一种技术系统。该系统的主要优点是能够弥补在困难和隐蔽地区环境下 GPS 的不足，从而精确地对矿山进行测量，保证测量工作的有序高效进行，减少测量过程中的误差，目前，主要向小型化、低成本、实用型方面发展。

3. 基于 InSAR 时序形变的矿区下沉盆地沉降时空演化规律分析

在矿区时序形变监测方面，我国矿山测量研究人员利用 SBAS、永久散射体等时序 InSAR 技术，研究了该项技术在矿区开采沉陷中的应用，发展了矿区地表沉降监测以及老采空区稳定性监测技术[1-3]。针对老采空区残余沉降监测资料匮乏、形变量小、持续时间长等问题，将 DInSAR 与时序 SAR（PS-InSAR、SBAS、SqueeSAR、CR-InSAR）技术相结合，系统研究大气、噪声、形变相位的精确分离方法，然后采用非线性预计理论建立了煤矿区老采空区地基稳定性评价体系，为废弃老采空区地表安全建设和利用提供了设计依据，取得了良好成效。老采空区地基稳定性是废弃塌陷地再利用的关键，需要大量的实测数据进行分析评估，而传统的监测方法虽然精度高，但难以获取历史及广域沉降数据。针对这一问题，研究人员使用合成孔径雷达干涉测量技术（InSAR）对陕西某矿区 19 景 TerraSAR 影像进行了处理与分析，建立了地表残余下沉速度循环峰值与采厚、下沉速度循环周期与深厚比和工作面推进速度、工作面累积下沉与停采时间的经验关系式，为预测和评价老采空区残余形变提供了基础[4]。2015 年，矿山测量研究人员基于矿区水平移动与下沉之间的比例关系，提出利用单个 InSAR 干涉对监测矿区地表三维形变，该方法获得的矿区水平移动和垂直下沉的中误差分别为 1.4cm 和 2.7cm，为矿区高效率、低成本、高精度监测提供了新的技术方法和手段。2015 年，矿山测量研究人员基于雷达成像原理，提出顾及 InSAR 三维形变信息的概率积分法参数反演技术，基于 DInSAR 的开采沉陷参数沉陷规律分析，预计了安徽钱营孜矿区地表三维形变，取得了较好的结果。该方法大大拓宽了 InSAR 的应用前景，拓展了开采沉陷预计理论。为动态分析老采空区上方地表残余变形规律，研究人员以淮南矿区新庄孜矿新淮工厂为例，综合运用 DInSAR 遥感解译反演与地表移动变形监测两种方法分析其残余变形规律，并以遥感解译数据与实测数据为基础资料，采用 GM（1, 1）模型进行地表残余变形规律的动态预测，为煤矿老采空区上方建筑地基残余变形监测工作提供了参考[5]。为进一步研究矿区的开采沉陷规律，研究人员将 InSAR 技术与 Logistic 模型相结合，提出了沉陷量的动态估计模型，进一步提高了沉降估计的准确性[6]。目前，矿山测量学者还基于雷达干涉测量（InSAR）技术，进行非法开采监测预警，基于 InSAR 时间序列监测结果，判断井下开采位置、方向及速度[7-8]；根据实时监测数据，判断可能存在的非法开采、误采、越界开采、超层开采、重叠开采；对井下开采可能遇到的危险进行预警等。

4. 倾斜摄影测量在矿山地表三维建模中应用

提出一种基于倾斜摄影测量技术的实景三维建模方法，首先阐述了倾斜摄影的发展及特点，其次介绍了矿山地表三维建模的现状，最后总结了倾斜摄影测量技术在矿山地表三维建模的步骤，效果及改进措施。

5. 感知物联网在矿山中的应用进一步加强

实现矿山物与物相连，减少甚至消除监测盲区，运用云计算和大数据技术提取有用的监测信息，从技术和服务模式两个方面梳理了矿山物联网的发展趋势，阐述了云计算技术、网络分形结构、矿山物体的本体描述与知识化、云计算与大数据技术等概念及其在矿山物联网中的应用与发展，对协同工作模式和购买服务模式进行了展望，给出了矿山物联网的愿景。

6. 基于 GIS“一张图”的煤矿生产技术在线协同管理

基于 WebGIS 的煤矿生产技术在线协同管理系统采用统一 GIS 平台、统一数据库、统一管理平台的方式，封装煤矿基础资料类库和煤矿专业功能类库，将安全生产过程流程化、标准化、协同化，实现“采、掘、机、运、通”等安全生产全过程的管控一体化。系统基于浏览器/服务器模式，集成地测、防治水、资源储量、采矿辅助设计、“一通三防”、机电管理、煤质管理、安全管理等专业数据，实现安全生产技术在线协同管理。

在线协同的工作方式下，系统可以支持“版本化”的多用户协同工作，以及数据冲突解决、历史版本回溯等特性。在建立各类矿图标准体系的基础上，通过地测、通防、生产、机电等专业的分布式在线协同工作，实现了煤矿生产技术各个专业基于采掘工程平面图的“一张图”管理。

7. 煤矿三维可视化综合管理

煤矿三维可视化综合管理系统是面向煤矿定制开发的虚拟现实可视化应用系统。构建包括各种复杂地质体（正断层、逆断层、陷落柱、含水层、老窑区等）的高精度三维透明化地质模型，并实现基础地测数据的动态更新。支持大型数据库和实时信息流通信技术，集成安全监测、人员定位、综合自动化、工业视频等各类工业实时数据，构建矿井“采、掘、机、运、通”各专业仿真模拟系统，实现全矿井“监测、管理、控制”的一体化，最终实现基于三维虚拟矿井平台的网络化、分布式综合管理，为煤矿安全生产管理提供保障。

8. 矿山边坡变形监测数据的高斯过程智能分析与预测

矿产资源开采引发的地表塌陷、崩塌、地裂缝和地面沉降等矿山灾害给人类的生命财产安全造成严重的威胁，集成多传感器的自动化、智能化监测系统是矿山地面灾害监测的发展方向。以中煤平朔井工二矿边坡（简称为二号井边坡）自动化监测系统作为研究案例，应用高斯过程（Gaussian Process，简称 GP）理论研究变形数据智能分析方法和预测模型，据之对矿山地面灾害进行防治提供科学依据。将这种研究成果结合自动化、智能化监测技术应用于矿山地面灾害监测具有广阔的应用前景。监测数据的可靠性是变形监测分析和预测的基础，针对原始观测数据可能存在的异常值，提出的完整搜索估计法（Full Search Estimation，简称 FSE）能够实现多维异常数据定位、估值和修正：根据异常数据影响验后方差这一基本思想，设计了多维异常数据定位搜索算法，在算法执行的过程中能够自动生成包含异常数据位置的定位矩阵，同时给出了动态阈值计算公式用于判断搜索是否结束；应用可靠性理论结合最小二乘方法推证了异常数据的估值和修正方程。分别以测量机器人异常数据探测和矿山坐标转换参数可靠性求解为例对 FSE 进行实证分析，结果表明，FSE 具有较好的抗差能力。边坡变形监测过程中受外界环境及施工作业等因素的影响有时造成数据缺失，需要应用时空插值方法对缺失数据加以插补形成完整的时空序列数据。通过研究高斯过程回归（Gaussian Process Regression，简称 GPR）在时间域上插值的样本数量，给出 GPR 在时间域上的一维插值方法和步骤，实验证明 GPR 在时间域上可以适应线性和非线性插值；按照空间插值样本数据选择的一般原则，进一步研究了基于 GPR 的空间插值方法；顾及监测数据的时空关联性，利用 GPR 在时间域和空间域插值输出的验后方差作为定权因子，给出了基于 GPR 的时空插值的计算公式，并用交叉验证法证明了 GPR 时空插值的可行性，并对矿山边坡变形监测数据进行智能分析与预测。

（三）国外研究进展及国内外矿山测量专业的发展状态

国际重大研究计划——国际地球观测联盟（GEO）围绕其九大主题领域问题，特别强调能源矿产、资源开发对地球环境的影响，尤其关注煤炭资源勘探、开发、加工、燃烧等利用全过程的环境载荷问题，提出加强卫星对煤炭—环境问题的遥感监测与分析服务。

国外近年来积极开展了矿区和工矿城市的环境整治、生态环境恢复与重建工作。在矿区塌陷测量方面，墨西哥的学者们在标准雷达技术的基础上运用永久散射体雷达技术，利用其可以得到目标区域的位移的历史数据，同时进行高密度检测、精度高的特点，可以更好地检测墨西哥因地下水抽取而造成地表面的沉降，为治理提供更适宜的建议。在环境检测以及矿山建设与复原方面，国外学者利用遥感技术获取矿区高分辨率的影像，通过分析地形，地貌等情况减少地面调查的工作量，并可以实现动态检测。随着数字地球的提出，国外学者进一步研究与开发 GPS 技术以及 GIS 技术，更好地对矿区的开发利用提供适宜的方案，目前已成为全球矿山测量方面的热点。

在测量仪器研制方面，国外仍处于领先地位。一些用于地面和地下空间断面测量及三维建模的激光扫描仪器也已商业化，如德国 Callidus 公司生产的 GmbH 型和瑞士 Leica Geosystems 公司生产的 Cyrax 2500 型激光扫描仪等。将点云测量数据输入数据处理系统后，可生成测量目标的断面图、等值线图及三维模型。国外在仪器制造方面也处于领先优势，一些精密仪器仍然需要从外国引进，这也制约着我国矿山测量的发展。我国的全站仪与国际先进水平相差很大，性能以及可靠性仍需进一步改进。

对于矿山测量的学科建设，目前，俄罗斯、德国、波兰、捷克、斯洛伐克和匈牙利等东欧国家以及印度、澳大利亚等国家的矿山测量学术活动比较活跃。在专业人员培养、教育方面，德国的克劳斯托技术大学，俄罗斯的莫斯科矿业大学、新西伯利亚大学，乌克兰的顿涅茨克工业大学，波兰的AGH科技大学（原克拉科夫矿冶大学），捷克的俄斯特拉发（Ostrava）技术大学，匈牙利的米什科尔茨大学等都设立有矿山测量或工程测量（大地测量）与矿山测量学院（系），可授予矿山测量学的学士、硕士和博士学位。在西欧、澳洲和印度等国家，矿山测量科学技术及其人才培养也一直比较受重视。在英国，有多所综合性工业大学或学校中设有矿山测量专业，皇家学会矿山测量师的资质（职称）一直延续至今。在澳大利亚的昆士兰大学、卡坦宁技术大学和卡坦尼大学、西澳大利亚矿业学院等院校中设有资源地质与矿山测量系、矿山与工程测量系或采矿工程与矿山测量系等，专门培养矿山测量科技人才。在印度的多所矿业学院及多所综合技术大学中可分别培养具有大专、本科或硕士学历的矿山测量人才。

近年来，我国矿山测量学科承担国家自然科学基金项目、“973”项目、“863”项目、国家科技支撑计划项目等总计百余项；国际矿山测量协会（ISM）在中国徐州、德国亚琛举行了国际研讨会；我国矿山测量研究者首次在*science*上发表论文；完成的“矿山采动灾害多源遥感关键技术与应用”“地矿三维集成建模关键技术与数字矿山应用”“基于城乡统筹的徐州矿区塌陷地生态修复集成技术与规划研究”“基于GIS的煤矿生产技术管理信息系统的研究与应用”“干旱半干旱区煤矸石山丛技菌生态重建理论与应用研究”等获得中国测绘科技进步一等奖、中国地理信息科技进步一等奖、中国煤炭工业科技进步一等奖及山东省科技进步一等奖。相关单位建立了国土环境与灾害监测国家测绘地理信息局重点实验室、矿山信息技术国家测绘地理信息局重点实验室、感知矿山国家地方联合工程实验室、省级资源环境信息工程重点实验室、省级煤基CO_2捕集与地址储存重点实验室、矿山生态修复教育部工程研究中心、省级“3S”与国土信息研究中心等省部级以上科研平台。建成了由地下采空区及破裂岩体探测、相似材料模型配套应力应变测试及装置、地表震动变形灾害监测等构成的“矿区沉陷变形灾害监测与测试系统”“基于多源信息集成的矿区环境及灾害雷达差分干涉测量监测与预警系统”“矿区环境及灾害监测与预警信息三维模拟仿真系统”等系统。

三、本专业发展趋势展望

（一）新测绘技术带给矿山测量的发展

矿山测量是门交叉学科，其理论涵盖了相关的各门学科，相关学科在理论、技术与应用方面的不断发展，必将对矿山测量有所启发，从而可以对矿山测量的理论进行突破，通过理论上的创新来推动矿山测量学科的发展。如，空间信息技术是“3S”技术为代表的先进技术，必将给矿山测量的理论和技术带来创新。又如，利用三维激光扫描、Insar 等技术，能够实时监测矿区地形的沉陷面积和沉陷程度，有利于合理确定矿山的开采范围和规模；对矿区的污染面积和程度进行实时监测，尽量降低环境污染的程度和范围；若是露天矿山，则可以对边坡的稳定性实现实时监测，确保安全生产；在矿山测量中起到重要作用，在数据的采集中能实现三维显示，还具备空间提示、预测及辅助决策等功能，促进矿山测量工作走向科学化、高效化、标准化；有效促进了测绘技术的转型和创新，促进了中国测量工作的发展，尤其在矿山测量应用和发展方面更是功不可没。如今测绘新技术已经在美国等国家得到普遍应用，但是在中国矿山测量中还比较薄弱。因此，我国矿山测量技术人员应该争取在理论、技术和应用等方面做出更多的创新。

（二）现代矿山测量发展趋势及建议

1. 煤矿安全生产呼唤矿山测量的回归，急需修订测量技术规程规范

矿难屡屡发生固然与安全投入不足，历史欠账太多，安全规章制度不健全、不落实，现场安全管理不力等有关，但也与煤矿基础性工作尤其是矿山测量这一环薄弱有关。矿山测量能够为矿山安全提供基础性材料：生产计划和开采决策提供井下采掘工程平面图、井上下平面对照图等，井下复杂的地质构造、瓦斯埋藏情况、老窖水、老空水和断层水等空间分布情况等。

2. 坚持矿区可持续发展和绿色开采理念，建立矿区资源与环境信息系统（MREIS）

绿色开采更需要矿山测量作为其技术支撑。主要表现在岩层移动和变形监测、地表变形和监测、井下采空区体积量测与充填材料运输路径优化设计等，为了绿色开采和矿产资源管理，将“3S”技术引入到绿色开采中，实施全国矿山基础测绘信息大调查工程，形成全国性和地区性的、以行政管理和绿色开采为目标的矿区资源与环境信息系统。将矿区土地资源和矿产资源信息整合起来管理，从国家层面上彻底解决矿区土地破坏和资源开采之间长期存在的体制性障碍和不断增多的矿界纠纷。

3. 加强自主创新能力，创新理论与技术

目前除了“三下”采煤技术、数字矿山理论与关键技术外，一般多为学习、跟踪国内外相关领域的先进理念与技术方法，缺少原创，一些重要技术如高光谱遥感与探地雷达技术应用、深井大型贯通测量技术与方法、巷道断面及围岩变形自动监测等均引进消化或集成应用。因此，我国的现代矿山测量工作必须与国际先进的测绘技术接轨，实现矿山地理信息系统的采集、存储、处理、变换、交换、管理以及内业成图等全部自动化。

在矿山测量教育方面，应当引入最先进的科学技术成果进行教学，培养出合乎时代要求的人才。提高教学起点，相应地也要提高师资队伍的水平。宜将当前的抽象理论与具体内容相结合，建立起一套实用性的理论。适当的以个别矿山为试点，将理论成果与实践结合起来，以便能够顺利推广。

参考文献

[1] 冯婷婷. D-InSAR 技术在神东矿区开采沉陷监测中的应用 [D]. 焦作：河南理工大学，2015.

[2] Milczarek W，Blachowski J，Grzempowski P. Application of PSInSAR for assessment of surface deformations in post-mining area-case study of the former walbrzych hard coal basin (SW Poland) [J]. Acta Geodynamica et Geomaterialia，2017，14 (1)：41-52.

[3] 李楠，王磊. 基于 D-InSAR 技术的老采空区稳定性监测研究 [J]. 矿山测量，2016，44 (3)：1-4.

[4] 邓喀中，王刘宇，范洪冬. 基于 InSAR 技术的老采空区地表沉降监测与分析 [J]. 采矿与安全工程学报，2015，32 (6)：918-922.

[5] 徐良骥，刘哲，庞会，等. 多源数据下老采空区上方地表残余变形规律分析 [J]. 测绘通报，2017(2)：45-48.

[6] Yang Z，Li Z，Zhu J，et al. Deriving dynamic subsidence of coal mining areas using InSAR and logistic model [J]. Remote Sensing，2017，9 (2)：125.

[7] 朱煜峰. 矿区地面沉降的 InSAR 监测及参数反演 [D]. 长沙：西南大学，2013.

[8] 刘晓菲，邓喀中，范洪冬，等. D-InSAR 监测老采空区残余变形的试验 [J]. 煤炭学报，2014，39 (3)：467-472.

[9] 王茂芝，徐文哲，王璐，等. 高光谱遥感影像端元提取算法研究进展及分类 [J]. 遥感技术与应用，2015，30 (4)：616-625.

[10] Yu X，Gao J. Kinematic Precise Point Positioning Using Multi-Constellation Global Navigation Satellite System (GNSS) Observations [J]. ISPRS International Journal of Geo-Information，2017，6 (1)：6.

[11] 吕伟才. 煤矿开采沉陷自动化监测系统研究 [D]. 徐州：中国矿业大学，2016.

[12] 曾凯，姜岩. 三维激光扫描技术在地表沉陷监测中的应用 [J]. 地矿测绘，2015(2)：28-30.

[13] 梁运涛，侯贤军，罗海珠，等. 我国煤矿火灾防治现状及发展对策 [J]. 煤炭科学技术，2016，44 (6)：1-6.

[14] 马超. 大数据环境下对航天遥感系统分析 [J]. 电子技术与软件工程，2016(13)：200.

[15] 贺清清，张杰，王飞. 连续搬运使用对矿用陀螺全站仪稳定性的影响 [J]. 煤矿安全，2016，47 (8)：233-236.

[16] 郭学均. 深井多中段定向中全站式陀螺仪的应用及精度分析 [J]. 矿山测量，2017，45 (1)：32-34.

[17] 徐寿志，程鹏飞，张玉，等. 地面三维激光扫描仪的检校与测量精度评定 [J]. 测绘通报，2016(2)：79-83.

[18] 江记洲，郭甲腾，吴立新，等. 基于三维激光扫描点云的矿山巷道三维建模方法研究 [J]. 煤矿开采，2016 (2)：029.

[19] 柏雯娟. 用三维激光扫描技术监测矿山开采沉陷 [J]. 金属矿山，2017(1)：132-135.

[20] 赵进，刘根友，王彬彬，等. 基于 TLS 的滑坡形变分析方法研究 [J]. 大地测量与地球动力学，2017，37 (2)：182-186.

[21] 林卉，王李娟，康志忠，等. 三维激光扫描建筑物立面数据的自动提取 [J]. 测绘通报，2016(10)：25-30.

[22] 崔磊，张凤录，钱林. 三维激光扫描支持下的复杂异型建筑物测量 [J]. 测绘通报，2017(1)：112-114.

撰稿人：汪云甲　张书毕　杨　敏　蒋　晨

地籍与房产测绘专业发展研究

一、引言

地籍与房产测绘专业是一门古老的技术性学科。中国是历史上最早发明和使用土地丈量技术的国家之一，积累了大量的土地丈量测量经验，建立了严格的地籍管理制度。我国于20世纪80年代开始地籍信息化的建设，地籍的发展已从税收地籍、产权地籍向现代多用途地籍方向延伸。

人口的不断增长、城镇化步伐的加快、土地资源的限制，人地矛盾愈演愈烈，土地及房屋的价值日趋明显，对地籍与房产测绘技术提出了更高精度、更高质量的要求。随着国家不动产统一登记相关法律法规的出台、行政机构的整合，不动产权籍调查对地籍测量与房产测绘技术又提出了新的要求。通过权属调查和不动产测量为不动产统一登记提供“权属清晰、界址清楚、面积准确”的测绘与地理信息技术支持，有助于推进不动产登记信息平台的统一。

以全球导航卫星系统（Global Navigation Satellite System，GNSS）、遥感技术（Remote Sensing，RS）及地理信息系统（Geographic Information System，GIS）为代表的现代测绘技术体系的建立，以及高精度、高效率的新型测绘仪器和测绘手段的出现，极大地促进了地籍与房产测绘专业的发展。本文结合地籍与房产测绘专业近年来的发展，从土地变更调查、土地利用/覆被变化、地籍与房产权属调查、地籍与房产测量、不动产统一登记、信息系统建设等方面综述了本专业的研究进展，对比了国内外发展现状，评述了本专业的发展趋势。

二、重点问题研究进展

（一）土地变更调查

土地调查和监测是获取土地信息和反馈土地政策、检验土地管理措施执行结果的主渠道。截至 2016 年底，我国已完成了第一二次全国土地调查以及五次土地变更调查。第二次土地调查工作所获得的数据成果内容包含全国遥感监测数据、全国各地类变化数据、土地利用变化数据和其他具体调研数据。土地变更调查是为保持二次调查成果的现势性，采用 GIS 技术、遥感技术等信息技术手段，在全国第二次土地调查的基础上，持续更新全国土地调查数据。土地变更调查掌握了全国（不含港、澳、台地区）31 个省（区、市）年度土地利用现状变化情况，及时更新了各级土地调查数据库，保持了全国土地调查数据和国土资源综合监管平台基础信息的准确性和现势性。

与此同时，如何科学合理地利用土地调查数据成果，发挥其最大的效益是当前需要思考的问题。土地调查数据成果在“一张图”工程中的应用是土地资源管理工作的一次重大的变革，开展“一张图”工程，实现土地利用遥感动态监测，土地调查数据库的实时更新，以及土地监管机制的创新。除此之外，土地调查数据成果在近年来各地土地利用规划修编、建设用地审批、耕地保护、土地开发整理复垦、土地集约利用等方面也起到了很大的作用。

（二）土地利用 / 覆被变化

土地利用变化遥感监测技术和方法进一步得到改进。“3S”集成技术能够实现整体、实时、动态的观测，能够使观测、分析与应用构成一个整体系统，使土地资源的调查监测效率得到极大的提升。利用无人机影像进行山区土地利用信息动态监测，多光谱传感器的功能愈发强大，随之而来的是无人机遥感在光谱分辨率进一步提升方面将会有更突出的应用。基于遥感技术的数据处理与提取技术，在土地资源调查与监测中，有着快速的发展进步。随着现代技术水平的进步以及数据库技术的发展，海量数据存储技术得到了应用，能够使土地资源数据信息得到高效的存储和更新，便于土地资源调查和监测工作的开展。

土地利用模拟研究方面，土地利用变化模拟模型经过简单模型到综合模型的发展，其中数量模型、空间模型也在其发展的道路上做出一定的贡献。数量模型包括逻辑回归模型（Logstic）、灰色预测模型（GM）、系统动力学模型（SD）、马尔科夫链模型（Markov）、神经网络模型等；空间模型包括元胞自动机模型（CA）、综合评价模型（IMAGE）、Agent 模型、Geomod 模型、GTR 模型（Generalized Thumen-Ricardian）、土地利用变化效应模型（CLUE）、小尺度土地利用变化效应模型（CLUE-S）。国内学者主要是在国外研究基础上，通过改进和构建土地利用模拟相关模型，对研究区域土地利用空间位置和数量进行模拟。国内使用广泛并具代表性的模拟模型主要包括 SD 模型、CA 模型、多智能体模型（MAS）、农业变化模型（ABM/LUCC）和 CLUE-S 模型。采用 CA-Markov 模型，预测研究区未来的土地利用 / 覆被格局；CLUE 模型系统地考虑了土地利用系统中不同尺度上的社会经济和生物驱动因子和土地利用类型之间的竞争关系，实现了土地利用变化的过程和结果在空间上的表达，具有更高的可信度和更强的解释能力，是目前在土地利用的时空变化预测研究中运用较多的模型之一。近年来，CLUE-S 模型已经在土地利用变化模拟及用地布局优化方面都得到了广泛的应用。

（三）地籍与房产权属调查

地籍权属调查及房屋权属调查是不动产权籍调查工作的一项重要内容，我国自 2007 年 10 月 1 日起生效实施的《物权法》，建立健全了我国的不动产登记制度。我国的城镇和农村多年来实际上按照不同的体系在独立运作，由于长期以来城市房产、地籍管理较为规范，权属调查工作相对有序。农村不动产调查工作开展相对滞后，农村房屋不动产权属调查是整个登记工作中工作量最大的环节。长期以来由于实行房屋和土地分散登记，这种分散登记制度使得农村房屋与土地之间产生了诸多问题，如由于房地产权制度分离导致的房屋继承、抵押、流转等问题，由于管理制度导致的少批多建、一户多宅等问题。目前，农村地籍和房产权属调查工作正在分别有序进行，并逐步实现房地挂接，而农村房屋不动产的复杂性给权属调查工作带来了困难。通过地籍和房产权属调查工作，得到准确的地籍、房产权属信息，并建立标准统一、分布合理、数据关联、更新及时、互通共享的不动产登记数据库体系，以完成不动产统一登记工作。

（四）地籍与房产测量

1. 技术水平的提高

（1）地籍测量

GNSS 技术是目前地籍测量的主流技术。相对常规测量来说，GNSS 测量具有测量精度高、测站间无需通视、观测时间短、仪器操作简便、全天候作业、提供三维坐标等优势，并且布设成 GNSS 网状结构对网精度的影响也较小，在地籍控制测量、地籍碎部测量和地籍调查中得以广泛应用。

GNSS 控制网、RTK 技术已经成为地籍控制测量的主要手段。RTK 技术误差分布均匀，各点之间不存在误差累计，避免了地籍控制测量中由于边长过长等因素带来的误差累计，很大程度上提高了作业效率。网络 RTK 也称基准站 RTK，是近年来在常规 RTK 和差分 GNSS 的基础上建立起来的一种新技术，克服了常规 RTK 技术上的缺陷，它具有操作简单、成本低、精度高、实时性强等优点。在连续运行卫星定位系统（CORS）覆盖区域，能够实时完成地籍图修测、土地勘测定界，极大地缩短了地籍测绘工作的周期，提高了工作效率。

（2）房产测绘与房屋面积量算

随着 GNSS RTK 技术的成熟以及城市 CORS 系统的建立，房产分丘、分幅平面图测量方法的技术水平有了很大的提高。通过 GNSS RTK 技术，在野外只需几秒钟，即可获得厘米级精度的图根控制点坐标，再利用全站仪无棱镜反射模式，测定出界址点、界址线、行政边界、丘界线和地形要素等各类要素，并通过电子手簿或直接实现自动记录、存储和输出。较之传统方式，能有效避免控制点被破坏、导线控制误差累计、碎部点精度不均匀、数据丢失等缺陷，效率和精度双方面得到提高。

房屋面积主要采用实地量距法量测，目前手持测距仪全面替代钢卷尺，精度上完全能够满足。其难点是在于外业数据采集时，如何保证必要观测值数量，减少重复观测，并增加适量多余观测值进行检核。房产测绘的内业工作采用专业软件进行。针对房产测绘的特殊要求，开发了集“几何面积计算，分摊模型建立，属性数据入库”于一体的专业软件，制定“绘图，计算，生成报告”一站式解决方案，具备自动计算面积功能、半自动分摊功能、自动生成报表功能，从而避免了人工统计错误，各部门数据格式不兼容等问题，提高了工作效率。

（3）航测技术

使用优于0.2m分辨率航空影像，虽然仍术无法满足《地籍调查规程》中关于解析界址点的精度要求。但是，其量测的成果可以作为开展农村地籍调查工作一种有效的工作底图。无人机航测技术应用于农村地籍调查工作中，利用航测法制作调查底图，可提高工作效率，保证数据的准确性，改进原有的技术流程。

（4）车载激光扫描系统

车载激光扫描系统是一种全新的对地表空间信息的快速定位采集技术，在近几年迅速发展。通过扫描路线规划、外业数据采集和数据解算等作业过程，得出精确的点云数据信息，在点云的基础上进行界址点选取、宗地边界的提取等工作。这种方法具有明显的优势。能够快速地获取地籍测量所需信息，并且可以实现多种数据同时入库。但是也存在不足，有比较高的建筑或树木的时候会造成遮挡，部分边界不容易判断。随着技术的不断提高，可以利用升高转台高度或者与摄影测量结合，最终快速获得地籍测量所需的全部信息。

（5）光纤陀螺倾角测量技术

将现有的光纤陀螺融入倾角测量定位技术并且结合真北方定位技术理念，在地籍测量定位过程中的精度较高，亦可大大地提高地籍定位测量的工作效率，节约大量的人力，并且不需要对待测量定位的土地进行规整。但在采用此类定位测量技术进行地籍界定时，传感器的精度以及初始位置的选取对结果有很大的影响。

2. 技术规范的完善

根据《国土资源部关于做好不动产权籍调查工作的通知》（国土资发〔2015〕41号），现行的《TD/T 1001-2012　地籍调查规程》、《GB/T 17986.1-2000　房产测量规范》等标准规范继续执行，以保证不动产权籍调查工作的连续稳定。

随着时间的推移，现行各类规范对于某些建筑设计概念出现了定义模糊或不健全的地方。如《房产测量规范》，自 2000 年 8 月 1 日实施以来，将近 18 年，随着房屋设计的不断创新和发展，许多房屋设计超出了规范中的定义和描述，对于房屋幢（栋）的划分、阳台面积的计算、共有建筑面积的分摊、房屋架空层的面积测算等定义笼统，各地在实际操作中均有自己的计算方法，如北京、上海、广州、深圳等地关于阳台面积的计算出台了自己的执行细则，比《房产测量规范》有更详细的定义，但各地政策指标均有差异，给国家、地方房产行政主管部门、经济管理决策部门带来诸多不便，应尽快制定标准统一、操作性强的新房产测量规范。

（五）不动产统一登记

随着不动产统一登记工作的逐步推进，不动产登记的流程及制度逐步规范，但在不动产登记过程中依然存在着诸多问题，尤其是农村房屋不动产登记，由于历史及政策等原因，本身存在众多复杂、难以解决的问题，给不动产登记工作带来了困难。从法律方面来讲，我国对于农村房屋不动产的登记并未进行明文规定，而是分散在一些法律法规中，由于立法层次过多，高阶位或专项立法的缺失，导致了各项立法之间存在相互矛盾的地方，对于农村房屋及宅基地的抵押、流转、继承等存在不规范之处，导致诸多历史遗留问题；从制度方面来讲，宅基地的取得、管理制度及不动产登记管理责任的不明确也给现行不动产登记带来了困难；从工作流程来讲，在不动产登记工作的逐步推进过程中，各部门职责机构人员整合阻力大。针对目前农村房屋不动产在确权登记过程中存在这样复杂的情况，应尽快制定统一的农村房屋不动产确权登记相关处理意见，以指导各省市具体开展确权登记工作。

（六）信息系统建设

随着不动产统一登记工作的开展，不动产统一登记材料数字化、数据整合关联、数据库建设、信息系统开发是不动产统一登记需要解决的关键技术，也是目前乃至今后地籍与房产测绘技术的研究重点。

1. 信息数字化

完成不动产调查与数据库建设项目纸质成果材料的排列、整理、装订、数字扫描、入库及归档工作，均要基于不动产登记档案管理系统，采用和满足现有的单点登陆、组织机构管理、工作流、动态表单、历史数据的存储与管理等技术和要求。目前，多采用 OCR 图像自动识别方式进行档案数字化加工，对扫描后图像文件的某些特定区域进行 OCR 识别，同时进行校对，然后在上传图像时根据 OCR 识别出来的信息通过系统接口从档案系统中查询、提取档案目录数据，并将这些目录数据和影像文件建立索引后存储到数据库和文件系统中。

2. 数据整合关联

不动产数据整合的最终目标就是实现房地关联、宗—幢—户关系明确、权利信息完备、不动产单元号齐全、抵押查封状态可靠、历史关联清晰、图属档一体化。但由于原房屋和土地数据登记依据不一致，思路不统一，数据字段之间不匹配，数据的整合移交尚需很大的人力和时间。其次，由于过去登记时电子信息不够发达，以及操作不规范等问题，导致信息的缺失，数据质量普遍不高。

3. 数据库建设及信息系统开发

完成历史数据的整合，需按照不动产登记数据库标准，建立标准统一、分布合理、数据关联、更新及时、互通共享的不动产登记数据库体系，实施统一登记后的首次登记直接纳入新数据库，已进行过房地登记的需要整合后入库。由于平台建设要求高，相对应的技术支持单位不多，信息平台的建设面临很大的压力。目前，不动产登记信息平台基本建设完成，但数据清理中数据的“状态”不正确、业务核查补录、数据缺失、数据逻辑不正确以及冗余数据的处理等众多问题仍是目前面临的主要困难。

三、国内外发展比较

（一）国内外学科发展与重点问题研究

在地籍房产测绘技术方面，目前国内外主要依赖于 GNSS RTK 技术，国际测绘领域近些年来发展起来的高新技术，如倾斜摄影测量、三维激光扫描技术、三维几何建模技术等也有了一些长足的发展，但在地籍房产测绘方面的普及应用还有很大的发展空间。

高新技术不断发展。倾斜摄影测量技术作为近年来国际上发展十分迅速的一项高新技术，颠覆了以往正射影像只能从垂直角度拍摄的局限，不仅能够真实反映地物情况，而且可通过先进的定位技术嵌入精确的地理信息。目前在欧美等发达国家，已经广泛应用于应急指挥、国土安全、城市管理等领域。三维激光扫描技术又被称为实景复制技术，是测绘领域继 GNSS 技术之后的一次技术革命。可以用于获取高精度高分辨率的数字地形模型。最近几年，三维激光扫描技术成为当前研究的热点之一，不断发展并日渐成熟，三维扫描设备也逐渐商业化，并在文物数字化保护、土木工程、工业测量、自然灾害调查、数字城市地形可视化、城乡规划等领域有广泛的应用。将先进的测量技术与车载、无人机等移动设备结合起来，形成车载倾斜摄影、无人机倾斜摄影、车载三维激光扫描仪和机载三维激光雷达等机动、灵活的测量设备，大大拓宽了先进技术的应用领域。

在地籍房产测绘领域的普及应用仍有很大的发展空间。虽然倾斜摄影测量、三维激光扫描等一些先进的技术获得了长足的发展，在获取数据方面更加高效率高精度，但近些年来国内外主要应用于国防、数字城市、工业测量等方面。随着技术的不断发展，目前一些国家的成熟设备与系统已可应用于地籍与房屋测量中，如日本的高精度 GPS 移动测量系统 MMS-X640，该系统对每条街道只进行一次扫描，即可将点云数据以及影像数据（包括路两侧的标识）轻松获取。比利时 TecCon 公司的移动测量系统具有高精度全方位的激光三维扫描仪，点云为真彩色数据。奥地利的车载三维激光扫描仪 RIEGL VQ-250，利用 360°旋转的窄带红外激光束高速、非接触的获取地面无遮挡数据。比利时 Gatewing 公司的弹射起飞和撞地着陆的无人机系统，该系统的特点是操控简单，采用电动作业，安全性更好。但是后续数据处理难度大，需要专业的软件支持，对于遮盖物的识别程度不够等原因，先进技术在地籍房产测绘领域的应用仍难以达到普及的程度。

三维几何建模。随着地下空间的不断开发利用，土地权利已经发展成为涉及地上、地表和地下的立体权利体系，传统的二维地籍与房产测绘已难以满足土地权利空间化管理的要求，随着 3D GIS 研究的不断深入，数据采集技术的不断发展，与地籍管理的实际需求相结合，逐渐产生了三维地籍的概念，是近年来地籍管理研究的热点与前沿。当前，三维地籍的研究主要集中在三维地籍登记方法和数据模型建立与可视化两个方面，具体包括地籍标准化、三维地籍登记管理、三维数据模型、可视化与系统开发等方面的研究。国内外关于三维建模这方面的研究技术大致可以归纳为以下四类：①基于二维 GIS 向三维 GIS 扩展：在二维 GIS 数据的基础上构建三维 GIS 是目前三维建模的重要途径之一。②三维建模工具：采用三维建模软件，利用采集的空间三维信息构建立体模型。③数字地形图 DEM 与航空航天遥感影像结合：将数字高程模型 DEM 和航空航天遥感影像叠加起来构建三维立体模型。④真三维空间数据模型：随着三维数据获取技术的快速发展和计算机性能的提高，获取大面积精细、完整的三维信息（包括形状、高度等）相对容易实现，迫切需要一个真三维的空间数据模型来组织和管理三维数据。

（二）学科进展对比

与国外的地籍与房产测绘学科发展水平相比，我国的地籍与房产测绘科技水平仍然存在一定差距。主要体现在以下两个方面：

一是，技术水平发展程度有所差异，普及程度较低。国外的软硬件技术逐渐追求“高、精、尖”，研发出操作简单、识别度高的测量设备，并逐步应用于生产实践中。虽然我国近几年来在先进技术的研究方面有了很大的发展，如倾斜摄影测量、3D 激光扫描技术等，但技术的普及需要操作简便的硬件和成熟的软件支撑，且由于对于遮盖物的识别程度不够等技术原因，在地籍与房产测绘领域的应用仍难以达到普及的程度。国内无人机系统虽设备专业、精度高，但部件繁多、体积庞大、工业制造集成度不高、应急响应能力较差，3D 激光扫描技术等后期数据处理程度专业性较强等多种原因，要做到先进技术在房产地籍测量中的普及应用，尚有很长的路要走。

二是，不动产登记信息系统建设尚未成熟。不动产统一登记信息系统虽然基本建设完成，但是房产地籍测量、数字化、房地数据挂接，以及成果的录入等问题尚未完全解决，数据的整合、数据逻辑不正确以及冗余数据的处理等众多问题目前仍面临很大的困难，与国外一些国家尚有差距。

四、我国发展趋势与对策

随着城镇化进程的不断加快、不动产统一登记的实施，土地与房产管理将面临更加精细和高效要求的新形势，作为技术支撑的地籍与房产测绘工作必将向新的方向发展。

1. 发展先进测绘技术，提高普及程度

对于新技术的研发，除了提高软硬件的技术水平、精度等，更应注意其实用性及普及性，相对于现有的 GNSS RTK 技术，先进技术如何能够减少人力、财力、时间成本的投入，提高识别度，减少误差，是目前亟须解决的问题。对于基层测绘部门而言，也应该认识到新技术对本行业的影响，加快产业结构调整，注意新技术的应用，才能适应时代的发展。

2. 土地利用变化监测技术有待进一步提升

动态及时的土地利用变化监测技术有利于实现土地信息动态更新，构建完整统一的土地登记体系和土地管理信息系统。无人机航测和遥感技术的快速发展使得监测效率得到很大提升，但目前来讲，监测技术的分辨率、监测面积的比率仍难以提供构建完善的土地管理系统、建立土地调查“一张图”的工程。

3. 不动产登记信息平台的建设

信息平台的建设是不动产登记中十分重要的一个环节，需建立集不动产权籍调查成果管理、不动产登记业务管理、不动产登记档案管理、不动产登记信息汇交与监管、不动产登记信息共享等功能为一体的不动产登记信息管理平台。

4. 三维不动产权籍信息管理

随着地下空间的不断开发利用，土地权利已经发展成为涉及地上、地表和地下的立体权利体系，传统的二维地籍与房产测绘已难以满足土地权利空间化管理的要求，地籍与房产管理将从二维管理向三维不动产权籍信息管理方向发展，实现土地、房产的空间衔接、从平面到空间的转换。

参考文献

[1] 王利群，海军，张德平，等. 土地调查工作方法、经验及成果应用研究：以呼伦贝尔市第二次土地调查工作为例［J］. 中国国土资源经济，2016，29（5）：66–69.

[2] 毕凯，黄少林. 无人机航测技术在农村土地调查工作地图制作中的应用［J］. 国土资源遥感，2016，28（2）：149–153.

[3] 王映力，乔伟峰，尚津津. 第二次土地调查以来江苏省土地利用结构演变与预测分析［J］. 安徽农业科学，

2016，44（29）：204–208.

[4] 郭绿奕，戴韫卓，杜震洪，等. 第二次全国土地调查成果现势性评估方法［J］. 浙江大学学报（理学版），2016，43（1）：35–39.

[5] 许小亮，李鑫，肖长江，等. 基于CLUE–S模型的不同情景下区域土地利用布局优化［J］. 生态学报，2016，36（17）：5401–5410.

[6] 殷格兰，邵景安，郭跃，等. 南水北调中线核心区土地利用变化及其生态环境响应研究［J］. 地球信息科学学报，2017，19（1）：59–69.

[7] 邓华，邵景安，王金亮，等. 多因素耦合下三峡库区土地利用未来情景模拟［J］. 地理学报，2016，71（11）：1979–1997.

[8] 何玲，贾启建，李超，等. 基于生态系统服务价值和生态安全格局的土地利用格局模拟［J］. 农业工程学报，2016，（3）：275–284.

[9] 朱九龙. 基于马尔科夫转移矩阵的南水北调中线水源区土地类型变化分析［J］. 水土保持通报，2016，36（2）：171–175.

[10] 陈颐，林毅伟，林丽丽，等. 基于Markov和Logistic模型的莆田市土地利用变化及林地转出空间模拟［J］. 中国农业大学学报，2017，22（2）：87–97.

[11] 范彬彬，杨青山，包琦，等. 村庄地籍调查中轮台1:1000真正射影像生产及其应用评估［J］. 测绘通报，2016，（10）：76–80.

[12] 金雨泽，徐智颖，钟太洋，等. 我国土地利用动态监测的耕地保护效果评价［J］. 地域研究与开发，2016，35（5）：120–123.

[13] 巫宇新. 房产测量规范在各地方实际应用中的差异［J］. 测绘与空间地理信息，2013，36（7）：199–205.

[14] 彭金辉，李昊，熊俊. 对“房产测量规范”修订的建议［J］. 地理空间信息，2014，12（5）：144–146.

[15] 刘阳. 农村房屋土地调查的“3S”技术综合应用［D］. 长春：吉林大学，2016.

[16] 葛露露. 不动产测量必要精度与坐标转换参数求解方法研究［D］. 北京：中国矿业大学，2016.

[17] 张忠生. 不动产登记“一张图”相关问题探讨［J］. 国土资源信息化，2016，（3）：18–21.

[18] 李磊，杨萍. 土地利用调查数据库年度更新典型问题探讨［J］. 地矿测绘，2016，32（4）：11–13.

[19] 赵冬玲，杜萌，杨建宇，等. 基于CA–Markov模型的土地利用演化模拟预测研究［J］. 农业机械学报，2016，47（3）：278–285.

[20] 甘建国，屠宗灵，赵彬，等. 不动产统一登记后的测绘对策［J］. 安徽地质，2015，25（3）：234–235.

[21] 张攀科，裴亮，王留召，等. 车载激光扫描系统在地籍测量中的应用［J］. 测绘科学，2015，40（9）：163–166.

[22] 张予东，马春艳，郭敏，等. 基于网络GPS–RTK技术的地籍测量研究［J］. 测绘与空间地理信息，2016，39（5）：20–22.

[23] 郑少楠. 面向不动产登记的信息系统集成平台关键技术研究［D］. 杭州：浙江大学，2014.

[24] 周金龙. 不动产登记常态下农村“一户多宅”宅基地登记制度管理研究［J］. 上海国土资源，2016，37（2）：34–36.

[25] 刘洋. 无人机倾斜摄影测量影像处理与三维建模的研究［D］. 南昌：东华理工大学，2016.

[26] 文雄飞，张穗，张煜，等. 无人机倾斜摄影辅助遥感技术在水土保持动态监测中的应用潜力分析［J］. 长江科学院院报，2016，33（11）：93–98.

[27] 李泉，程效军. 自定位手持式三维激光扫描仪精度测试与分析［J］. 测绘通报，2016，（10）：65–68.

[28] 毛琪. 车载GNSS定位实时动态检测技术研究［D］. 南京：东南大学，2016.

[29] 黄丁发，周乐韬，卢建康，等. GNSS卫星导航地基增强系统与位置云服务关键技术［J］. 西南交通大学学报，2016，51（2）：388–395.

[30] 张健. 基于地籍测量的GNSS/SINS组合定位技术研究［D］. 南京：东南大学，2016.

[31] 肖海波，赵志刚，贺彪．三维地籍在深圳市土地立体化管理中的应用［J］．测绘科学，2015，40（7）：83-85，163．
[32] 张攀科，裴亮，王留召，等．车载激光扫描系统在地籍测量中的应用［J］．测绘科学，2015，40（9）：163-166．
[33] 郝春玲．地籍测量中光纤陀螺倾角测量技术及误差分析［J］．电子器件，2017，40（1）：152-157．
[34] 周晋．基于时空数据模型的土地地籍管理研究［J］．中国农业资源与区划，2016，37（1）：111-114，135．

撰稿人：方剑强　汤富平　来丽芳　骆光飞

海洋测绘专业发展研究

一、引言

海洋测绘是一切海洋开发活动的先导，是研究与海洋和陆地水域有关的地理空间信息采集、处理、表示、管理和应用的科学与技术。随着我国海洋经济的快速发展和国家海洋战略的逐步实施，海洋测绘为海洋科学研究、海洋工程建设、船舶安全航行和海上军事演习等任务提供了有力保障。相比于陆地测绘技术，海洋测绘技术具有其独特性和专业性，是开展海洋权益维护，海洋环境治理以及海洋资源开发的有效技术手段。

本报告阐述了从 2015 年至今，海洋测绘在海洋测量调查平台、海洋测绘基准与导航定位、海岛礁与海岸地形测量、海底地形与地貌测量、海洋重力与磁力测量、海图制图与海洋地理信息工程六个技术领域以及学术机构与人才培养方面取得的进展，并与国际当前水平进行了比较，进而展望了本专业的发展趋势。

二、我国本专业近几年的发展现状

（一）海洋调查测量平台

1. 常规调查测量平台

常规调查测量平台是指有人值守的各种吨位和不同类型的海上调查测量船。据初步统计，自 1959 年我国开始设计建造第一艘海洋调查船至今，已建成各种吨位和不同类型的海洋调查船 160 多艘，不仅实现了从引进改装到自主研发制造各类专用或综合型调查船的技术突破，更使得海洋调查的范围从近海领域扩展到远海、大洋乃至极地地区，这些大型测量平台的使用为海洋科学研究和海洋测绘提供了重要的技术支撑。

目前，我国地方部门拥有近百艘的在役调查船，分别隶属于国家海洋局、中国地质调查局、中科院等单位。为了大力发展海洋事业，有效保护、开发和利用海洋资源，我国于2012年4月18日成立了专门的海洋调查机构——国家海洋调查船队，以推动海洋调查船舶的开放与共享，促进我国海洋调查能力与水平的提高，保证国家海洋调查任务的顺利开展。至2016年3月，国家海洋调查船队已有各型调查船舶45艘，成员船分布于大连、青岛、上海、舟山、宁波、温州、厦门、广州等8个沿海大中城市。其中，2000吨级以上的远洋调查船数量已达到20艘，远海和大洋调查能力得到大幅度提升。

近两年交付使用的调查测量船有：国家海洋局新建的"向阳红01号"和"向阳红03号"等多艘向阳红系列海洋综合科学考察船；中国地质调查局的"海洋地质九号"和"海洋地质十号"海洋科考调查船。这些调查船集多学科、多功能、多技术手段为一体，配置了当今国际上最先进的综合导航定位系统、海洋重力和磁力测量系统、单波束和多波束测量系统、浅地层剖面测量系统、电火花震源系统、侧扫声呐测量系统、超短基线水下声学定位系统、深水多普勒海流剖面测量系统等装备，代表了我国调查船舶设计和制造最高水平。

目前，我国仍在持续大力开展海洋调查船的建造，主要有：海洋局的新型极地科考船，8000吨级；中国海洋大学的"东方红3号"，5000吨级；大洋协会的"深海1号"船，4000吨级，为7000m载人潜水器"蛟龙号"配套新建的专用支持母船；大洋协会"大洋2号"船，4000吨级；中山大学海洋综合科考船，6000吨级。

在海军方面，海军海洋测绘部队是我国海洋调查测量一支重要的力量，按照国际通行做法，中华人民共和国成立后，海洋测绘任务交给了海军。1992年开始实施的《中华人民共和国测绘法》首次以法律的形式，将国家海洋基础测绘任务赋予海军。2012年12月，经过海测部队官兵63年的艰苦征战，我国胜利完成300万km^2的海洋国土调查测量。

海军调查测量船建造经历了从小吨位、功能单一到大吨位、综合测量能力突出的发展历程，特别是在2004—2008年，海军的872号、875号中远海海洋综合调查船相继入役，随后6艘小水线面型近海测量船开始建造，并于2011—2015年全部入役，873号、874号、876号、877号中远海海洋综合调查船也于2015—2016年入役。这些海洋测量船的服役极大地提升了海军开展海洋调查测量的能力和效率。根据资料显示，目前海军1 000吨以上的专业调查测量船共有20余艘，除此之外海军还有其他一些非专业船只也具备海洋调查测量的能力，并参加和执行过海洋调查测量任务。

2. 无人调查测量平台

无人海洋测量平台主要包括无人测量船/艇、无人潜器（包括水下机器人）和无人机等平台。我国在无人船（艇）研制方面起步相比较晚，前期重点发展专用遥控船艇（不具备自主控制能力），目前已进入自主式无人艇发展阶段。诸如"防卫者系列""精海系列"、"CY-C2号""方洲号""海翼1号""领航者号""天象1号"和"ME70号"等国内自主研发的无人智能测量船，在智能巡航、躲避风浪和稳定性等方面都取得了重大技术突破，在风浪较大情况下仍可保持稳定航行，具备稳定完成水下地形测量、水下地貌勘测等诸多任务的功能，填补了我国在无人测量平台方面的空白。

无缆水下机器人 AUV 从少量应用到成熟运行，已逐渐成为探索海洋和深水的一支生力军。AUV 搭载多波束测深仪，并运用惯性导航、多普勒计程仪、超短基线等定位设备精确定位，可在水下 24 小时连续作业，配备的深度和高度传感器，能够随时获取所处深度和离底高度数据，实施定高或定深的勘察任务。国内自主研发的“智水系列”“微龙系列”“潜龙 1 号”和“海斗号”等一系列产品有力地促进了 AUV 在水下测量和勘探中的应用，并且“海斗号”已成功突破 AUV 下潜万米大关。同时，实施了采用多波束测深仪和便携式 AUV 联合进行水工建筑物的检测，以及采用多波束测深仪和深水 AUV 完成深水大陆坡崎岖海底区域的勘察服务，进行大面积、高精度的水下地形测绘等，都取得了良好效果。

我国无人机技术研究和发展已经历时四十多年，目前产品类型已达数十种之多，续航时间长达几十个小时，任务载荷高达几百千克，为搭载多种传感器和执行多样化任务创造了有利条件。无人机在测绘领域的应用非常成熟，作为传统航空摄影测量的补充，担负大比例尺地形图测绘任务，广泛应用于基础测绘、国土调查、应急保障等领域。无人机测绘系统机动灵活、高效便捷和作业成本低的特点对海洋测绘部门实现海岸带、海岛礁地形自主按需、快速测绘具有重要意义。我国已相继开展了基于固定翼无人机、多旋翼无人机、无人直升机和无人飞艇等平台的海洋重磁和海岸线与岛礁试验与作业，成功利用无人机和摄影遥感技术对河流入海口、岛礁、岸线、养殖区进行测量，证明无人机技术在海洋测绘已得到比较广泛的应用和认可。

（二）海洋测绘基准与导航定位

1. 海洋测绘垂直基准

为实现海洋测绘垂直基准转换的工程化和精细化，对局部海域的深度基准模型构建和远海 GNSS 潮汐观测技术下的垂直基准转换进行了实验验证，开展了验潮站深度基准确定及调和常数精度需求和海洋测绘垂直基准体系论证研究。

探讨了我国海平面系统偏差及高程基准偏差，研究了全球高程基准统一问题。依托科技部重点项目“海岛（礁）测绘关键技术研究与示范应用”，研究了海洋无缝垂直基准构建技术，探索了海洋垂直基准的传递方法。联合沿海及海岛礁卫星定位基准站和我国目前拥有的 70 多个海洋长期验潮站并置观测资料，建立了我国高程基准与深度基准转换模型。提出根据不同海域的潮汐特点，分别选取适宜的垂直基准面，在不同的基准间建立转换模型，并在临界海域建立过渡模型，最终建立适用于全海域的海洋无缝垂直基准体系。

正式启动了“海洋大地测量基准与海洋导航新技术”国家重点研发计划项目，面向海洋资源环境探测、水下导航定位的应用需求，研究了海底大地测量基准建立和陆海基准的无缝连接技术，构建陆海（含海底）一致的、连续动态的海洋区域高精度大地测量基准和位置服务系统，包括高程基准（大地水准面）；研究了水下参考框架点建设与维护和陆海大地水准面无缝连接等技术方法。

2. 海洋导航定位

开展了星站差分 GNSS、惯性导航系统与超短基线声学定位系统相结合的高精度水下定位检验测试，将其应用于深海潜标、深海海底磁力日变站的精准投放和高效回收作业，并可用于深海海底原位地质取样以及深海拖曳系统的精密定位等，形成了较为完备的水面水下一体化精密定位技术方法与应用体系。研究了海洋（水面、水下）融合导航技术和重力匹配导航技术，研制了海底信标、重力和惯性定位相融合的水下综合导航设备。研究了水下声学惯导计量精密施工定位技术，通过使用基于扩展卡尔曼滤波的 SLAM 算法，融合长基线水下定位、惯性导航、多普勒计程仪、压力计、声速计等多源数据，只需要在海底布设很少的信标，即可达到长基线等级（0.05 ~ 0.10 m）的测量性能，且不受水深的影响。

完成了中国沿海无线电指向标全球差分系统 RBN-DGPS 差分台站的升级改造，在现有无线电指向标载频上同步播发差分北斗和差分 GPS 信息，为中国沿海公众用户提供免费的高精度北斗 /GPS 定位导航服务。同时，完成了沿海北斗连续运行服务参考站 BD-CORS 的建设，先期建成的 30 个北斗 CORS 站点、3 个海区数据处理服务中心和 1 个全海区数据监测中心，将近海 50km 水域内的定位精度提高到了厘米级，有效提升了 CORS 系统在海洋测绘、精密导航等相关行业的服务能力和水平。

研究了基于北斗系统的沿海高精度导航定位服务系统，采用自主研发的软、硬件设备，对北斗沿海差分导航与精密定位服务性能进行了测试，实现了北斗在海上的米级导航和厘米级定位服务。基于“中国精度”的北斗 RTK 产品，已可满足远海工程测量对高精度施工定位的要求，分米级精度的精密单点定位技术在大范围的海上高精度海洋工程测量和远离海岸环境下的高精度控制测量方面得到了很好的应用，并成功将网络 RTK 技术应用于航道测量。

惯导 /GPS 组合定位系统在港口、航道、水库的水下地形测量中也得到了推广使用，通过与国产多波束测深系统配合使用，进一步打破了国外产品的垄断地位。综合采用贯穿导航定位作业全程的质量控制系统、惯导 /GPS 组合定位系统、测量塔法沉管安装测控系统、三维可视化测量系统，成功完成了“港珠澳大桥海底隧道沉管安装”“南昌红谷隧道沉管安装”等面向应用的水下大型结构物浮运、就位、沉放、对接等高精度定位工作。

（三）海岛礁与海岸地形测量

利用遥感技术实施海岛礁与海岸地形测量具有宏观、快速、综合、高频、动态和低成本等突出优势。为解决海岸带地形变化迅速、测量困难等现实问题，提出了基于移动测量技术的海空地一体化海岸带机动测量方案，并根据海岸带地形测量的不同需求，设计了适应实际作业的卫星遥感、无人机测绘等测量平台、作业模式及主要功能模块，为海岸带、海岛礁地理信息快速更新与应急保障提供了技术支撑。针对海岸带和海岛礁稀少地面控制区域控制条件不足和定位精度较低等情况，提出了一种基于水边线等高条件的海岸带稀少地面控制卫星影像定位方法，有效提高了稀少地面控制条件下海岸带、海岛礁地理信息的获取精度。在海岛礁控制测量中，利用单台双频 GPS 接收机进行单天不间断观测，通过质量检验和精密单点定位解算分析，达到了厘米乃至亚厘米级的精度，大大降低了海岛礁控制测量的难度。

结合岛礁的特殊地理位置和形态结构，尤其近岸处水下地形极不规则的特点，采用多波束测深仪进行倾斜测量，最大限度地获取了岛礁附近不规则水下地形数据，保证了与水上三维激光扫描数据的有效拼接，并针对倾斜测量的安装校准残差、声线传播误差、运动姿态残差等干扰进行了分析研究。研究了基于潮位校正和 DEM 数据的两种获取真实海岸线信息的技术方法，开展了无人机航空摄影测量和三维激光扫描技术在海岸地形测量方面的应用研究与试验。

运用机载 LiDAR 开展了海岛城市高精度 DEM 数据获取和滩涂地形 4D 产品快速制作；综合运用 DOM 影像痕迹线和岸线理论高程值立体精细修测变化海岸线；基于机载 LiDAR 获取的正射影像解译瞬时水边线及提取的 DEM 数据，推算出了砂质岸线和基岩岸线位置；基于机载 LiDAR 点云数据和局部几何特征优化数据，实现了岛礁地形的准确提取。

研究解决了海岛礁与沿岸水下地形测量过程的潮位影响问题，综合利用实测潮位和高精度 GNSS 叠加模拟的方法，充分考虑施测过程中测量船位与验潮位置不一致及海区风、浪等因素所带来的误差影响，成功将潮位误差对测量成果的影响降低到最小。

（四）海底地形与地貌测量

开展了 EM302 深水多波束测深系统的测试工作，并在获取高精度水深地形数据的同时获得高精度海洋水体数据，为多波束水体数据应用于海洋调查和科学研究提供了实践基础。开展了 ELAC 3012 全海深多波束测深系统的测试工作，在 5000m 水深进行双条幅发射模块的测试工作，有效提升了多波束的横向条幅数据密度。同时，正在准备测试 6000m 耐压的由浅水多波束测深系统、侧扫声呐、浅地层剖面、光纤惯导 DVL 一体化系统组成的深海拖曳系统，在距底 100m 水层进行拖曳作业，可以获得深海高分辨率地形和精细地貌信息，以解决深海高分辨率地形地貌信息获取难题。

利用多波束水柱影像为多波束测深数据处理提供依据，将水柱影像和水深数据融合，获得了更加精细的海底地形，弥补了传统多波束深度测量无法探测到细小特征的不足。研究了相控阵三维实时成像声呐获取的 3D 声呐图像和实时图像拼接技术，可准确显示复杂的水下结构和地形地貌，打破了国外在该领域的技术垄断，填补了国内空白。针对水下目标探测、识别技术等问题，研究了三维成像声呐可视化方法，对复杂探测目标有良好的重构效果。

提出了一种多波束测量声速剖面反演方法，反演的声速剖面能有效改正声速误差引起的海底地形失真，显著提高了多波束水深测量数据精度和处理效率。利用多波束、单波束、历史海图等多源水深数据进行高精度海底地形融合试验，并提出利用 split-sample 方法对融合结果进行水深不确定性评估，形成融合结果的可靠性空间分布。同时，以连续的浅剖数据为源数据，建立了区域三维海底地层模型，能够完整表达复杂地质体的各种地质构造，可从多个角度展现工作区海底地层的内部结构，实现了海底地质体的三维可视化查询。

基于高分辨率侧扫声呐图像与海底地形因素之间的关系，提出了一种利用高分辨率侧扫声呐图像恢复精细海底地形的线性化新方法，并借助外部水深数据分离出的地形高频项构建约束模型对反演结果进行约束，实现了海底反演地形向绝对地形的转变。同时，挖掘侧扫声呐图像中的微地形信息以弥补现有测深手段在分辨率上的不足，采用 Shape From Shading 和小波分析方法从单波束数据中分别提取高频地形和低频地形，使得反演的地形从整体趋势到细节特征均与真实地形具有较好的一致性。

提出了一种基于高分辨率卫星多光谱立体像对的浅水水深测量方法，在水面平静、底质纹理丰富的浅海岛礁水深反演中取得了优于 20% 的相对测深精度，为浅水水深测量提供了新的技术手段。依托国家重大科学仪器开发专项，正在开展机载激光测深设备的自主深化研制。持续开展了机载激光测深系统引进论证与试验检核工作，采取与国际厂商合作的方式，在黄海和南海海域相继开展了两型机载激光测深设备的测量试验，均取得了可靠的测量结果，达到了测深精度要求，但在水质透明度较差海域，无法获取真实的海底数据，针对此类区域的水深提取算法还有待进一步优化和完善。

随着测高技术的不断发展，测高海洋重力场的精度不断提高，尤其反演计算的海底地形精度也相应提高。利用 Jason-1 和 Cryosat-2 卫星的观测数据，采用重力地质法反演得到了较高精度的中国南海海底地形模型。探讨了采用重力异常的导纳理论推估海底地形的方法，在频率域内对海底地形和重力异常的相关性进行了分析，有效地解决了向下延拓过程中产生的高频震荡问题，成功反演出了真实可靠且较为详细的海底地形。

（五）海洋重力与磁力测量

1. 海洋重力测量

（1）海域航空与卫星测高重力测量

国产自主知识产权海洋航空重力测量系统的研发实现了关键技术的重大突破，进入工程样机试验阶段。组织实施了国内乃至国际上规模最大的多型航空重力仪同机测试试验。在西沙海域采用运 8 飞机平台，同机加装 4 型 5 套航空重力仪，全程测试了俄罗斯 GT-1A 航空重力仪和美国 TAGS（L&R S158）航空重力仪两型国际上最为经典的商用航空重力仪的运行性能，并对国内自主研制的 SGA-WZ01 捷联式航空重力仪、GDP-1 重力仪进行了全面检验测试。

研究并试验验证了基于差分定位模式的航空测量成果精度与基于 GPS 精密单点定位模式的测量成果精度的一致性，为远离大陆海区实施航空重力测量作业提供了技术支撑。研究了航空重力测量数据向下延拓技术，提出了一种独立于观测数据、基于外部数据源的向下延拓新思路。提出了利用卫星测高重力向上延拓和超高阶位模型直接计算海域延拓改正数的两种方案；提出了联合使用位模型和地形高信息计算陆域延拓改正数新方法。两种延拓方法巧妙避开了传统求解逆 Poisson 积分方法固有的不稳定性问题，有效简化了向下延拓的计算过程和解算难度，提高了延拓计算精度。提出了虚拟压缩恢复法并将其应用于航空重力测量数据的向下延拓解算。

联合 HY–2A、Geosat、ERS1/2、Envisat、T/P、Jason1 /2 等多颗测高卫星，通过共线处理和交叉点平差削弱海面时变效应和径向轨道误差等影响，对多代测高卫星进行基准统一，消除测高数据的不一致性，基于全球 EGM2008 重力场模型，采用移去恢复技术和逆 Vening–Meinesz 公式反演了中国南海重力异常。提出了虚拟压缩恢复法并将其应用于航空重力测量数据的向下延拓解算。为提高卫星测高反演重力场中央区效应的计算精度，以逆 Vening–Meinesz 公式为例，推导了包含 4 个网格的矩形中央区效应计算模型。

（2）船载海洋重力测量

从国外引进的海洋重力仪装备型号更加多样化，形成了由美国 Micro–g LaCoste 公司的 L&R S 系列、德国 Bodenseewerk 公司的 KSS 系列、俄罗斯的 GT–2M 与 CHEKAN–AM 等船载海洋重力仪设备体系。国产海空重力仪研制取得突破性进展，组织开展了多型海洋重力仪同船测试试验，同时加装了 SGA–WZ01 型捷联重力仪和 GDP–1 型重力仪，以及引进的俄罗斯 CHEKAN 重力仪和美国产 L&R S II 型海空重力仪等 4 套重力仪，试验结果表明，2 型国产重力仪船载重力测量精度与 L&R SII 型海空重力仪相当。同时，开展了 GT–2M、KSS–31M 和 ZLS 三型引进海洋重力仪的同船对比测试，测试了三型海洋重力仪在不同航速和海况条件下、在测线上和转弯过程中的工作特点，得出了 GT–2M 海洋重力仪具有综合性能更优的结论。

海洋重力测量数据处理技术进展体现在四个方面：一是海洋重力测量数据采集与处理实现全过程自动化与智能化；二是重力仪性能评价实现技术流程标准化和评价指标的系统化与定量化；三是精细化海洋重力测量数据处理方法体系更趋科学严密，测量成果精度显著提高；四是构建了多源海洋重力数据融合处理理论。

在分析一般数据处理方法的基础上，研究了海洋重力测量精度分析的特点，采用一种以重复测线不符值、测线网交叉点不符值的标准差对海洋重力测量的内符合精度进行分析，并根据重复测线、交叉点内符合精度评估方法，通过对某型海洋重力测量仪器的多次航行试验，获取了该型仪器测量数据的部分精度数据，分析结果表明该方法可以全面衡量仪器性能。

探讨了海洋重力仪稳定性测评的技术流程和数据处理方法，分析了环境因素和重力固体潮效应对测试结果的影响，提出了由多参数联合组成的海洋重力仪稳定性能评估指标体系，分析论证并提出了重力仪零漂非线性变化的限定指标要求。针对采用重复线开展重力仪动态精度性能评估问题，推出了以组合参数代替传统单一参数为评估指标的新的重复测线内符合精度评估公式，为重力仪动态性能评估提出了更精细的量化指标。

提出了一种基于互相关分析的交叉耦合效应修正法，对高动态海洋重力测量数据实施综合误差补偿和精细处理，较好地解决了恶劣海况条件下的海洋重力测量数据处理难题。提出了基于参考场进行多航次船载重力测量系统偏差调整方法，将航次实测数据与参考场数据之间差异的统计平均值作为观测量，进行系统偏差计算、分析、检验及调整。

提出采用重复测线不符值和测线网交叉点不符值标准差对海洋重力测量的内符合精度进行评估，并根据该方法对某型海洋重力仪的多次航行试验数据进行了分析研究，获取了该型仪器的测量精度指标评价参数。

基于 Tikhonov 正则化方法，构建了多源重力数据融合的正则化配置模型；提出联合使用 Tikhonov 正则化方法和移去—恢复技术，构建了多源重力数据融合的正则化点质量模型；研究分析了数据融合统计法和解析法的内在关联与差异，特别针对同类多源重力数据融合问题，提出了融合多源重力数据的纯解析方法。

2. 海洋磁力测量

提出了一种基于磁异常反演的磁偏航误差实时补偿方法，利用新型磁传感器阵列测量磁异常源产生的磁梯度张量数据，联合位置、磁矩及磁标量信息反演浅场磁异常三维磁矢量，在背景地磁矢量场准确估计的基础上完成磁航向误差实时补偿，准确估计出地磁异常情况下的磁航向。

联合采用多台海洋磁力仪、测深仪和 GPS 接收机，研制了数据合成器、水下拖体、电源适配器、数据收录及导航软件，最终构建了一种阵列式海洋磁力测量系统，不仅可以成倍的提高磁力测量作业效率，还可以兼作多梯度测量系统。基于傅立叶谐波分析方法建立了日变数据处理谐波分析模型，实现了日变基值、平静日变改正和磁扰改正的合理分离，有效解决了强烈磁扰期间的日变改正难题。

研究了海洋磁力仪技术性能指标的具体含义，提出了切合实际的海洋磁力仪性能指标测试内容、流程、方法和要求，采用实测数据计算了海洋磁力仪动态噪声、内符合精度和外符合精度等关键指标，为海洋磁力仪性能测试工作提供了技术指导，也为海洋磁力仪国产化进程面临的性能指标论证和设计提供了依据。

从地磁偏角测量原理与方法入手，开展 GPS 基准点选取对地磁偏角观测带来的误差影响分析，建立了对应的误差补偿模型，为 GPS 基准点的选取及其误差评估提供技术支撑。利用“海洋 4 号”调查船，在我国南海最深的西南海盆海域实验布放了 4000m 超长深海地磁场观测潜标锚系，进一步加强了深海地磁测量技术的应用与实践。

（六）海图制图与海洋地理信息工程

1. 海图制图方法

借助数据库驱动海图生产模式，研究并提出了海图与航海通告一体化生产技术实现方案以及数据库模型，有效提高了海洋空间地理信息数据的利用率和航海图书产品生产作业效率，更好地满足各种军事活动保障任务需求。并结合具体图集编制实践对海图集的内容选题、图幅设计、结构设计等内容进行了深入研究和详细分析，为海图集设计编制工作提供理论借鉴和参考。

提出了一种在等距离正圆柱投影世界挂图中展绘大圆航线的方法，以南极科考航线所需参考的大圆航线的具体展绘证明了可行性与实用性。设计了全球范围内具有唯一标识性，且具有较强扩展性和可读性的航标编码体系，能够有效提高航标查询效率，降低航标管理难度。研究了利用拼合的方法，将几十幅水深测量成果图整合一起，并利用抽稀技术对其进行二次抽稀，以适应新编海图比例尺要求。

提出了一种顾及多重约束条件的水深注记选取方法，深入研究了顾及转向限制的最短距离航线自动生成方法和基于空间影响域覆盖最大的航标自动选取方法。设计了空间影响域覆盖最大的分轮次自动选取策略，实现了航标的自动选取，可有效避免手工选取存在的失误和不一致性，作业效率得到明显提高。

在电子海图岛屿动态注记中，改进了中线注记方法，有效地提高了电子海图岛屿动态注记自动配置的准确度和运算效率。探讨了海图潮信表的配置原则与改进对策，提出了海图潮信表简化配置法，并给出应用该简化方式推算潮汐的方法。提出了一种模糊聚类和模糊模式识别相结合的数字海图质量评价算法，减少了不确定性对数据挖掘效果的影响。

2. 海图制图应用

根据对未来海洋活动实际需求的深入研究，提出了一种基于 Web GIS 的海洋地理信息共享平台，通过互联网和局域网提高不同领域中海洋信息的交互和利用能力。基于上下文的地图感知模型从上下文因素选取、模型建立以及触发机制等方面对电子海图的数据组织与显示进行了研究，优化了移动海图的调度与显示，为基于上下文的智能化电子海图研究提供了理论和方法上的借鉴。

为提高电子海图矢量数据在小型移动平台硬件性能存在相对弱点条件下的显示速率，重点研究了矢量数据在符号化显示前的数据访问优化方法，通过建立空间索引、矢量要素裁剪对矢量数据进行两次筛选，提高了矢量数据显示速率。

利用大圆航线各分点经纬度的计算模型，建立了三维空间直角坐标系中大圆航线和各分点间恒向线的三维空间模型，运用三维可视化理论和三维海洋环境信息可视化平台实现了大圆航线的三维表达，同时利用二分法曲线逼近原理和层次细节技术实现了大圆航线不同视角、不同精度要求的三维可视化，实现了对大圆航线的高效逼真绘制。

从海洋用户的需求角度出发，提出了一种GIS软件开发新方法即面向用户的Web服务架构设计方法。设计了面向服务系统的功能，实现了多源、异构的海洋环境数据集成与共享，能够为用户提供海洋数据、在线分析及网络可视化等操作，已经应用于海洋GIS集成服务系统建设中，为有效整合各类海洋数据、实现分布式多源异构海洋环境数据共享与在线处理提供了借鉴，为国家“数字海洋”建设进行了技术上的积累和探索。

从系统结构、功能设计、技术框架等方面开展了面向江海联运的船舶航行服务信息系统研究，建立空间及属性数据库，采用GIS、VTS、AIS技术解决内河航道图、港口电子地图与电子海图地图融合的问题，为江海联运船舶提供实时水深、地图信息、船舶动态监控等信息服务。

3. 海图制图标准

分析了S–57数字海道测量数据传输标准发展的局限性与S–100海道测量数据模型的体系结构特点，探讨了S–101标准中的详细内容，对S–101标准中要素描述目录、复合属性、信息类型、不依比例尺变化要素、曲线等新的要素和特征进行了分析。分析了S–57海图符号的渲染复杂度，利用SLD进行海图符号化渲染，可满足S–57海图Web GIS通用符号化渲染的需求。

基于船舶智能操控仿真平台，对S–57海图数据进行再组织，根据搁浅触礁预警模型建立海图检索区域，采用动态拾取海图数据的方法，设计了海图数据快速检索算法，借助SIHC仿真平台进行算法的仿真实验验证。组织完成了《S–102水深表面产品规范》《S–99 S–100地理空间信息注册的组织和管理操作程序》的翻译、校对和出版准备工作。此外，还在S57转换S101电子海图等方面进行技术探讨。

4.“e–航海”技术

进一步加强了“e–航海”研究工作，积极推动“e–航海”在各海区深入试点。完成了“天津港复式航道‘e–航海’试点工程”建设和“洋山港e–航海示范区工程建设”。结合国际“e–航海”发展最新成果，深入开展了“e–航海”航保信息标准化研究和应用技术研究，探索了数字化海图改正、数字航标、数字动态潮汐等环境信息服务标准模式，推进了“e–航海”在航海用户的试用，并逐步推广多功能标、MSP服务、“e–航海”船台及手机服务APP等具有重要意义。

同时还开展了台湾海峡“e–航海”可行性工程、珠江口“e–航海”示范工程可行性研究。为我国重点水域“e–航海”工程奠定了一定的基础理论和数据规范方面的准备。编写出版了《e–航海概论》，为了解国际“e–航海”发展动态，研究“e–航海”相关技术，策划我国“e–航海”发展政策和应对措施提供了积极的参考。

（七）学术机构与人才培养

我国的海洋测绘专业教育结构自新中国成立之初就在军方开始设立，从20世纪90年代开始，陆续有地方高校和科研院所依托相近学科为研究生层次的人才培养设立了海洋测绘研究方向。2014年，国家正式设立海洋测绘二级学科方向，代表海洋测绘专业教育进入了新的发展阶段。

1. 军事海洋测绘专业教育发展

海军大连舰艇学院是一所培养海军舰艇指挥军官、海军政治指挥军官和海洋测绘工程技术军官的全军重点建设高等院校，为本科生开设海道测量、海图制图等专业，1987年开始招收硕士研究生，2004年开始招收博士研究生，形成了自本科到博士研究生层次的完整人才培养体系，成为全军唯一担负海洋测绘学历教育和技术培训任务的教学单位。该学院主要为海军培养海道测量和海图制图专业人才，不对民用开放学历教育。

2. 民用海洋测绘专业教育发展

20世纪90年代以来，随着现代科学技术的发展、人类开发海洋的进程加快，海洋测绘技术得到飞速发展，海洋测绘的地位也越发重要，民用海洋测绘教育事业也逐渐发展并壮大。为了适应海洋经济建设对海洋测绘高层次人才的需要，武汉大学、山东科技大学、中国海洋大学、东华理工大学、上海海洋大学、淮海工学院、中科院海洋研究所、国家海洋局所属的海洋研究所等单位依托相近学科设立了海洋测绘研究生专业或方向，其中山东科技大学2012年自设了海洋测绘二级学科，以专业的形式培养博硕士研究生层次的海洋测绘人才。河海大学在江河湖泊测绘方面具有一定的优势，是较早从事海洋与江河湖泊测绘教学和研究的院校之一。

在海洋测绘本科教育方面，由于本科教育需要根据教育部制定的专业目录进行招生、培养，目前海洋测绘专业尚未列入《普通高等学校本科专业目录》，因此国内高校均未直接开设海洋测绘本科专业，但不少高校以设立方向的名义实质上从事海洋测绘本科教育，这些高校主要有山东科技大学、中国海洋大学、上海海洋大学、东华理工大学、淮海工学院等，分别依托测绘工程、地球信息科学与技术、海洋技术等专业设置海洋测绘方向来培养海洋测绘本科专业人才。

山东科技大学通过单独招生的模式实施海洋测绘本科教育，具有独立的专业培养方案，其主干课与测绘工程专业有近70%不同。该专业要求毕业生熟悉海底地形测量、海洋工程测量、海洋地球物理、海洋地质、海洋水文、潮汐学、水声学、海洋遥感、海洋地理信息系统和海图制图等方面的技能，能在测绘、海洋、水运、水利、石油等领域从事海洋测绘相关的生产、设计、技术开发、管理、科学研究与教学等方面工作，具有海洋测绘相关的工程设计与实测、数据处理与分析能力；具有创新意识与具备团队协作，以及从事工程职业素养和终身学习的能力。

三、本专业国内外发展比较

（一）海洋测量

在海洋调查测量平台建设方面，我国的大型海洋测量平台总数偏少，平均船龄相对老旧，配套设施难以完全满足应用需求，测量设备大多依赖进口，更新换代期限较长，作业模式不够科学合理，测量船的综合作业能力与水平有待进一步提升。最近几年，我国在海洋测量平台的研制方面投入了大量财力，积极开展综合性大吨位海洋测量船的建造，通过测量设备的引进、消化、集成与创新，推动海洋测量设备的国产化进程。同时，我国在小型无人海洋测量平台技术方面的发展势头比较强劲，正在积极研发无人水面测量船、AUV/ROV/AUG、无人机等一系列小型海洋测量平台，虽然起步较晚，但与世界先进水平的差距正在逐渐缩短。

在海底地形地貌测量方面，综合采用多种仪器设备实施海上测量，达到了优势互补的效果，测量数据处理技术水平与国际基本同步，海底地形测量精度得到不断提升。但我国对测量分辨率指标关注度不够，过于强调过程控制指标，海底地形地貌测量仍停留在水深测量概念层面，与国际上以海底地貌形态和特征地物的精准探测理念存在较大差距。

海洋重力测量数据处理技术处于世界先进水平，但在测量设备方面，航空重力仪和海洋重力仪型号比较单一，大多依赖进口，与国际海洋重力仪型号多样化存在差距。在海洋磁力测量方面，船载海洋磁力测量、海岛礁三分量磁力测量数据处理与应用技术与国际先进水平存在一定差距。

海岛礁与海岸地形测量技术正逐步赶上国外先进水平，航空摄影测量和遥感技术在海岸带和海岛礁地形测绘中得到了广泛应用，近海岸无人测量平台的利用和测量数据处理技术取得了明显进展。陆海大地水准面精化、潮汐模型构建与应用、陆海垂直基准转换、基于特征潮位的岸线综合测定等技术都取得了实质进展。陆海一体化测绘理论技术体系基本建成，缩短了与世界上海洋测绘发达国家的差距。在海洋测量数据处理技术的相关细节进行了较为深入的研究、论证和试验，根据理论和技术研究成果所开展的自主知识产权软件研发工作稳步推进。

（二）海图制图与数字海洋地理信息技术

海图生产与应用是一项涉及多个领域和部门的系统工程，国内现有电子海图系统在保证舰艇航行安全、减轻航海长工作负担等方面发挥了重要作用，但在总体协调规划、标准化体系建设、数据可用性、系统功能、支持维护、决策功能开发等方面尚不尽完善，与国际先进水平尚有差距，国外在此方面起步早、发展快、水平高，其先进经验值得借鉴。

数字海洋地理信息基础框架建设完成了我国“数字海洋”从科学概念到工程实体建设

的重要一步，我国数字海洋地理信息基础框架建设已取得了丰硕的成果。但是，就数字海洋地理建设和应用服务的整体水平来看，我国同国际上发达国家相比仍存在较大的差距，主要体现在：数据获取体系和能力建设仍明显不足，还不能有效保障数字海洋的持续信息更新；我国自主的数字海洋地理技术体系仍不够完善，亟须通过引进和吸收加强自主创新能力；数字海洋地理应用体系和服务模式尚不完善，尚未形成从技术研究、产品研发、系统建设到产业化应用健全的社会化应用服务模式。

（三）学术机构与人才培养

国外的学历教育通常采用宽口径的模式，类似于我国目前高校的专业大类的培养模式，因此并没有直接的海洋测绘专业，但从大类上有与海洋测绘相近或基本涵盖海洋测绘主干课的专业，相关的学科或专业主要有海道测量、海道科学、地理信息工程、海洋地理、海洋科学、海洋工程、海洋技术、海洋学、地球科学等。虽然专业名称并不是海洋测绘，但实际上需要主修大量的海洋测绘专业主干课程。比如美国新罕布什尔大学、加拿大新布伦瑞克大学、英国普利茅斯大学、英国伦敦大学学院、德国汉堡港口城市大学等设有海洋学、海洋工程、地理信息工程、海道测量、地理信息科学等专业，主干课程有海洋学概论、海道测量实践、海洋制图、海洋 GIS、海洋地质等，要求学生掌握、利用测绘学、海洋学的知识来获取、处理、分析海洋地理信息数据，实质上就是我国的海洋测绘专业。

在我国的本科教育中，测绘工程专业与海洋测绘专业有一定的相似度，而测绘类另外三个本科专业（遥感科学与技术、导航工程、地理国情监测），与海洋测绘专业交叉点甚少；此外，海洋类的海洋科学、海洋技术专业与海洋测绘专业也有一定的相似度。

我国早期从事海洋测绘的工程技术人员主要来自于测绘工程、海洋地质、海洋技术等专业。由于测绘工程专业与海洋测绘专业区别较大，主干课程有大量不同，测绘工程专业毕业生往往需要适应三年以上才能独立从事海洋测绘相关工作；海洋地质和海洋技术与海洋测绘区别更大，由于没有系统的测绘知识背景，往往只能从事一些海洋测绘外业数据采集和简单的分析工作，难以对海洋测绘地理数据进行精细处理、成果深层次加工与利用。因此，目前相关或相近本科专业无法取代海洋测绘专业。

四、本专业发展趋势及发展策略

（一）海洋测量

加快海洋调查测量平台的研制进程，加快旧船改造，提升仪器设备性能，以适应海洋测量技术的快速发展需求，建造滩涂测量船、极地调查船、万吨级以上大型调查船、无人测量平台母舰等我国紧缺的海洋专业调查测量船，激励国产海洋测量设备的研制与应用，提升国产品牌在国际上的竞争力。同时，在海洋调查船队建设和管理方面，积极吸取国外先进的管理经验，建立适合我国实情的海洋调查船管理制度，以期为海洋测量提供强有力的支持。无人水面测量船、无人机海岸测绘平台和AUV/ROV/AUG水下测量平台已取得了较大进展，应进一步推广无人船、无人机在水运、救助、海事测量领域的实际应用，采用单波束、多波束测深仪和无人船联合进行近海地形地貌和航道、港口、浅滩、岛礁的测绘，采用无人机和摄影遥感技术对河流入海口、岛礁、岸线、养殖区进行测绘。

多平台协同立体化作业将是今后海洋测量的发展趋势，覆盖范围由近岸向近海和中远海拓展、由水面向水下和海底纵向延伸，实现天基观测、空基观测、岸基观测、海基观测、潜基观测和极地观测的有机结合，形成海洋环境立体调查观测能力。应加快建立与完善海洋立体调查观测综合保障体系和数据资源共享机制，进一步提升海洋立体观测系统运行管理与服务保障水平，以满足海洋调查、海洋防灾减灾、海洋经济发展、海洋权益维护等方面的迫切需求。

海底地形地貌的研究要面向与国民经济密切相关的近岸海域，并与实际海岸、近海工程紧密相连，随着科学技术的发展，研究方向将会从宏观向微观、从地貌形态特征向地貌发育演化过程转变，以海底地形地貌的精细测绘为目标，突出其基础性测绘工作特征，开展相关技术标准的制定和技术方法创新，人类活动与地貌过程的响应关系也是海底地形地貌测量今后的研究重点和发展方向。

重点加强海洋测绘基准与基础设施建设，建立海洋测绘基准与大地测量基准的联系与维持，实现海洋测绘数据与陆地数据的基准转换与无缝拼接，开展海岛礁测绘一期工程系列基准成果的测试与检核，大力提高已有基准成果的工程化应用水平；继续完善陆海一体化水上水下地形测绘理论与技术方法，优化改进陆海一体化测绘软硬件装备，制定相应的技术标准，推进工程化应用。

进一步加强海洋测量数据处理核心理论与方法的研究，完善自主知识产权的多波束数据、侧扫声呐数据处理软件系统；强化国外新型海洋重力仪自主数据处理理论与方法研究，进一步优化海洋磁力数据处理模型；开展海岛礁三分量磁测数据的通化处理方法研究，突破海岛礁磁测数据工程应用的技术瓶颈。

BDS卫星导航定位系统在海洋测绘领域将得到越来越广泛的应用，组合导航技术会得到更加广泛的研究和应用。进一步推动海岛礁航空摄影测量和机载Lidar地形测量系统测试与生产；开展机载激光测深、机载海洋重磁测量等新型测量数据处理理论与方法研究，采取引进、消化与集成创新相结合的方式，加速构建机载海洋测绘技术体系。

（二）海图制图与数字海洋地理信息

推进电子海图的标准化、集成化和智能化仍将是较长时间内电子海图生产与应用的主题。近年来，将电子海图转向更成熟的应用，如国际标准的不断完善、全球电子海图数据库的建设、适应船舶配备要求等，成为一种更明显的趋势。我国应更积极主动地参与IHO

的活动，在解决电子海图应用技术问题方面起引领作用。同时，要紧跟国际电子海图技术发展前沿，结合我国自身特色，进一步做好电子海图生产、应用的顶层设计，适应海图产品不断多样化的需求，加强海图生产的质量控制，进一步完善海图数字化生产技术，加快基于数据库的一体化海图生产体系建设。

基于三维虚拟地球的海洋时空数据多维动态可视化研究，不仅是计算机图形学、虚拟现实技术、地理信息科学、海洋科学技术等多门学科的结合，而且是对计算机图形显示技术的挑战，更是时空数据表达与分析方法的理论突破。通过开展海洋环境时空数据的多维动态可视化技术的研究，不仅可以为海洋数据的展示和分析提供新思路，而且可为具有明显时空特征的应用提供借鉴，以期为不同用户提供客观科学的辅助决策支持。

在吸收和借鉴国内外相关领域工作经验的基础上，积极开展数字海洋地理发展战略规划研究，谋划具有中国特色的数字海洋建设之路；加大数字海洋地理信息关键技术研发力量投入，增强自主创新能力，尽快建立自主知识产权的数字海洋地理信息基础平台；建立健全海洋地理信息更新能力和机制保障，建立权威的海洋地理信息基础平台，搭建起通畅的海洋地理信息交换共享服务渠道；全面启动数字海洋地理系统工程，探索符合我国国情的海洋地理信息化建设与应用服务模式，使之在为海洋地理信息各项工作和社会公众提供信息服务方面发挥越来越重要的作用。

（三）学术机构与人才培养

随着我国海洋经济建设的快速发展、海洋战略的逐步实施，在海洋专项测绘、工程建设、基础科学研究、国防建设等各个领域，都对海洋测绘人才具有迫切的需求。海洋测绘人才需要具有测绘学科以及海洋学科和水声学等交叉学科的扎实专业背景知识。海洋测绘专业是我国测绘人才培养的重要组成部分。目前，军方海洋测绘人才培养主要针对国防建设的实际需求，地方高等院校研究生层次培养主要适应高层次人才需求，培养数量偏少。在本科教育层次上，还没有设立海洋测绘本科专业，相近专业设置并不能满足海洋测绘专业人才培养要求，造成我国民用海洋测绘工程技术人才严重缺乏。学历教育的根本目的是为了适应国家和社会发展需求，在我国海洋战略新形势下，培养海洋测绘各层次人才是高等教育的责任和义务，在地方大学开设海洋测绘本科专业迫在眉睫。

参考文献

［1］杨元喜，徐天河，薛树强．我国海洋大地测量基准与海洋导航技术研究进展与展望［J］．测绘学报，2017，46（1）：1-8．

［2］阮锐．我国海洋调查船的发展概况［C］// 第 28 届海洋测绘综合学术研讨会论文集．西安：中国测绘地理信息学会海洋测绘专业委员会，2016．

[3] 暴景阳，翟国君，许军．海洋垂直基准及转换的技术途径分析［J］．武汉大学学报（信息科学版），2016，41（1）：52–58.

[4] 王双喜，缪世伟，许家琨，等．多波束无验潮水深测量中垂直基准模型构建［J］．海洋测绘，2016，36（1）：48–51.

[5] 申家双，闸旋，滕惠忠，等．海岸带地形快速移动测量技术［J］．海洋测绘，2015，35（2）：13–17.

[6] 李雪红，赵莹．基于遥感影像的海岸线提取技术研究进展［J］．海洋测绘，2016，36（3）：67–72.

[7] 阳凡林，卢秀山，于胜文，等．海洋测绘专业教育的发展现状［J］．海洋测绘，2017，37（2）：78–82.

[8] 黄谟涛，宁津生，欧阳永忠，等．航空重力测量厄特弗斯改正公式注记［J］．测绘学报，2015，44（1）：6–12.

[9] 黄谟涛，宁津生，欧阳永忠，等．联合使用位模型和地形信息的陆区航空重力向下延拓方法［J］．测绘学报，2015，44(4)：355–362.

[10] 黄谟涛，宁津生，欧阳永忠，等．海空重力测量平台倾斜改正模型等价性证明与验证［J］．武汉大学学报（信息科学版），2016，41（6）：738–765.

[11] 黄谟涛，刘敏，欧阳永忠，等．重力场对飞行器制导的影响及海洋重力测线布设［J］．测绘学报，2016，45（11）：1261–1269.

[12] 刘敏，黄谟涛，欧阳永忠，等．顾及地形效应的重力向下延拓模型分析与检验［J］．测绘学报，2016，45（5）：521–530.

[13] 刘敏，黄谟涛，欧阳永忠，等．海空重力测量及应用技术研究进展与展望（一）：目的意义与技术体系［J］．海洋测绘，2017，37（2）：1–5.

[14] 汪海洪，宁津生，罗志才．一种改进的航空重力测量数据处理方法［J］．武汉大学学报（信息科学版），2016，41（4）：511–516.

[15] 翟振和，孙中苗，李迎春，等．航空重力测量在近海区域的精度评估与分析［J］．测绘学报，2015，44(1)：1–5.

[16] 郑凯，刘站科，肖学年，等．航空重力 GPS 测速多粗差探测方法［J］．测绘学报，2116，45（6）：663–669.

[17] 尹刚，张英堂，石志勇，等．基于磁异常反演的磁航向误差实时补偿方法［J］．武汉大学学报（信息科学版），2016，41（7）：978–982.

[18] 宗发保，邓瑞辉，任来平，等．一种阵列式海洋磁力测量系统［J］．海洋测绘，2015，35（1）：45–48.

[19] 彭飞，张启国，罗深荣．调和分析方法在海洋磁力测量日变改正中的应用［J］．海洋测绘，2015，35（5）：38–43.

[20] 任来平，王耿峰，张哲，等．海洋磁力仪性能指标分析与测试［J］．海洋测绘，2016，36（6）：38–43.

[21] 田晋，任来平，葛忠孝．地磁偏角测量 GPS 基准点误差分析［J］．海洋测绘，2017，37（2）：35–38.

[22] 黄辰虎，陆秀平，边刚，等．海底地形测量成果的质量检核评估（一）：交叉点不符值数列构建［J］．海洋测绘，2017，37（2）：11–16.

[23] 黄辰虎，陆秀平，边刚，等．海底地形测量成果的质量检核评估（二）：深远海海域声速剖面的获取［J］．海洋测绘，2017，37（3）：12–17.

[24] 李倩倩，鲍李峰．测高重力场反演海底地形方法比较［J］．海洋测绘，2016，36（1）：1–4.

[25] 张志伟，暴景阳，肖付民．多波束换能器安装偏差对海底地形测量的影响［J］．海洋测绘，2016，36（1）：51–55.

[26] 欧阳明达，孙中苗，翟振和，等．采用重力异常的导纳理论推估海底地形［J］．测绘学报，2015，44（10）：1092–1099.

[27] 孙文川，暴景阳，金绍华，等．多波束海底地形畸变校正与声速剖面反演［J］．武汉大学学报（信息科学版），2016，41（3）：349–356.

［28］王斌，唐岩，王伟，等．海图与航海通告一体化生产技术研究［J］．海洋测绘，2016（4）：56–59．
［29］林昱，杜清运，杨龙．基于 ArcGIS for Maritime 的海事测绘信息数据库构建［J］．地理信息世界，2016（5）：22–27．
［30］丁鸽，刘开，徐彦中，等．基于 ArcGIS 构建图库一体化海图系统的研究［J］．城市勘测，2016（4）：45–49．
［31］彭认灿，张志衡，董箭，等．距离正圆柱投影世界挂图上大圆航线的描绘方法［C］// 中国测绘地理信息学会海洋测绘专业委员会．第二十七届海洋测绘综合性学术研讨会论文集，2015：448–452．
［32］刘 涛，崔 航，魏涛．海图制图中大批量水深测量成果图快速应用方法［C］// 中国测绘地理信息学会海洋测绘专业委员会第二十八届海洋测绘综合性学术研讨会论文集，2016：643–646．
［33］黄亚锋，艾廷华，张航峰．数字海图水深注记的自动选取［J］．测绘科学，2016（6）：28–33．
［34］李思鹏，张立华，贾帅东．空间影响域覆盖最大的航标自动选取方法［J］．武汉大学学报（信息科学版），2017（2）：236–242．
［35］王腾飞，祝若鑫，周伟强，等．基于改进中线法的电子海图岛屿面状注记自动配置研究［J］．测绘与空间地理信息，2016（10）：59–61．
［36］赖明珠，张立国，冯维淼，等．基于语义特征的电子海图权限水印研究［J］．通信学报，2016（11）：137–145．
［37］徐锋，李佳楠，孙建国．复合的海图安全防护技术研究［J］．通信学报，2016（2）：173–178．
［38］冯纪军，吴卫兵，曹玉墀．海图改正管理系统的设计与实现［J］．中国航海，2016（1）：10–12．
［39］徐进，李颖，周颖，等．S–101 电子海图产品规范解析［J］．测绘科学，2016（3）：150–155．
［40］刘天尧，赵宇鹏，万佳馨，等．S–57 海图的 SLD 符号渲染研究［J］．地理空间信息，2016（4）：62–64．
［41］王涛，张立华，彭认灿，等．考虑转向限制的电子海图最短距离航线自动生成方法［J］．哈尔滨工程大学学报，2016（7）：923–929．
［42］郑亚波，郭海亮，李伟．基于三维 GIS 平台的大圆航线三维可视化［J］．指挥控制与仿真，2015（6）：128–132．
［43］吴文周，苏奋振，左秀玲，等．基于 Web 服务的海洋 GIS 功能设计与原型系统实现［J］．海洋环境科学，2015（4）：601–605．
［44］高润喜．舰载地理信息系统在海洋原油泄漏响应中的应用研究［J］．舰船科学技术，2015，（07）：176–179．
［45］牛亮亮，李丽娜，陈国权，等．港口水域电子海图数据快速检索算法及应用［J］．船海工程，2016，（06）：61–66．
［46］李春菊，张玉洁，何桂敏，等．海图集总体设计内容及技术方法研究［J］．海洋测绘，2016，（03）：48–51．
［47］李改肖，李树军，董晓光，等．移动平台下栅格海图数据快速显示方法研究［J］．海洋测绘，2016，（03）：56–59．
［48］董晓光，李树军，李改肖，等．移动平台下电子海图矢量数据访问优化方法［J］．海洋测绘，2015，（04）：57–59．
［49］陈永昌，宋国大，靳军．模糊聚类和模糊模式识别的海图质量评价算法［J］．测绘科学，2016，（11）：104–107．
［50］杜鹃，曹建春．空间数据挖掘及其在海洋地理信息系统中的应用［J］．舰船科学技术，2015，（06）：168–171．
［51］牛红光，陆毅，陈超，等．面向服务的海洋测绘信息分发服务平台技术研究［C］// 中国测绘地理信息学会海洋测绘专业委员会．第二十八届海洋测绘综合性学术研讨会论文集，2016（09）：643–646．
［52］唐岩，王斌，郭晋宁，等．基于地理区域的航标编码设计［C］// 中国测绘地理信息学会海洋测绘专业委

员会. 第二十八届海洋测绘综合性学术研讨会论文集，2015（09）：504–507.
[53] 唐力，肖长安，陈思宇，等. 多波束与水下无人潜航器联合检测技术在水工建筑物中的应用［J］. 大坝与安全，2016（4）：52–55.
[54] 李岳明，李晔，盛明伟，等. AUV 搭载多波束声呐进行地形测量的现状及展望［J］. 海洋测绘，2016，36（4）：7–11.
[55] 陈立波，罗正龙，汪嵩. 无人船水下测量系统及水下测量实验分析［J］. 城市勘测，2016（5）：151–154.
[56] 宫照庆. 无人机在海洋测绘中的应用前景探讨［J］. 低碳世界，2016（1）：72–73.
[57] 徐明强，刘嘉华，俞毅，等. 应用北斗系统提升水上应急反应能力分析［J］. 世界海运，2017（2）：26–30.
[58] 陈洪武，胡斌，田铖. 北斗卫星导航系统在海洋工程中的应用［J］. 全球定位系统，2016，41（2）：121–124.
[59] 吴显兵. 广域实时精密差分定位系统关键技术研究［D］. 西安：长安大学，2016.
[60] 王崇明，修义瑞，雷鹏，等. 水运工程施工船舶管理系统软件设计与实现［J］. 水道港口，2016，37（2）：203–207.
[61] 张涛，胡贺庆，王自强，等. 基于惯导及声学浮标辅助的水下航行器导航定位系统［J］. 中国惯性技术学报，2016，24（6）：741–745.
[62] 郭雅静，李春雨，张东升，等. 基于航位推算 / 水声定位系统的水下拖体组合导航方法［J］. 海洋地质前沿，2015，31（6）：63–67.
[63] 隋海琛，王崇明，雷鹏. 基于 EKF–SLAM 算法的水下膨胀弯测量技术［J］. 水道港口，2015，36（4）：362–365.
[64] 王崇明，张毅，雷鹏，等. 南昌红谷隧道管节浮运监控技术研究［J］. 隧道建设，2016，36（9）：1155–1160.
[65] 洪泽，王国举. 基于精密单点定位的岛礁控制测量研究［J］. 全球定 位系统，2015，40（3）：51–54.
[66] 卢凯乐. 多波束测深数据预处理及系统误差削弱方法研究与实现［D］. 江西：东华理工大学，2016，5.
[67] 南海航海保障中心：完成首次西沙测量任务［J］. 中国海事，2016（11）：74.
[68] 隋海琛. 三维声呐在水下沉船姿态探测中的应用［J］. 水道港口，2016，37（5）：569–572.
[69] 郑双强，刘洪霞，阳凡林，等. 多波束声呐水柱影像分析工具的设计与实现［J］. 海洋测绘，2016，36（6）：46–49.
[70] 刘天宝，吴晓潭，黄勇，等. 三维成像声呐图像重建研究［J］. 声学技术，2015（4）：358–361.
[71] 金将溢，沈斌坚. 基于 CZT 波束形成三维成像声呐算法优化［J］. 声学与电子工程，2017（1）：20–23.
[72] 邹锦华，王宇鹏. 跨海大桥桥墩局部冲刷监测系统构建［J］. 广东工业大学学报，2017，34（2）：59–63.
[73] 李怀远，蔡寅，侯志强. 基于物联网和 GIS 技术的智慧航道系统实现［J］. 天津航海，2015（2）：79–81.
[74] 李东枫，吴杰，杨扬，等. 面向江海联运的船舶航行服务信息系统设计与应用［J］. 物流科技，2015（10）：65–69.
[75] 林昱，杜清运，杨龙. 基于 ArcGIS for Maritime 的海事测绘信息数据库构建［J］. 地理信息世界，2016，23（5）：22–27.

撰稿人：欧阳永忠　申家双　暴景阳　周兴华　陆　毅　张立华　桑　金
赵建虎　杨　鲲　周丰年　阳凡林　关永贤　葛忠孝

地理国情监测专业发展研究

一、引言

地理国情是基本国情的重要组成部分。地理国情是空间化可视化的国情信息，是从地理的角度分析、研究和描述国情，即以地球表层自然、生物和人文现象的空间变化和它们之间的相互关系、特征等为基本内容，对构成国家物质基础的各种条件因素做出宏观性、整体性、综合性的调查、分析和描述。

地理国情监测是准确掌握国情国力的有效途径。地理国情监测，就是综合利用全球导航卫星系统（GNSS）、航空航天遥感技术（RS）、地理信息系统技术（GIS）等现代测绘技术，综合各时期测绘成果档案，对地形、水系、湿地、冰川、沙漠、地表形态、地表覆盖、道路、城镇等要素进行动态和定量化、空间化的监测，并统计分析其变化量、变化频率、分布特征、地域差异、变化趋势等，形成反映各类资源、环境、生态、经济要素的空间分布及其发展变化规律的监测数据、地图图形和研究报告等，从地理空间的角度客观、综合展示国情国力。

从 2009 年 3 月开始，国家测绘地理信息局组织开展了测绘发展战略研究工作，明确了今后 20 年测绘发展的战略方向，提出了“构建智慧中国、监测地理国情，壮大地信产业、建设测绘强国”的发展战略。在“十二五”取得显著成就的基础上，2016年8月31日，国家发展改革委和国家测绘地理信息局印发了《测绘地理信息事业“十三五”规划》（发改地区［2016］1907 号），确定以“加强基础测绘、监测地理国情、强化公共服务、壮大地信产业、维护国家安全、建设测绘强国”为总体发展思路，重点任务是按照供给侧结构性改革的要求，扩展测绘地理信息业务领域，打造由新型基础测绘、地理国情监测、应急测绘、航空航天遥感测绘、全球地理信息资源开发等“五大业务”构成的公益性保障服务体系[1]。2017年4月27日，十二届全国人大常委会第二十七次会议表决通过新修订的《中华人民共和国测绘法》，国家主席习近平当天签署第六十七号主席令，予以公布，新修订的测绘法于2017年7月1日起施行。新测绘法建立了地理国情监测制度，要求测绘地理信息主管部门会同有关部门开展地理国情监测，按规定严格管理、规范使用地理国情监测成果，同时要求各级政府采取有效措施，发挥地理国情监测成果在政府决策、经济社会发展和社会公众服务中的作用[2]。

二、地理国情监测近几年的发展现状

（一）第一次全国地理国情普查

1. 第一次全国地理国情普查工作情况

第一次全国地理国情普查是国务院部署的一项重大国情国力调查。2013—2015年，在以张高丽副总理为组长的普查领导小组正确领导下，在各级政府及有关部门的共同努力下，按照“全国统一领导、部门分工协作、地方分级负责、各方共同参与”的原则，由国家测绘地理信息局牵头组织完成。普查采用覆盖全国优于1m分辨率遥感影像，收集多行业专题数据，获取了由10个一级类、58个二级类和135个三级类共2.6亿个图斑构成的全覆盖、无缝隙、高精度的海量地理国情数据，同时，以2015年6月30日为标准时点，以我国资源三号高分辨率测绘卫星影像为主要数据源，对普查数据进行了统一时点核准。

2016年8月16日，第一次全国地理国情普查项目通过专家验收。验收会上，各专家针对项目开展质询与讨论，一致认为：第一次全国地理国情普查全面完成了总体方案规定的各项普查任务，为国家系统、全面、客观、准确地掌握我国陆域地表自然和人文地理要素空间分布状况和基本地理国情，提供了完整、权威的数据依据，达到了《国务院关于开展第一次全国地理国情普查的通知》要求的目标。普查顶层设计完善，形成了《地理国情普查内容与指标》等20余项技术标准，建立了创新技术支撑体系；组织实施得力，措施得当，管理高效，确保了全国普查整体进度和成果质量；队伍管理严格，执行全员培训、合格上岗制度，编制出版了培训教材和丛书，保证了全体普查员具有较高的技术能力和水平。普查工作管理科学、技术创新显著、成果丰实、质量优良、效用突出，是一项优质创新工程，为常态化地理国情监测奠定了坚实的基础，促进了测绘地理信息事业转型升级[3]。

2017年4月24日，第一次全国地理国情普查公报正式对外发布。普查结果显示，我国陆地国土低海拔和中海拔区域占国土面积的76.77%，25度坡度以下区域占我国国土面积的80.22%。同时，平原、台地、丘陵、山地面积分别占国土面积的26.62%、9.34%、20.39%和43.65%；我国9类种植土地总面积为159.91万km^2，其中水田30.39万km^2，旱地109.52万km^2；我国10类林草覆盖总面积为596.78万km^2，其中，乔木林

183.47 万 km^2，灌木林 90.54 万 km^2，天然草地 272.89 万 km^2；我国单条长度 500m 以上的河流总长度为 655.16 万 km，单个面积 5000m^2 以上的湖泊总面积 9.62 万 km^2，单个面积 5000m^2 以上的水库 3.68 万 km^2，冰川与常年积雪面积 4.77 万 km^2；我国荒漠与裸露地总面积为 132.53 万 km^2；我国铁路与道路的路面面积 5.92 万 km^2，全国铁路路网总长度 11.65 万 km，宽度大于 5m 的乡级以上公路 205.01 万 km；我国房屋建筑（区）占地总面积 15.31 万 km^2。[4]

2. 第一次全国地理国情普查成果应用分析

按照"边普查边应用边监测"原则，组织开展了大量地理国情监测应用试点，形成了一批有分量的应用成果，引起了国家有关部门及地方政府的关注，初步体现了地理国情普查为经济社会发展和宏观决策管理服务的价值和作用，以下是几个较为典型的例子。

（1）应用于国土专项审计

地理国情普查成果在浙江省国土专项审计工作中，发挥积极作用。审计的重点包括：依据规划对基本农田保护区块划定：根据基本农田"五不准"要求，对划定基本农田范围内的土地利用情况开展调查；对是否占用基本农田进行审核等。利用地理国情普查地表覆盖数据及遥感影像数据，对照基本农田数据，找出基本农田内非耕地图斑，重点房屋建筑区及人工堆掘地，对这些问题图斑进行核查，编制基本农田疑似占用地块分析报告，辅助审计部门对是否占用基本农田进行审核。相关成果作为审计人员开展审计工作的依据，极大地提高了审计人员的工作效率和精准程度，并为后续开展的"现场审计"提供了重要的靶向性目标。在此基础上，进一步开发形成了国土审计地理信息系统，目前已通过审计署向全国推广，项目成果对提升审计监督手段，推进数字化审计工作模式的建立，起到了重要的推动作用。

（2）服务多规合一

为贯彻落实习近平总书记提出的"按照促进生产空间集约高效、生活空间宜居适度、生态空间山清水秀的总体要求，形成生产、生活、生态空间的合理结构""要建立统一的空间规划体系、限定城市发展边界、划定城市生态红线，一张蓝图干到底"的要求，海南省于 2015 年 2 月正式开始推进全省"多规合一"工作。按照海南省委、省政府办公厅印发的《关于编制〈海南省总体规划〉推进全省实施"多规合一"工作的实施方案》，海南测绘地理信息局负责建立并维护全省联网的海南省"多规合一"信息数字化管理平台。

"多规合一"在初期战略布局阶段需要摸清家底，对自然资源和可利用土地资源进行全面了解。通过对地理国情普查地表覆盖数据进行统计分析，基本摸清了全省耕地、林地、自然岸线等资源的存量，并以专题图、表格、报告等形式向相关部门提供，为确定生态红线、划定基本农田、保护生态公益林、明确自然海岸线和自然岸段保有率、限制城市增长边界和产业园区等提供了依据。

“多规合一”的核心工作是协调城乡建设规划、土地利用规划、生态环境保护规划和林地规划等各类规划之间的矛盾，通过空间置换等方式，进行资源优化配置，调整建设用地布局，形成总体规划“一张蓝图”。通过整合处理和空间统计分析，发现全省耕地与林地重叠面积 1007km^2（图斑 52 万块），城乡规划建设用地与林地重叠面积 447km^2（图斑 7.4 万块）、城乡规划建设用地与基本农田重叠面积 133km^2（图斑 2.6 万块）。以地理国情普查现状地表覆盖数据为依据，对规划矛盾进行协调，共处理重叠图斑 127.9 万块，有效解决了耕地、林地、建设用地的规划矛盾等问题，形成了总体规划“一张蓝图”。

（3）应用于生态保护红线划定

黑龙江省以哈尔滨市木兰县为示范区，以地理国情普查成果为基础，在当地政府的协调下，与环保部门合作开展示范区重要生态功能区、生态敏感区、脆弱区及禁止开发区的生态保护红线划定试点，形成生态保护红线成果图件、生态保护红线划定方案、管理平台，总结提出生态保护红线划定的业务流程和协作机制，为全面开展生态保护红线划定工作提供范例。

依据环保部《生态保护红线划定技术指南》要求，以《黑龙江省主体功能区规划》和《黑龙江省生态功能区划》为基础，提出了“黑龙江省生态保护红线划定分类体系”设计。按照红线边界初划、边界协调、统计分析、专题图制图、划定报告编制等步骤要求，完成了木兰县三类生态红线、16个红线区的划定。开展了县域和红线区内自然资源的统计分析，编制完成了成果图件，并按照规范化、模块化原则，形成了成果图件模板。

（4）助力精准扶贫

贵州省围绕省委省政府大扶贫战略行动，省国土资源厅积极部署地理国情普查数据助推精准扶贫行动计划，在省扶贫办和省移民局的配合下，结合脱贫攻坚工作部署，积极探索地理国情普查数据应用新模式。

精准展现脱贫攻坚的现状。利用地理国情普查及其他丰富的测绘地理信息优势，尤其是最新的地理国情普查卫星影像，提供基于地理位置的、精准到户的可视化展现模式。精准展现致贫原因。借助测绘地理信息大数据资源，深入分析县、乡、村、户等多尺度下的致贫原因，为精准施策提供了强有力的依据。精准展现脱贫攻坚的作战部署。加入扶贫攻坚的思想和方法，编制精准扶贫作战图、专题地图，实现扶贫攻坚“挂图作战”。精准展现脱贫攻坚的举措。将“五个一批”等帮扶措施纳入测绘地理信息大数据，通过数据整合分析，为帮扶措施的落地提供便于查询的地理空间信息资料，真正实现了“一键通”。（主要是土地整治和易地扶贫两个专题）精准展现脱贫攻坚的成效。一是通过数据指标（人均可支配收入、贫困户数量）的变化展现成效；二是通过不同时期影像从天上看脱贫成效。通过近两年的精准扶贫，结合影像对比，数据分析，直观展现了贫困户实现脱贫，并有了安全住房的相关情况，而且也可看出村庄道路进行了硬化，交通得到了极大改善。

3. 第一次全国地理国情普查成果预期效应

党的十八届五中全会提出了“创新、协调、绿色、开放、共享”发展理念，国民经济和社会发展第十三个五年规划纲要中明确了经济社会发展宏伟目标、主要任务和重大举措。及时、准确、全面的地理国情信息，能够为贯彻五大发展理念，实现“十二五”规划提供有效服务[5]。

（1）服务国家重大战略和重大工程

可为“京津冀协同发展”的大气污染防治、交通网络规划、北京非首都功能疏解等提供决策依据；为“长江经济带”发展的水资源保护与水污染治理、产业合理布局和有序转移等提供决策支持；为“一带一路”建设的基础设施规划、重要设施选址等提供信息服务。

（2）服务国土空间开发

可为主体功能区建设的主体功能区划定、规划数据之间矛盾协调、“多规合一”的推进提供公共基底；为推进绿色城镇化建设的城镇开发强度确足、城镇开发边界划定、城镇各类空间合理布局等提供科学支撑；为发现基本农田保护区内的违法用地提供基础数据服务；为美丽乡村建设的农村基础设施建设、山水林田湖综合治理等提供决策依据。

（3）服务生态文明制度体系建设

可为健全自然资源资产产权制度的自然生态空间统一确权登记等提供基础信息服务；为严守资源环境生态红线的资源消耗“天花板”确足、资源环境承载能力监测预警机制建立等提供基础数据支撑；为健全政绩考核制度的自然资源资产负债表编制、对领导干部实行自然资源资产和环境责任离任审计提供信息服务。

（4）服务社会治理

可为完善社会治理体系的国家人口基础信息库建设提供空间信息服务；为防灾减灾救灾能力建设的灾害调查评价、监测预警、防治应急体系建设等提供基础数据支撑；为社会治安防控体系建设的社会治安重点部位、重点领域、重点地区联动管控和排查整治提供基础数据支撑。

（5）服务民生保障

可为基本公共服务均等化提供准确的学校、医院、体育场所、交通设施等公共服务的空间分布和数量，辅助建立国家基本公共服务清单、动态调整服务项目和标准；为精准扶贫脱贫的扶贫措施制定、扶贫项目进展跟踪、异地搬迁落实和扶贫绩效考核等提供空间化服务。

（二）全国地理国情监测进展

1. 基础性地理国情监测总体方案

按照国务院对地理国情监测工作总体部署和测绘地理信息事业转型发展需要，从2016年起地理国情信息获取进入常态化监测阶段，在地理国情普查的基础上，进行地理国情监测业务化运行建设，构建功能完备的地理国情动态监测与综合信息分析发布系统，形成常态化地理国情监测机制，提供地理国情信息业务化、常态化服务。基础性地理国情监测延续了第一次全国地理国情普查的内容体系，覆盖全国，面向通用目标、分三类区域进行。2016 年国家基础性地理国情监测由国家测绘地理信息局直属局和单位承担；2017 年有 14 个省级测绘行政主管部门承担本辖区全部基础性监测数据采集任务，另有 12 个省级测绘行政主管部门承担本辖区部分数据采集任务，其余数据采集任务由国家测绘地理信息局直属局和单位承担。

（1）技术方法

基础性地理国情监测采用内外业结合的方法开展，按照“内业为主、外业为辅”的原则安排任务，利用第一次全国地理国情普查成果数据（或前一期全国基础性地理国情监测数据）作为监测本底，基于监测期获取的遥感影像数据，识别变化区域，采用遥感影像解译、变化信息提取、数据编辑与整理、外业调查等技术与方法，充分利用已经收集的解译样本数据辅助内业解译，采集变化信息，结合多行业专题数据，对数据进行更新。内业无法获取和难以识别的区域辅以外业调查，其他变化区域，应合理确定核查路线开展外业核查。

（2）主要任务

2016 年和 2017 年基础性地理国情监测的任务包括以下几个方面。

数据资料获取与收集：收集民政、国土、环保、建设、交通、水利、农业、统计、林业等最新版专题数据资料，并进行资料整理、分析和整合。收集满足地理国情监测要求的资源三号、高分系列、天绘系列、北京二号等国产卫星遥感影像，补充采购国内外商业卫星遥感影像，确保全国优于 2.5m 分辨率遥感影像全覆盖以及重点区域优于 1m 分辨率遥感影像覆盖。

基础性地理国情监测数据生产：完成全国基础性地理国情监测数据生产，包括影像正射纠正、变化信息发现与提取、外业调查核查、内业编辑整理、过程质量检查等，形成符合设计要求、质量合格的基础性地理国情监测成果数据集。

基础性地理国情监测数据库建设：完成全国基础性地理国情监测形成的遥感影像成果数据入库，包括分景单波段纠正数据、分景多波段融合数据及相关元数据等的质量检查和入库；完成全国基础性地理国情监测成果数据入库，入库数据包括全国地表覆盖分类数据、全国重要地理国情要素数据、全国遥感影像解译样本数据及相关数据生产元数据等。入库工作包括全国基础性地理国情监测成果数据集的汇总、预处理、数据入库和建库处理，构建全国交通网络、水域网络等。

基础性地理国情监测统计分析：基于 2016 年和 2017 年基础性地理国情监测数据库，开展全国基础性地理国情监测基本统计和对算工作，形成基本统计报告、报表、数据集、图件成果以及全国基础性地理国情监测公报、统计数据汇编等。

基于2016年和2017年基础性地理国情监测数据库及基本统计成果，结合第一次全国地理国情普查成果、基础地理信息数据和各类经济社会专题数据，开展全国地理国情监测综合统计分析，形成综合统计报告、报表、数据集及图件成果，形成蓝皮书、专报等成果。

基础性地理国情监测质量控制：开展全国范围内基础性监测过程质量监督抽查，对省份汇交的任务区基础性监测数据生产成果进行验后复核，对数据库、统计分析等成果进行质量验收。

基础性地理国情监测支撑体系建设：健全基础性监测的技术标准、质量控制和产品服务体系，完善监测内容指标、技术规范、工艺流程。建设适应动态监测需求的地理国情信息时空大数据平台，基于"天地图"的地理国情信息在线服务系统。完善地理国情监测业务协作、信息发布、共享应用、绩效评价等工作机制。

2. 基础性地理国情监测质量控制

严格执行质量检查和验收的国家标准，实行"两级检查、一级验收"制度。两级检查、一级验收的组织方式和实施主体按照国家测绘地理信息局基础测绘项目的管理方式执行。项目针对检查和验收的抽样方式、检验方式、质量评定方法、报告编制等方面制定"全国基础性地理国情监测成果质量验收方案"，具体实施时按照该方案的要求执行。

除严格执行测绘地理信息成果的质量检查验收制度和要求外，着重做好生产过程质量控制，贯穿于生产实施的全过程，涉及与生产、质量有关的各个单位和部门。各作业单位作为过程质量控制的主体，应根据项目成果的特点和生产计划安排，划分好过程质量控制的关键工序和结点，制定好各工序质量控制的内容、方法和要求，并在具体实施过程中留下相关记录。质量管理部门制定专门的"全国基础性地理国情监测过程质量监督抽查方案"，并据此持续对相关过程质量记录的完整性、真实性和规范性进行不定期、全覆盖监督和抽查。

3. 专题性地理国情监测试点情况

围绕国土空间格局优化、资源节约利用、生态文明建设等推动人与自然和谐发展的相关专题，充分利用地理国情普查成果，结合存档基础地理信息成果、航空航天遥感影像数据和相关的社会经济人文地理国情数据，开展精细化、抽样化、快速化的专题性地理国情监测。[6]

（1）国土空间开发监测

以地理国情普查成果为基础，结合基础地理信息数据和社会经济统计资料，利用近年来的多源、多期高分辨率遥感影像数据，以主体功能定位为依据，主要对优化开发区（主要是对城市建成区发展、工业用地和城郊农业用地变化、公共服务设施空间分布、基础设施的空间分布进行监测）、重点开发区（主要监测国土利用变化、公共服务设施空间分布、基础设施空间分布等）、农产品主产区（主要监测农业用地空间分布及变化、主要作物类型分布、各类基础设施空间分布及配置程度等）进行监测，服务国家、部门和地方国土空间格局优化发展的需要。

（2）资源节约利用监测

利用多平台、多种类、多时相的中、高分辨率光学、微波、激光雷达等遥感数据，围绕能源矿产、森林资源、水资源、旅游资源、沿海滩涂资源等，结合基础地理信息数据以及社会经济相关专题资料，开展各类资源的数量、质量的空间分布变化监测。结合社会经济要素的空间分布，评估各类资源的承载能力，根据资源约束，评估资源综合承载力，结合人口社会经济的发展现状，分析自然资源节约集约利用水平，促进人口、经济、资源环境协调发展。

（3）生态环境保护监测

采用多源、多时相中高分辨率多光谱遥感数据、地理国情普查的高分辨率遥感影像数据及资源三号卫星影像、基础地理信息数据等，对全国生态文明建设具有重要影响的重点生态功能区、生态脆弱区开展自然生态指标监测，包括地表覆盖状况、自然生态状况、生态环境安全等；对我国主要湿地、典型沙漠、典型冰川和永久积雪覆盖区域的空间位置、面积变化进行长时间序列的监测，掌握其变化特点和规律，服务国家、部门和地方生态环境保护和管理的迫切需要，保障国家和区域生态安全，促进经济社会可持续发展。

（4）城镇化发展监测

利用多时相的航空航天遥感影像，结合不同时期的基础地理信息数据及土地利用数据、城市规划数据、地籍测绘数据等专题资料，开展城市空间格局监测，以县级行政区划为基本统计单元，选择县级以上城市、国家级新区、城市群等热点对象和热点区域进行监测。主要监测城区轮廓范围、面积及变化类型，城市区域土地利用、覆盖变化，开展城市群以及重点城市大气颗粒物污染源空间分布、城市热岛效应、植被覆盖状况、自然生态状况、地表沉降、产业发展空间布局、重大基础设施空间布局、医疗文教卫生空间布局等方面的监测。

（5）国家重大战略和区域总体发展规划监测

充分利用地理国情普查成果数据、普查获取的遥感影像资料、存档中高分辨率遥感数据、基础地理信息成果数据等，对我国重大发展战略、重大工程、区域总体发展规划等实施状况及影响进行动态监测。对长江经济带、丝绸之路、京津冀协同发展等重大战略实施区域的地表覆盖状况、产业空间布局、基础设施建设、生态环境承载力等进行监测。对经济区（如长江三角洲地区、成渝经济区、关中—天水经济区等）、生态保护区与经济转型区的基本自然生态指标、综合自然生态指标、城乡统筹发展格局、基本公共服务水平等进行监测，实现对区域发展规划实施过程的跟踪、监督和评估，反映规划实施以来的生态保护建设进展、经济转型效果等。对重大工程建设实施之前、实施期间以及工程结束之后一段时间内的工程建设区域及周边的地表覆盖、生态环境等变化，反映工程实施进展、效果和影响等。

（6）其他监测

选择区域性重要及热点地理要素，可开展其他重要地理国情信息监测，例如，灾害性地理国情监测、退耕还林还草监测、限制性开发区非法采矿、板块运动与地壳稳定性监测等。各省（区、市）可根据实际情况和需要，开展常态化地理国情信息监测。

4. 地理国情变化监测与应用分析

（1）全国海岸带开发利用变化监测。通过对海岸带的建设开发、围填海状况、自然生态空间等进行动态监测，客观准确地反映海岸带变化情况及发展趋势，为科学开发利用海岸带资源和围填海规模管控等决策提供准确的信息支撑。

（2）全国地级以上城市及典型城市群空间格局变化监测。以海南省为例，通过运用普查及监测成果，结合专题资料，对海口、三亚、三沙三个地区的城市空间格局变化进行了分析，不仅监测到城市用地的扩展，还精细监测到各城市内部土地资源的调整变化情况，掌握了海口、三亚、三沙等城市的城镇化发展历程、空间结构和布局演变过程。成果将为新型城镇化建设、国土资源节约集约利用等提供服务。

（3）地区空间格局变化监测。以湖南湘江新区为例，对新区的建筑工地、城乡建设用地、城市建设用地、建成区、生态用地、道路、重要基础设施、地表覆盖状况进行监测，并对新区空间格局和建设效果进行了分析。成果可为湖南湘江新区规划建设提供数据支撑及政策支持，具有广泛的应用前景。

（三）学术建制与人才培养

1. 学术建制

继武汉大学遥感信息工程学院于2011年开设全国首个地理国情监测专业后，2016年，广西师范学院地理科学与规划学院也增设地理国情监测专业。该专业主要培养掌握地理国情监测的基础理论、方法和技术，具有地理国情动态获取、集成处理、综合分析和评估等能力的交叉复合型专门人才，学制四年，授工学学士学位。该专业要求学生掌握扎实的地理信息系统技术、现代测绘技术和摄影遥感技术应用能力，掌握涉及地理国情监测专业方面的应用和开发等方面的方法和技术，并具有基本的科学研究和实践工作能力，能在测绘、国土、规划、民政、水利、交通、环境、生态、矿产、农业、林业海洋、气象、国防、军事、安全等政府部门、科研院校、企事业单位从事与地理国情监测相关的科研、教育、技术研发和管理工作。专业开设的课程包括：高等数学、数据库技术、地理信息系统原理、遥感概论、计算机辅助设计、C语言、自然地理学、人文地理学、地图学、地理监测原理与方法、地理变化检测与分析、地理调查方法与编码、地理数据分析与建模、地表覆盖与土地利用、地理国情模拟与可视化等。

2. 人才培养

地理国情监测是多部门的共同需求，具有跨行业、跨部门、跨学科的特点，急需培养一大批掌握地理国情监测理论、方法与技术的交叉复合型人才。武汉大学遥感信息工程学院地理国情监测专业已于2012年招收40人，2013年招收41人，2014年招收60人，2015年招收60人，2016年武汉大学实施大类招生，地理国情监测专业纳入遥感大类，同年有38名本专业学生毕业。该专业旨在培养具有扎实的地理国情监测基础理论知识、现代测绘技术和人文社会科学调查技术，具有地理国情信息动态获取、集成处理、综合分析和评估、地理建模、可视化与地理模拟、校验评估、动态信息共享服务和综合应用等能力的复合型高级技术人才[7]。

（四）研究平台与重要研究团队

继2012年国家基础地理信息中心成立地理国情监测部和地理信息分析部、中国测绘科学研究院成立地理国情监测研究中心、2013年成立地理国情监测国家测绘地理信息局重点实验室（我国第一个地理国情监测方面的国家部级重点实验室）后，2016年，地理国情监测国家测绘地理信息局工程技术研究中心也正式成立。工程中心依托陕西测绘地理信息局、长安大学和国家基础地理信息中心共建，由龚健雅院士等15名专家组成工程中心技术委员会，组建试运行期自2016年3月—2017年2月。工程中心将立足于地理国情监测技术工程化和生产应用，搭建工程技术研发、交流、推广平台，提高理论创新、技术创新、应用创新能力，培养专业人才，将其建设成为引领全国的地理国情监测工程应用领域关键技术的研究、开发与成果转化基地。

2017年3月，中国地理信息产业协会地理国情监测工作委员会正式组建，现有成员包括主任委员1名、副主任委员18名、秘书长1名、委员16人。此外，工作委员会还聘请中科院院士龚健雅，国家基础地理信息中心副主任刘若梅，中国测绘科学研究院研究员刘纪平，南京师范大学教授闾国年，南京大学教授李满春，浙江大学教授刘仁义，武汉大学教授刘耀林、吴华意、陈晓玲、李建松等10名专家学者为地理国情监测工作委员会专家组成员，龚健雅院士任专家组组长。在首次全国地理国情普查结束和常态化地理国情监测即将全面启动之际成立地理国情监测工作委员会，将为我国地理国情监测提供更多的理论研究和实践指导，进一步为国家重大战略实施、生态文明建设、空间规划管理、区域政策制定等提供更加科学、有效的依据。

三、相关专业国内外发展比较

（一）国内外开展相关监测的情况

纵观世界其他各国，为了解决其在环境、自然资源和灾害以及经济方面的难题，美国、欧盟等国家和组织都在实施类似地理国情监测的国家规划、计划以及具体的监测项目。其中，美国地理监测研究处于世界前列，美国地质调查局（USGS）作为监测管理与主导机构，主要面向国家机构提供水文、地质、地理及生态数据和信息，以帮助决策制定。目前，USGS 在土地变化监测方面开展的项目有很多，主要是从不同尺度研究土地利用与土地覆盖变化情况，并进一步分析变化原因、评估影响，例如：①土地变化研究（Land Change Research）项目，通过空间监测、过程研究以及数据建模等多种技术手段，在全美范围内开展土地利用与土地覆盖变化驱动因素研究，并对变化过程进行模拟、对变化结果进行预测，其当前的工作重点是改进有关土地利用与土地覆盖变化预测的模型工具并进行应用推广；②国家土地覆盖数据库（National Land Cover Database，NLCD）项目，其目标是基于 Landsat TM 30m 影像生产覆盖全美范围的土地覆盖及变化数据，目前已完成 2001 年、2006 年、2011 年三期数据，2016 年的数据正在研发中；该产品已被广泛使用，包括用来评估生态系统健康状态、了解生物多样性的空间格局、预测气候变化的影响等[10]。欧盟一直追求共同协作与发展，在地理国情监测方面，于 2003 年启动了“全球环境与安全监测计划”（后改为“哥白尼计划”），其主要目标是通过对欧洲及非欧洲国家（第三方）现有和未来发射的卫星数据及现场观测数据进行协调、管理和集成，实现环境与安全的实时动态监测，为决策者提供数据，以帮助他们制定环境法案，或是对诸如自然灾害和人道主义危机等紧急状况做出反应[11]。其中，“哨兵”系列卫星是该计划空间部分的专用卫星系列，目前已有 4 颗卫星在轨运行，包括 2014 年 4 月发射的 Sentinel-1A、2015 年 6 月发射的 Sentinel-2A、2016 年 4 月发射的 Sentinel-1B 以及 2017 年 3 月发射的 Sentinel-2B。此外，加拿大、日本等国家和地区也开展了类似的地理国情监测工作，经济社会效益显著。

在我国，经过多年的努力，国土、林业、水利、环保、农业、海洋、统计等专业部门都从各自职责出发，开展了全国性的专题信息阶段调查或普查工作，积累了丰富的经验。此外，2014 年 4 月，我国首次研制出了 2000 年和 2010 年两个年份 30m 分辨率的全球地表覆盖数据产品，并构建了全球首个高分辨率地表覆盖信息服务平台，中国政府将这一重要科学数据成果捐赠给联合国，并向全球用户提供不间断的地理信息服务，在国际社会产生极大反响；截至 2016 年底，已有来自 120 个国家的 6000 多名用户下载使用数据，用于气候变化、防灾减灾、土地利用和地表覆盖变化监测、生态环境、城镇化、农业等诸多领域，应用成效显著[8]。2016 年，随着地理国情常态化监测工作的开展，地理国情信息已经由静态数据监测逐步发展为动态变化数据实时监测，测绘的工作重点已由基础地理信息的采集、更新、服务逐步转向为地理国情信息的获取、监测与分析。

（二）国内外相关技术方法的发展与比较

1. 传感网和数据获取技术

地理国情监测对象具有区域性、多维结构、时序变化等复杂特征，而且强调地理国情信息获取的时效性和全面性，因此在很大程度上，对地观测能力的强弱决定了地理国情监测的强弱。卫星遥感是对地观测的重要组成部分，也是国际对地观测技术竞争的关键点之一，当前呈现出“三全”（全天候、全天时、全球观测）、“三高”（高空间分辨率、高光谱分辨率、高时间分辨率）、“三多”（多平台、多传感器、多角度）的发展趋势。由于遥感对地观测具有快速、覆盖范围广、周期性等特点，使其成为最重要的地理国情监测数据获取手段。

近年来，我国遥感卫星的发展已初具规模，然而随着各行业对遥感数据的需求不断提高，当前的“一星一议、单星作战”服务模式不仅难以满足遥感数据应用需求，也造成了一定程度的卫星资源浪费。鉴于此，国情工作中基于“虚拟星座”的构想，面向各类影像应用需求，建立了国产民用卫星、军事卫星和国外商业卫星的影像联合获取模式，构建了一套集“协同任务规划—智能化获取—精细化分析—最优化利用—个性化服务”为一体的多源遥感影像协同利用与服务新模式，通过数据互通与共享机制，实现了共建单位的影像资源互利共享，打破了影像数据行业壁垒，开创了多星联合、协同利用、互利共享的影像服务新模式。基于影像统筹利用的理念、方法和技术体系，研发了具有自主知识产权的多源影像统筹服务平台软件系统，实现了多源卫星遥感数据及元数据的高效分类管理、影像协同利用任务的个性化定制、目标区域历史覆盖分析、目标区域可获取性预测分析、多源卫星影像智能优选、云区快速精准提取、影像数据请求与调度、影像协同利用进度控制与反馈、影像实体数据质量检查等功能模块，能够自动化开展多源影像的获取、整合、分析与应用，具备业务化的多源影像获取与分发服务能力，显著提高了遥感影像获取与数据源保障能力。

2. 遥感影像信息提取与解译

目前，对于航空/航天遥感影像的解译技术主要有三种：①人工目视解译。长期以来，目视解译是地学专家获得区域地学信息的主要手段，这种形式从开始采用遥感手段进行土地利用调查，一直到现在仍然广泛应用于精度要求较高的研究中，特别是高分辨率遥感影像中，这是因为目视解译可获得比计算机解译更高的解译精度，但是目视解译技术耗时耗力，而且解译的过程中，解译者的知识和经验起主要作用，难以实现对海量空间信息的定量化分析，因此发展受到了一定限制。②计算机自动解译技术。主要有基于像元解译技术和面向对象解译技术两大类。在高分辨率遥感信息提取中，采用面向对象信息技术，并综合运用各种地学专家知识，包括光谱特征、几何特征、纹理特征以及其他特征指数等，构建基于特征知识库的高分辨率遥感信息解译框架是必然趋势。③人机交互解译方法。在完全智能解译无法在短期内实现的情况下，许多学者提出采用人机交互式的解译方法来提高解译效率和解译精度。

3. 空间信息云计算

自 2001 年 Google 在搜索引擎大会首次提出云计算的概念后，云计算技术的发展十分迅速，并在商业上取得了很大的成功，各大信息技术厂商如亚马逊、微软、惠普、雅虎、

IBM 等公司都推出了各自的云计算发展规划和解决方案。目前大家普遍认为，云计算是基于集中的可按需定制的计算资源，从基础设施（IaaS）、平台（PaaS）和软件（SaaS）三个层次上为网络用户提供高度可扩展的服务。对于地理空间科学而言，如何在云计算环境下操作和运行地理空间应用，并且如何对云计算进行优化，使之更好地为空间科学研究和地理应用服务，是一项亟待解决的问题，许多政府和企业也为此开展了大量的调查和研究，并尝试采用了多种方法：①使用云计算的 IaaS 服务获得计算资源，将 GIS 系统简单地移植到云计算平台；②在云计算的 PaaS 层提供 GIS 服务，例如在平台层安装 Esri ArcGIS Server 软件，提供地理空间服务；③基于复杂的时空规律对云计算平台进行优化，构建包括资源调度，GIS 平台和 GIS 应用的云计算环境。通过研究与实践发现，空间信息云计算可为各种时空决策应用提供强大的技术支持，以较低的单位资源使用成本部署和提供快速地理数据处理能力，提供更加灵活的地理信息服务，这项技术在现今的“大数据时代”显得尤为重要。

地理国情普查数据库数据量巨大，各种成果数据超 600TB，在 ORACLE 中建库数据 100TB 左右，其中超过 45TB 数据应用于在线的统计分析等业务，大量单个分析任务同时需要参与计算的图形单元超过 2.5 亿个，如此巨大的存储量和计算量，传统模式难以满足快速服务要求。为了解决这一困境，地理国情普查数据库建库采用了大数据、弹性云存储、大内存和云计算等先进技术，构建了 TB 级海量数据存储与管理运行环境，搭建了面向服务的虚拟化和弹性伸缩系统架构，实现存储、网络与计算软硬件资源一体化，形成了国内同比领先的空间数据高性能计算和综合服务能力。充分利用空间数据库分析 SQL 并优化统计分析算法实现部分空间统计分析并行计算，从多个方面优化和提高系统性能及运算能力，促进了 OracleSpatial 软件模型和算法升级完善。目前，无论从数据建库过程，还是在建成数据库上开展的统计分析来看，实际运行效率远远高于传统方式，有效达到了设计目标，可以满足数据的高效应用需求。

4. 时空数据挖掘技术

时空数据挖掘是指从时空数据库中提取用户感兴趣的时空模式与特征、时空与非时空数据的普遍关系及其他一些隐含在数据库中的普遍的数据特征。近年来，时空数据挖掘已在许多领域得到应用，如移动电子商务（基于位置的服务）、土地利用分类及地域范围预测、全球气候变化监控（如海洋温度、厄尔尼诺现象、生物量）、犯罪易发点发现、交通协调与管理（交通中的局部失稳、道路查找）、疾病监控、水资源管理、自然灾害（如台风、森林火灾）预警、公共卫生与医疗健康等。目前，可用于时空数据挖掘的理论方法很多，包括概率论、证据理论、空间统计学、规则归纳、聚类分析、空间分析、模糊集、云模型理论、粗集、神经网络、遗传算法、可视化、决策树、空间在线数据挖掘等。

地理国情监测数据的综合分析与评估主要以地理国情普查与监测数据库为本体，基于空间统计分析等相关技术，开展诸如全国国土面积、海岸线长度等数量统计；分析地形地貌、地表覆盖、水系流域、交通境界、居住区域等要素现状数据，把握地理国情空间分布格局；结合动态变化监测数据，深入分析地理国情动态变化监测的过程信息，挖掘地理国情动态变化的趋势和规律；融合其他部门信息开展灾害应急、重大工程布局、产业优化布局辅助决策支持应用。面临众多地理国情监测数据且知识缺乏的情况，需要采用合适的时空数据挖掘方法，基于多个不同的视角，从地理国情监测数据中挖掘知识，为国家有关部门的决策提供空间支持。

5. 地理空间大数据技术

随着物联网、移动互联网以及各类智能终端的广泛应用和普及，伴随着人们的日常生产生活，通过卫星定位、导航、IP 定位、基站定位、WIFI 定位以及混合定位等各种定位技术，形成了大量具有位置属性的数据。通过收集大量用户在某些地段移动的设备、速度进而来判断某个路段的交通拥堵情况，可以实现地图的“实时路况”功能，并在导航中“实时路况”为用户提供出行最优解决方案，为交通道路规划提供决策支持等。通过智能设备收集人群的移动与分布，可以获得大范围的迁徙情况，为旅游、应急以及宏观政策制定提供非常准确的决策参考。空间大数据技术的发展，为地理国情监测提供了新的技术可能，成为一个非常有前景的发展新方向。

四、地理国情监测发展趋势及对策

地理国情监测是新时期经济社会发展对测绘地理信息工作的新需求、新要求，是测绘地理信息部门主动服务科学发展的重要职责和战略任务。2017 年，国家测绘地理信息局将努力推进以下三方面工作：①大力推动普查成果应用。按照程序和口径统筹做好普查成果发布，加强解读和舆论引导，使社会各界充分了解、积极使用普查成果；认真做好第一次全国地理国情普查总结，充分挖掘普查成果蕴含的价值，提供具有普遍适用性的地理国情公共产品和个性化的定制服务；推进与各部门建立成果共享机制，开展深度业务协作，为国家重大国情国力调查或相关管理工作提供统一的地理空间公共基底。②有序开展常态化地理国情监测。统筹开展基础性地理国情监测，对普查成果进行年度更新，发布年度地理国情监测报告；开展专题性地理国情监测，从多个维度反映经济社会发展的规模、结构、人地关系协调性等方面的规律性特征，提出科学判断和建议，跨区域、多省（区）联动开展丝绸之路经济带、长江经济带、京津冀协同发展等重要地理国情监测示范，并探索开展地理国情综合评价，为国家和地方重大战略、重大工程、重大项目和重点区域提供地理国情综合服务。③加强地理国情监测支撑体系和机制建设。出台国家地理国情监测总体方案，健全监测技术标准、质量控制和产品服务体系，完善监测内容指标、技术规范、工艺流程；建设适应动态监测需求的地理国情信息时空数据库，基于“天地图”

提供地理国情信息在线服务；完善地理国情监测业务协作、信息发布、共享应用、绩效评价等工作机制。[9]

参考文献

[1] 国家发展改革委，国家测绘地理信息局．关于印发《测绘地理信息事业“十三五”规划》的通知［N/OL］2016-09-13. http://www.sbsm.gov.cn/zwgk/ghjh/chgh/201612/t20161221_381649.shtml

[2] 第十二届全国人民代表大会常务委员会．中华人民共和国测绘法［N/OL］．2017-04-28. http://www.sbsm.gov.cn/zwgk/zcfgjjd/flfg/201704/t20170428_387040.shtml

[3] 中国测绘宣传中心．第一次全国地理国情普查项目通过专家验收［N/OL］．2016-08-18. http://chzt13.sbsm.gov.cn/zxgz/qgdlgqpc/pcyw/201608/t20160818_302894.shtml

[4] 国家测绘地理信息局，国土资源部，国家统计局，等．第一次全国地理国情普查公报［N/OL］．2016-04-24. http://chzt17.sbsm.gov.cn/dlgqpc/

[5] 桂德竹，张月，刘芳，等．常态化地理国情监测内涵的再认识［J］．测绘通报，2017（02）：133-137.

[6] 张继贤，翟亮．关于常态化地理国情监测的思考［J］．地理空间信息，2016（04）：1-3.

[7] 陈江平，单杰，秦昆．试论地理国情监测专业的人才培养和学科体系［J］．测绘通报，2017（04）：139-144.

[8] 陈军，廖安平，陈晋，等．全球 30 m 地表覆盖遥感数据产品 -GlobeLand30［J］．地理信息世界．2017（2）:1-8.

[9] 国家测绘地理信息局办公室．国家测绘地理信息局印发 2017 年测绘地理信息工作要点［N/OL］．2017-02-06. http://www.sbsm.gov.cn/xwfb/chdlxxyw/201702/t20170207_384461.shtml.

[10] U.S. Geological Survey. LCS Program: Science Topics［EB/OL］.2016. https://www2.usgs.gov/climate_landuse/lcs/sciTopics.asp.

[11] European Space Agency. About Copernicus［EB/OL］.2017. http://www.esa.int/Our_Activities/Observing_the_Earth/Copernicus/Overview4.

撰稿人：刘若梅　周　旭　陶　舒　王瑞幺　王发良　刘纪平
翟　亮　潘　励　李力勐　贾云鹏　李广泳

测绘仪器装备专业发展研究

一、引言

随着测绘地理信息产业相关应用和服务不断延伸，为其作为战略性新兴产业指明了发展方向。测绘地理信息仪器装备已广泛应用于测绘地理空间信息获取、处理和输出等技术环节，是测绘地理信息技术发展不可或缺的重要组成部分。近年来，我国测绘地理信息技术与以移动互联网、物联网、大数据、云计算等新一代信息技术加速融合，北斗卫星导航系统、机载雷达、无人机、倾斜摄影等新型技术装备在测绘地理信息领域的应用日益广泛，测绘地理信息仪器装备的内涵和外延都发生了深刻变化：不再是简单地获取角度、距离、坐标等离散数据或模拟影像，还要完成以连续的数字化地理位置为载体的各种属性数据和数字影像的获取、处理、管理和服务；不再是从地面近距离地获取测量数据，还从空中远距离测量地面目标，从水下、陆地下获取目标数据。

本专题报告主要围绕卫星定位测量、摄影测量与遥感测量、地面测量、地下空间测量、海洋测量、重力测量、测绘仪器计量检测的装备和测绘仪器装备专业的发展趋势及对策进行阐述。

二、卫星定位测量装备系列

（一）全球卫星导航系统

全球导航卫星系统（global navigation satellite system，缩写为 GNSS）是能在地球表面或近地空间的任何地点为用户提供全天候的三维坐标和速度以及时间信息的空基无线电导航定位系统。预计到 2020 年，美国 GPS、俄罗斯 GLONASS、欧盟 Galileo 和中国 BDS 等 4 大 GNSS 系统将建设或改造完成。在未来几年，GNSS 领域将进入一个 100 多颗导航卫星并存且相互兼容的局面。

北斗卫星导航定位系统（BDS）是我国自主建设、独立运行，并与世界其他卫星导航系统兼容共用的全球卫星导航系统。2016 年 6 月 12 日，第 23 颗北斗导航卫星发射成功。如今，北斗导航系统的服务覆盖了全球 1/3 的陆地，使亚太地区 40 亿人口受益，其精度也与 GPS 相当。经过十几年的发展，北斗导航系统、美国的 GPS、俄罗斯的格洛纳斯系统（GLONASS）和欧洲的伽利略系统（Galileo）正呈现出多方竞争的局面。

全球卫星导航系统已经从单一的 GPS 时代发展到 GPS、GLONASS、BDS 以及 Galileo 四大 GNSS 并存与发展的新时代。另外，日本的 QZSS、印度 IRNSS 等区域导航系统也在逐步发展。“北斗”卫星导航系统作为我国自主研发的卫星导航系统正在迅猛发展，并已按计划实现区域定位达到预期指标。世界多国 GNSS 的发展必将导致其功能更全面、覆盖面更广、稳定性更可靠、完备性更好以及应用领域越来越广。

（二）GNSS 仪器装备的发展

随着 GNSS 技术进步和信息化时代的推进，GNSS 测绘装备在精度不断提高的同时正朝着小型化、高集成度、多功能性方向发展。目前，使用最广泛的 GNSS 测绘装备主要包括：基准站接收机、RTK 接收机、手持 GNSS 接收机三类。

GNSS 接收机是卫星导航系统的重要组成部分，是卫星导航市场规模最大和产业化最核心的环节。目前，卫星导航接收机的生产制造厂家约有 70 多家，接收机的型号为 500 余种。多模 GNSS 的发展和测绘装备制造技术的进步，不断有新的高性能测绘装备携带新的功能问世并不断向新的领域拓展。当前，GNSS 在大地测量领域的应用已扩展到地球物理、地球动力学等方面，除了地壳运动观测，随着 GNSS 连续观测站的不断增加，观测现象将更加丰富。高精度的 GNSS 技术将成为火山地震、构造地震、全球板块运动等监测的重要手段。

GNSS 手持机能够改善数据精度和工作效率，大大减弱劳动强度，在低精度地理信息采集中得到广泛的应用，例如电力、天然气、基础设施、水资源输送、废水处理以及土地管理等。国内外多家厂商都生产出 GNSS 手持机，包括手持机、GIS 采集器、移动 GIS、高精度 GIS、i-PPP GIS、手持 RTK、测量型 RTK、高精度移动 GIS 平板电脑等。

随着海洋在军事和经济方面地位不断提高，以及通信技术和卫星导航技术的发展，GNSS 正逐渐向海洋测绘领域扩展。将水声测量定位技术与 GNSS 测量相结合，由水声仪器负责测量水深而 GNSS 负责定位，完成海洋测绘任务。水下 GPS 定位系统可用于排雷潜水员跟踪和制导系统、石油与天然气浅水调查、海洋科学和水下考古应用、潜水员或潜水器及水下机器人跟踪，在 500m × 500m 水域实现水下定位米级定位。海上导航定位主要采用 GPS 罗经、星级差分机等设备能够利用星基增强系统信号实现分米级定位和定向精度 0.5° 以下。

GNSS测绘装备以其高精度、实时、全天候的定位优势为依托，融合数码相机、测高仪、罗盘、惯性导航系统等设备，其功能不断增加应用领域也不断扩，例如石油开采、森林防火、航空摄影测量、铁路建设和维护等领域。

伴随测绘行业的需求更新，高精度GNSS接收机未来将会向着多星座、集成化、小型化、智能化、国产化方向发展：

1）多系统组合兼容互操作。伴随GPS与GLONASS的现代化以及Galileo和BDS的空间布局完成，将在十年内形成卫星数量达100余个的GNSS系统，广播多个民用信号，GNSS接收机向多系统组合与互操作方向发展已成为卫星导航系统不可逆转的总趋势。

2）卫星导航与无线通信相融合。卫星导航与通信等其他系统的融合和渗透，是其生命力强大的体现，随着卫星导航与蜂窝通信的逐步融合和移动位置服务（LBS）不断进步，实现室内外平滑过渡的无缝导航定位将是未来GNSS接收机发展的又一方向。

3）小型化、低功耗、高集成、简易测量。目前，高精度GNSS接收技术的发展始终是向着低功耗、小型化和芯片组的商业化，以及系统功能的透明化（嵌入式）和集成化方向发展。

4）核心板卡国产化。国外进口的高精度GNSS板卡的可用性严重受到政治、军事等因素的影响，不能满足国民经济关键领域对可靠性和信息安全性的需求。随着我国北斗导航系统的全球化布局实现及国产高精度GNSS板卡的蓬勃发展与日趋成熟，国产高精度GNSS接收机终将彻底摆脱国外卫星导航板卡的控制与技术制约，向着符合我国特色市场需求及灵活定制的完全国产化路线迈进。

5）从功能型转为智能型接收机。传统的测地型GNSS接收机主要用于实现高精度空间位置数据定位功能，需要使用专业的移动终端，不能随便更换终端设备，导致系统升级代价高，系统使用范围受限，且作业需要专业人员实现，伴随着现代IT应用服务的普及，测绘应用领域注重用户体验，从功能化向智能化的应用服务需求日趋明显，未来通过在测量型接收机设备上内置操作系统，开放开发平台，可灵活实现不同测量应用的创新与扩充，通过网络方式与系统进行数据互联通信，可远程操作配置与升级，取消对测量专业采集器的依赖，轻松实现测量作业。

6）GNSS软件接收机。就是在接收机设计中融入软件无线电思想，尽可能接近接收机天线处实现灵活可配置的软件化数字处理。突破了以往接收机功能单一、可扩展性差和以硬件为核心的设计局限，凭借其可升级性、功能的可配置性，以及平台的通用性、灵活性、开放性等众多优点，成为卫星导航接收机的新的发展方向。

近年来，国内高精度卫星导航产业也有了突飞猛进的发展，在高精度终端产品方面，最初国内厂家以代理外国产品为主，逐渐过渡到使用国外核心板卡部件进行终端自主集成的产品研制模式。伴随我国自主北斗系统的建立，国产自主研制的高精度GNSS板卡日趋成熟。目前，部分企业已经采用了自主国产GNSS板卡实现进口替代，随着国产GNSS终端设备性能的不断改进和完善，已经实现了由零到 80% 的国内市场份额跃进，并纷纷成功实现了海外测绘市场的拓展。

（三）连续运行参考站系统

国外具有代表性的包括国际 GNSS 服务局的 IGS 跟踪站网络、欧洲永久性连续网（EPN）等洲际 CORS，美国的连续运行基准站系统（CORS）、加拿大的主动控制网系统（CACS）、德国的卫星定位与导航服务计划（SOPAC）、日本的 GPS 连续应变监测系统（COSMOS）、英国的连续运行 GPS 基准站系统（COGRS）等国家级 CORS，澳大利亚悉尼网络 RTK 系统（SydNet）等城市级 CORS，美国 CUE、ACCQPOINT 等公司的区域定位导航服务网络，以及其他欧洲国家，即使领土面积比较小的，芬兰、瑞士等也已建成具有类似功能的永久性 GPS 跟踪网，作为国家地理信息系统的基准，为 GPS 差分定位、导航、地球动力学和大气提供科学数据。对于国外的发展，可以从国家级系统和企业系统两个层次进行分析，前者是政府或公益性研究机构投资和管理的，由社会支持的网络，一般是提供无偿的源数据服务，个别地区提供有偿的实时定位服务。后者是由企业或研究机构投资并管理的，采用商业化运营的系统。

中国北斗地基增强系统（一期）已经通过验收。我国已基本建成自主可控、全国产化的北斗地基增强系统，北斗地基增强系统可以带来米级、分米级、厘米级和后处理毫米级的高精度服务，在车道级导航、精准农业、建筑物监测、工程施工等方面带来全新的高精度体验。系统能力达到国外同类系统技术水平。

三、摄影测量与遥感测量装备系列

（一）遥感平台

传感器平台作为搭载传感器的载体，也可理解为支持传感器。近年来，除了传统的卫星和飞机平台不断优化外，新型的传感器平台或系统也层出不穷：遥感平台有地球同步轨道卫星（35000km）、太阳同步卫星（600 ~ 1000km）、太空飞船（200 ~ 300km）、航天飞机（240 ~ 350km）、探空火箭（200 ~ 1000km），并且还有高、中、低空飞机，升空气球，无人飞机（微型无人机、固定翼无人机、无人直升机、滑翔机等），移动测量车，GPS/IMU 直接定位定向平台，地理互联网等也在不断发展，它们将会引领摄影测量与遥感迈向新层次。

（二）成像传感器

1. 高分辨率遥感卫星

随着航天技术的持续发展和遥感观测系统性能的不断改进，遥感技术的发展出现了新的高潮，世界各国竞相研究、开发和发射高分辨率遥感卫星。目前在轨运行的各种民用高分辨率遥感卫星就有十多颗。其中法国 SPOT6/7 提高到 1.5m，俄罗斯的 Resource 系列卫星所用的 KVR-1000、DK-5 和 KFA-3000 型的分辨率均达到了 2 ~ 3m；美国数字地球公司继 QuikBird 系列卫星成功运作后，先后分别发射了具备优秀机动性和几何定位精度、分辨率优于 0.5m 的商业卫星 World-1、WorldView-2 和 WorldView-3 卫星。而中国卫星的发展也是有目共睹的，1999 年中国和巴西联合研制的中巴地球资源卫星即资源一号卫星也发射成功，2012 年中国第一颗自主的民用高分辨率立体测绘卫星资源三号成功发射，2013 年分辨率为 2m 的高分一号发射成功，2014 年亚米级别的高分二号也发射成功，资源三号 02 星于 2016 年 5 月 30 日成功发射。

2. 干涉合成孔径雷达（InSAR）

目前可提供干涉测量数据源的星载 InSAR 系统有日本的地球资源卫星 JERS-1、美国的“航天飞机成像雷达飞行任务”SIR-C/X-SAR、加拿大的资源调查卫星 RADARSAT-1 和欧洲空间局的环境卫星 ENVISAT 等，其中以欧空局和美国的系统影响最大。加拿大的 Radarsat 系列雷达卫星在精细模式下已经能达到 3m 的分辨能力。德国发射的 Terra-SAR 雷达卫星，其点模式地面分辨率达到 1 ~ 3m，幅宽为 10km；条带模式地面分辨率为 3 ~ 15m，幅宽 40 ~ 60km；宽扫描式地面分辨率为 15 ~ 30km，幅宽为 100 ~ 200km。InSAR 是近年来迅速发展起来的一种微波遥感技术，它是利用 SAR 的相位信息提取地表的三维信息和高程变化信息的一项技术，目前已成为国际遥感界的一个研究热点。

3. 航摄仪

航空摄影测量已经从模拟、解析发展到了全数字阶段，航摄相机也从原来的感光胶片模式发展为航空数字相机，航空数字相机按成像原理可分为 2 类，即框幅式相机与推扫式相机。航空数字相机按成像幅面区分大致可分为 3 类，即小于 1500 万像素的小幅面成像系统、4000 像素 ×4000 像素 CCD 阵列的中幅面数字成像系统和较为复杂及昂贵的大幅面数字成像系统。

数字航空摄影相机的发展趋势是：大幅面、高精度、推扫式；一次获取全色与多光谱影像；数字相机与 GPS / IMU 紧耦合集成。

目前国内外的差距主要体现在：第一，国内的数字航空摄影相机，还处于购买国内外的零部件进行集成组装阶段，如购买国外的相机镜头、面阵 CCD 等进行作坊式的设计、生产，没有真正进入产业化阶段；第二，国内可以制造普通的单镜头、多镜头框幅式数字航空摄影相机，但是还没有能力设计、制造如 Leica ADS80 那样的高精度、大幅面、推扫式数字航空摄影相机。

4. 激光雷达测量系统（LiDAR）

机载激光雷达（Light Detection And Ranging，LIDAR）是将激光用于回波测距和定向，并通过位置、径向速度计物体反射特性等信息来识别目标。它体现了特殊的发射、扫描、接收和信号处理技术。近几年，欧美等发达国家许多公司和科研机构先后研制出多种机载激光雷达系统，相继投入商业运作。我国的学者也投入道路激光雷达技术的研究中，也有一些公司从国外引进了机载激光雷达设备用于商业运作。但总体而言，我国在机载激光雷达的硬件研制及理论研究和实践应用方面都落后与发达国家。虽然目前已有多种激光雷达系统在使用，但激光雷达仍是一项处在不断发展中的高新技术，许多新体制激光雷达仍在研制或探索之中。在今后的一段时期内，激光雷达的研究工作将主要集中在不断开发新的激光辐射源、多传感器系统集成和不断探索新的工作体制和用途方面。

5. 倾斜摄影测量装备

倾斜摄影测量通过多台传感器从不同的角度进行数据的采集，快速、高效获取丰富的数据信息，满足人们对三维信息的需求。通过在同一飞行平台上搭载 5 台传感器，同时从一个垂直、四个倾斜五个不同的角度采集影像，拍摄相片时，同时记录航高，航速，航向和旁向重叠，坐标等参数，然后对倾斜影像进行分析和整理。无人机倾斜摄影测量已经成为未来航空摄影测量的重要手段和国家航空遥感监测体系的重要补充，逐步从研究开发阶段发展到了实际应用阶段。

四、地面测量装备系列

（一）地面测量仪器

1. 全站仪

全站型电子速测仪简称全站仪，目前依然是地面测量的主流仪器。它能直接测量水平角、竖直角、空间斜距、水平距离、高差及三维坐标。按出厂标称的测角精度分级，全站仪可划分为：0.5” 级、1” 级、2” 级和 6” 级。

全站仪的核心技术包括：电子测角技术、光电测距技术、精密双轴倾斜传感器技术、轴系设计与精密加工技术、精密伺服马达驱动技术、目标自动识别、搜索和跟踪技术等。

中国生产的全站仪也发展迅速。在高端全站仪方面已有厂家研制成功 0.5″精度带自动目标设别、自动搜索和自动跟踪的自动化全站仪样机，但短期内难以赶上国外产品。在中端全站仪方面，已经完全达到了国际先进水平，并且以价格优势占领着中国市场的主要份额。无论国内产全站仪还是国外产全站仪，都呈现如下技术进步特点：①使用 Window CE 操作系统（简称 Win 智能全站仪）的越来越多，最新操作系统版本是 WEC7.0。Win 全站仪不仅是彩色屏幕和具备常规全站仪的测量功能，它还具备掌上机的大部分功能，特别是信息管理以及基于无线数据通信的浏览器和电子邮件功能，还可以安装第三方软件，进行图形和图像浏览。②彩色触摸屏，除 Win CE 全站仪外，有的非 Win CE 全站仪也配置了彩色触摸屏，同时为了实现 3D 图形显示和浏览，屏幕尺寸从 3.5 寸、3.7 寸发展到 5 寸，触摸屏从电阻屏发展到多点触摸的电容屏。这些仪器配置键盘背景光照明功能，有的还配置环境亮光传感器，自动调节显示屏亮度自动感光窗口。③高精度，多功能。超高精度等级的测角精度达到 ±0.5″，测距精度达到 ±（0.5mm+1ppm×D）。同时，在高端全站仪里，往往配置多种功能，以满足复杂的应用需要。如自动跟踪、自动目标识别或超级搜索。④驱动技术先进，速度快，噪声小。如采用了磁驱伺服技术、超声波技术等。正倒镜转动时间由过去近 10s 改进到 2 ~ 3s。⑤图像全站仪崭露头角，试图取代传统的人工瞄准测量模式。这些仪器可获取目标的数据影像，通过在影像上点击目标，实现仪器自动旋转，再配合自动目标识别功能，轻松准确地完成测量任务。另外还可以通过对同一场景进行两组相片的拍摄经过近景摄影测量算法计算出图像上任意点的立体坐标，适用范围除了测图领域，也可以用于土方计量、实体三维建模等方面，是三维激光扫描仪在低端市场的替代品。⑥多种形式通信。从单一数据内存发展为内存、U 盘、CF 卡、SD 卡；从单一的 RS232 发展为 RS232、蓝牙、USB 等通信接口；从支持近距离通信发展为支持基于移动网路的远程通信。⑦补偿范围在不断扩大。除部分全站仪的补偿范围仍保持在 ±3′ ~ 4′外，其他新产品的补偿范围则最大达到 ±6′。⑧集成了高精度全站仪技术、高速 3D 扫描技术、数字图像测量技术和 GNSS 测量技术的扫描全站仪是一种智能学习型仪器，可全天候适应不同的测量需求。

2. 经纬仪

经纬仪可以用于测量角度、工程放样以及粗略的距离测量，是测量装备中历史最悠久的产品，也是现代测绘的基础。根据读数方式不同，经纬仪分为光学经纬仪和电子经纬仪，随着全站仪的价格降低、体积减小，经纬仪可能会逐渐被全站仪替代。光学经纬仪几乎没有什么发展，越来越少的用户仍然使用着 20 世纪出产的仪器。电子经纬仪则随着全站仪的发展也在不断出现新产品，在天文测量、精密工业测量领域得到广泛应用。在中低端电子经纬仪方面，国产仪器占据着绝对市场优势。许多国产电子经纬仪上加装了与望远镜同轴的激光指向器，在工程领域得到广泛应用。在高端电子经纬仪方面，国产仪器也有突破，国内已有厂家推出 1″精度的自准直电子经纬仪和 0.5″等级的马达驱动自准直电子经纬仪。

3. 水准仪及水准标尺

水准仪自诞生以来，凭借其精度高、速度快、操作简单等优点得到普及，由于水准仪的高程测量精度大大高于全站仪等其他测量仪器，到目前为止在精密高程控制测量中，还没有其他仪器可以替代。

水准仪可分为三种：①水准管水准仪，也称气泡式水准仪；②自动安平水准仪；③数字水准仪，也称电子水准仪。

前两种统称光学水准仪，都需要配合均匀刻划的水准标尺。水准管式水准仪因为操作麻烦，已经基本淘汰，国内外市场上的光学水准仪几乎都是自动安平水准仪，自动安平水准仪的核心技术是自动安平补偿技术，国内仪器生产厂家已经完全掌握。由于我国劳动力资源优势，光学水准仪产品质优价低，不仅占领了国内绝大部分市场份额，而且走向了世界，每年产量数以十万计，已达世界第一，国际市场 90% 的中低精度光学水准仪都是中国制造。在高端水准仪方面，国内厂家已有 DSZ05 级光学水准仪和电子水准仪推向市场。

4. 陀螺经纬仪

陀螺经纬仪是陀螺寻北仪器和经纬仪的结合产品，在地下工程测量领域广泛使用。最近几年，出现很多陀螺寻北仪与全站仪结合的产品，有人称其为陀螺全站仪。国际上陀螺经纬仪 10 分钟的定向标准差可达到 3″ ~ 6″；国内陀螺经纬仪 10 分钟的定向标准差可达到 5″ ~ 10″。

5. 手持激光测距仪

手持式激光测距仪是一种以激光为载波，以目标表面漫反射测量为特点，通过脉冲法、相位法等方法测定空间距离的便携式长度测量仪器。按最大测程可分为近程手持式激光测距仪和远程手持式激光测距仪。

近程手持式激光测距仪最大测程一般在 100m 左右，体积小、重量轻，采用了数字测相脉冲展宽细分技术，无需合作目标即可达到 mm 级精度。

远程手持式激光测距仪最大测程一般在 1km ~ 5km，国内也称望远镜式测距仪，其测距误差一般在 0.1 ~ 2m。

6. 地面三维激光扫描仪

利用激光测距技术快速获取扫描点三维坐标的测量系统称为激光扫描仪，按照搭载平台分类，划分为四类：星载激光扫描仪、机载激光扫描仪、车载激光扫描仪和地面激光扫描仪。地面激光扫描仪类似一台超高速自动运转的全站仪，是无合作目标激光测距仪与角度测量系统组合的自动化快速测量系统。能以每秒数以万计的速度，获取周围目标点的厘米或毫米级精度三维坐标，广泛应用于矿山测量、考古测量、工业制造、建筑安全监测等领域。

地面三维激光扫描仪的测角精度一般在 5″ 左右，测距模式有相位式和脉冲式，相位式的测程一般在 100m 以内，点位精度在 5mm 左右，脉冲式的测程可达 2000m，距离 100m 处的点位精度在 10mm 左右。国产地面三维激光扫描仪产品已经出现，可以预计，像全站仪的发展历程一样，国产三维激光扫描仪从底端产品开始，也会很快向高端发展。

7. 激光干涉仪

激光干涉仪是利用激光干涉原理测量长度的精密仪器。它以波长作为标准对被测长度进行度量，即使不做细分也可达到微米量级，细分后更可达到纳米量级。测程一般在 100m 以内，测长相对误差在 0.5ppm 量级。激光干涉仪分单频和双频两种，双频激光干涉仪抗干扰能力较强。在测绘领域，激光干涉仪主要用于对因瓦水准标尺进行检测和全站仪测距周期误差的检测。在工业领域，激光干涉仪主要用于各类机床、三坐标测量机和导轨的检测与校正。目前激光干涉仪也已实现国产。

8. 垂准仪

垂准仪能够建立铅垂的视准线，将仪器中心点向上或向下投影，主要用在高层建筑施工或竖井开挖工作上。

垂准仪按工作原理可分为水准泡型和自动补偿型。按其一测回垂准测量标准差可分为精密型（1/100000）、普通型（1/40000）和简易型（1/5000）三种。早期的垂准仪主要依靠精密管气泡和人工瞄准建立铅垂线，现代垂准仪一般都具有自动补偿器和激光指向器，很多人称其为激光垂准仪。

我国北京、西安、广州、大连、江浙等地均有生产。国产垂准仪技术已经达到国际先进水平，完全满足了国内建设需求。

（二）地面测量系统

1. 激光跟踪测量系统

激光跟踪测量系统是工业测量系统中一种高精度的大尺寸测量仪器。它集合了激光干涉测距技术、光电探测技术、精密机械技术、计算机及控制技术、现代数值计算理论等各种先进技术，对空间运动目标进行跟踪并实时测量目标的空间三维坐标。它具有高精度、高效率、实时跟踪测量、安装快捷、操作简便等特点，适合于大尺寸工件配装测量。

激光跟踪测量系统基本都是由激光跟踪头（跟踪仪）、控制器、用户计算机、反射器（靶镜）及测量附件等组成。工作基本原理是在目标点上安置一个反射器，跟踪头发出的激光射到反射器上，又返回到跟踪头，当目标移动时，跟踪头调整光束方向来对准目标。同时，返回光束为检测系统所接收，用来测算目标的空间位置。激光跟踪仪的发展趋势是跟踪范围、跟踪速度和测量精度逐步提高，仪器重量和尺寸逐步下降。目前国内科研机构已研制出激光跟踪仪样机，但离商品化还有一定距离。

2. 近景摄影测量系统

近景摄影测量系统的核心技术与关键部件有：量测摄像机、测量标志与附件、数码相机检校、相片概略定向、像点自动匹配。以数码相机作为图像采集传感器、对所摄图像进行数字处理的系统称为数字近景摄影测量系统。

数字近景摄影测量系统一般分为单台像机的脱机测量系统、多台像机的联机测量系统。此类系统与其他类系统一样具有精度高、非接触测量和便携等特点。

数字摄影测量技术在精密测量领域得到了迅猛发展和广泛应用，其典型测量精度为摄影距离的 1/10 万。国内也多家单位也开展了数字工业摄影测量的研发和生产，其中单相机工业测量相机的最高测量精度可达 3μm+3ppm × L。随着电子化集成的发展与普及，掌上处理终端在运算速度上已经有望代替台式计算机，将相机与掌上处理终端相结合，配合更高速简便的处理软件，达到现场拍摄实时显示结果。

3. 经纬仪交会测量系统

经纬仪交会测量系统是由两台或两台以上高精度电子经纬仪与计算机联机构成，利用经纬仪的高精度角度测量特点，根据角度空间前方交会测量原理解算空间点的三维坐标，系统的尺度通过对基准尺的测量来确定。可实现高精度、无接触测量，其点位测量最大误差一般不大于 0.1mm。目前已有国产带内觇标的高精度电子经纬仪用于此类经纬仪交会测量系统。

4. 室内 GPS 测量系统

室内 GPS（英文 indoor GPS，简称 iGPS），iGPS 测量时需要不少于两个以上的信号发射器，通过交会测量空间点的三维坐标，其工作模式类似于 GPS 定位模式，属于小范围实时的高精度三维坐标测量技术。其测量原理更接近经纬仪角度交会测量原理，各个发射器之间的定位定向原理为光束法平差模型（bundling adjustment），每个 iGPS 发射器相当于一台具有无度盘测角功能的电子经纬仪，但它是通过旋转向四周发射红外光线信号，发出的信号被 iGPS 接收器接收，同时测量发射器到接收器的水平角和垂直角。iGPS 系统可实现高精度、无接触的自动化测量，测量效率高、动态性能好，测量范围可达几十米，测量精度为亚毫米，采样频率达到 20Hz，在 10m 范围内，如果采用四个发射器，其空间点位测量精度可以达到 ±0.1mm，在 30m 范围内单点精度可以达到 ±0.125mm（2σ），空间坐标测量精度随着发射器数量增加而提高。目前已有国内高校联合厂家推出商品化的 iGPS，并成功应用与汽车和飞机制造领域。

5. 移动测量系统

移动测量系统（mobile surveying system，MSS）是把 GNSS 接收机、惯性导航装置（IMU）、三维激光扫描仪、全景式近景摄影测量相机等多种测量仪器集合在一个运动载体内，由计算机统一控制构成的综合测量系统。小型的可以由单人背负、三轮车搭载，大型的可由船舶、汽车或小型飞机搭载。能在移动状态下，对周围目标自动进行信息采集，快速获取带状区域内目标的空间位置数据和属性数据，点位精度一般在 0.1m 左右。国产的移动测量系统也已达到国际先进水平，与国外产品比较，毫不逊色。

移动测量系统主要有两大发展趋势：第一，高精度、小型化和集成化；第二，多功能、实时性和自动化。

五、地下空间测量装备系列

地下空间测量使用较多的是全站仪和三维激光扫描仪，能够对测量的物体进行综合的观测和准确的定位。地下管线信息是城市建设的重要信息源，是城市规划、设计、建设、管理、应急，以及地下管线运行维护的信息支撑，地下管线探测工作已在保障城市各种建设工程中成为重要的支撑手段。地下管线探测仪器分为电磁式探测仪和探地雷达两大类。

（一）探测仪器

1. 地下管线探测仪

地下管线探测仪经历了电子管和单一线圈时代、晶体管和双线圈时代，目前已经发展到微处理器和组合线圈时代和多元化时代等阶段。从地下管线探测仪器的发展历史看，国外起步较早，技术水平高，品种多，已有许多成熟的产品在不同测量领域得到广泛的应用。20 世纪 80 年代后，由于采用了新型磁敏元件、各种滤波技术及天线技术，使仪器的信噪比、精度和分辨率大为提高，并更加轻便和易于操作，实现了地下管线的高精度和高效率的探测。国内地下管线仪器的生产起步较晚，技术水平较低，发射频率单一、发射功率较小，稳定性、分辨率较查，因此生产的产品很难在实际工作中得以广泛的应用。

2. 探地雷达

探地雷达（ground pentrating/probing radar，GPR），是通过对地下目标物及地质状况进行高频电磁波扫描来确定其结构形态及位置的地球物理探测方法，用于探测电磁法不能探测的目标体。

探地雷达从 20 世纪初，随电子技术和数据处理技术的发展，其体积越来越小，从起初的肩扛手抬，到现在一个人就可以轻便的操作和检测；其功能从探测冰层厚度（当时的工作信号频率较低）到现在的“全面开花”，在军事和众多民用部门都可见到它的影子；其技术指标也得到极大的提高，如利用高频天线进行公路面层厚度检测时，垂向分辨率可达到毫米级，利用低频天线探侧深层目标时，探测深度可达到几十米。随现场检测指标要求的不断提高，探地雷达对付强衰减介质的本领、解决地下目标的复合反映及多解性的能力方面亟待提高，这也为探地雷达技术的发展指明了方向。

（二）数据处理软件

随着我国城镇化进程的不断深入，传统的城市地下管线二维管理模式，已根本无法满足当今人们对地下管网、管线大数据信息分析、表达、应用的实际需要。全新的地下管线数据资源汇集管理信息平台可有效地将各类地下管线资源融入系统之中，全面实现了地下管线数据信息的二三维一体化，以及动态更新与专业属性数据的整体同步。此外，还可融地理信息、业务办公和辅助决策等地上、地下建筑规划管理模块于一体，采用虚拟仿真技术一揽子解决地下管线管理中所发生的诸多问题。不仅有助于避免市政建设过程中道路的多次开挖，而且还可大大降低施工中地下设施的矛盾与事故隐患，提高管线工程规划设计、施工与管理的准确性和科学性。

六、海洋测量装备系列

（一）水下地形测量仪器

1. 单波束测深仪

该类仪器是水深测量的传统仪器，目前仍然得到广泛应用。仪器的技术比较成熟，国外的产品有测深精度 1cm+0.1% 深度，测量范围 0.2 ~ 200m；我国的国产化水平也比较高。目前测深仪研发已重点向数字化发展，特别是采用最新数字信号处理技术，结合先进计算机图形显示技术，实现操作、监控与控制的高智能化。此外，由于声波发射波束角大小和换能器声学发射接收阵布设决定测量的精度和分辨率，因此进一步减小发射波束角和科学布设换能器，也成为未来的研究方向。

2. 多波束测深仪

与传统的单波束回声测深仪相比，多波速测深系统具有水深全覆盖无遗漏扫测，测量范围大、速度快，测深精度和分辨率高等优点，适用于 2 ~ 500m 海域的海底地形地貌测绘。多波束测深系统在高桩码头扫测中具有单波束无法比拟的优势，采用垂直地形模式波束导向技术解决高桩码头等。

多波束测深系统可以实现宽覆盖范围的高精度海底深度测量，是一种具有高测量效率、高测量精度、高分辨率的海底地形测量设备，特别适合于大面积的扫海测量作业，在海洋测绘等领域具有广泛的应用。目前多波束系统国内市场主要被国外厂商的产品所占据，国内已经研发出第一款真正具有自主知识产权的高端浅水多波束测深系统。

3. 侧扫声呐扫描仪

侧扫声呐技术运用海底地物对入射声波反向散射的原理来探测海底形态，侧扫声呐技术能直观地提供海底形态的声成像，在海底测绘、海底地质勘测、海底工程施工、海底障碍物和沉积物的探测，以及海底矿产勘测等方面得到广泛应用。根据声学探头安装位置的不同，侧扫声呐可以分为船载和拖体两类。

现在的侧扫声呐技术有两个缺点：首先，它的横向分辨率取决于声呐阵的水平角宽，分辨率随距离的增加而线性增大；其次，它给不出海底的准确深度。当前只有两种声呐可做海底三维成像，即等深线成像和反向散射声成像，前一种是多波束测深声呐（如 Multi-beam Sonar System），后一种是测深侧扫声呐。总体说来，前者适宜于安装在船上做大面积测量，后者适宜于安装在各类水下载体上，包括拖体、水下机器人（AUV）、遥控潜水器（ROV）和载人潜水器（HUV），进行细致的测量。侧扫声成像技术是一种重要的声成像技术。

侧扫声呐技术进一步发展的方向有两个，一个是发展测深侧扫声呐技术，它可以在获得海底形态的同时获得海底的深度；另一个是发展合成孔径声呐技术，它的横向分辨率理论上等于声呐阵物理长度的一半，不随距离的增加而增大。

4. 遥感测深系统

遥感测深的主要技术有SAR、多光谱及高度计。SAR的测深原理是根据水下地形SAR成像模式，建立水下地形与SAR影像的映射模型（数学物理正问题），然后根据求解数学物理反问题的方法，由SAR影像探测水下地形。对SAR影像需要进行图像增强和信息分离，通过海表面SAR影像的纹理特征分析，将反映多种海洋和大气动力过程的多尺度运动综合信息加以处理，把图像中的水深信息分离出来。多光谱的测深原理是根据可见光穿透海水的主要波段蓝绿波段的波谱特性，将遥感图像的像素灰度值，转化成光辐射强度，经过大气校正，把与大气的成分和厚度有关的天空和大气光辐射强度的影响除去，并利用统计方法滤掉随机变化的海面反射辐射强度，获取反映水体及水底光学性质的海面以下的向上辐射强度。然后根据水深定性分析方法，利用物理光学理论分析辐射传输过程，通过光谱反射率与水深的关系，建立水深遥感算法，把水深反演出来。

航空三维激光扫描探测（LIDAR）集激光测距技术、计算机技术、IMU/DGPS技术于一体，是一种崭新的革命性的测量工具，在三维空间信息的实时获取方面产生了重大突破。LIDAR综合运用连续运行参考站卫星定位综合服务系统以及数字计算机处理技术结合似大地水准面精化成果，实现直接利用POS机载系统精确定位定向数据制作各种比例尺DEM、等高线、高程注记点图、DOM和DLG产品，减少了基站布设工作，减轻了地面控制和外业测量工作，从而大大减少了测图外业工作量，并实现了无地面控制测图能力。

（二）水下定位测量仪器

人类探索和研究海洋的过程中，水下定位导航技术是一个重要的研究方向。随着人类对海洋开发工作的深入开展，载人潜器、水下机器人、海洋勘探、水下作业以及其他各种探测设备等都需要高精度的水下定位技术支持。目前，水声定位系统是水下定位的主流技术。水声定位系统指利用声学信号对水下目标进行定位的系统。水声定位系统主要用于局部区域的水下目标进行精确定位及导航。根据测量基线的长度不同，水声定位系统分为超短基线（USBL/SSBL）、短基线（SBL）和长基线（LBL）方式。随着技术的发展，未来的海洋测绘对水下定位系统提出了更高的要求，水下测绘作业需要达到分米甚至厘米级的定位精度。为实现对目标在水下工作时的精确定位，不同工作方式的水声定位系统之间协同工作以及声学定位系统与其他传感器协同作业成为一种趋势。随着潜艇技术的发展，融合惯性导航技术、声学导航技术和水面卫星导航技术，实现工作范围更广，精度更高的水下导航定位已经成为水下定位技术发展的一个重要研究方向。

（三）海洋测绘数据处理软件

目前，国内外的多尺度海洋测绘信息基础数据库、数字海图和海洋地理信息系统已成为海洋测绘的热点。多国已形成较完善的数字海图生产、管理和发布体系。未来海洋测量将发展到以水下机器人、船只、飞机和卫星为平台的立体测量框架。海洋测量仪器也出现了小型化、标准化、数字化和智能化发展趋势。综合单波束、多波束、激光测量等多种技术的海洋测绘逐渐成为主要测量方式。海洋测绘数据处理软件也将发生相应的变化：地理信息系统和电子海图将成为基本的应用；测量数据的处理与成图将更加自动化、标准化和智能化；数字海图的生产体系、质量控制体系和发布体系将更加健全；海洋测绘数据库软件建设、发布和使用将更加安全、方便和快捷。

七、重力测量装备系列

地球表面上任何一点的重力值都可以用仪器测量出来。从方法和原理上划分，重力测量可分为绝对重力测量和相对重力测量；从观测方式上划分，重力测量可分为地面、海洋和航空重力测量以及卫星重力测量。地面重力测量是比较重要的传统观测方法，海洋重力测量即用船搭载测量仪器进行重力测量，航空重力测量是指在飞机上搭载重力测量仪器所进行的测量，而卫星重力测量则是通过卫星上搭载的有关设备得到的观测值推算重力的方法。

（一）陆地重力仪

地面重力测量是比较重要的传统观测方法，也是重力测量应用范围最广、用途最多的一种重力测量方式。常用的陆地重力仪主要是美国 Micro-g LaCoste 公司生产的 FG5、FG5-X、A-10 和 FG5-L 等绝对重力仪，美国 Micro-g LaCoste 公司生产的 gPhone、加拿大 Scintrex 公司生产的 CG-5 和国产的 Z400 等相对重力仪。此外，还有美国 GWR 公司生产的 OSG 标准型超导重力仪和 iGrav 新型超导重力仪等超导重力仪。

（二）海洋重力仪

海洋重力测量即用船搭载测量仪器进行重力测量。船载重力测量的特殊性之一就是船体的摇摆与振动，它和测量的重力值混合在一起。但是，由于船体的振动与摇摆具有特殊的周期与频率，适当的滤波处理便可以将其分离。由于无法在同一点上进行重复测量，所以要利用交叉点分析来评估精度。

船载重力测量与陆地种测量的不同在于：陆地上采用离散点测量，船载则是采用测线型连续点测量；陆地上可以在固定位置上埋设点位，海洋则无法固定点位；陆地上可对同一点进行重复测量，海洋上则无法保证。

常用的海洋重力仪有美国 Micro-g LaCoste 公司生产的 System II 型海洋 / 航空重力仪和 MGS-6 型海洋重力仪，加拿大 Scintrex 公司生产的 INO 型海底重力仪等。

（三）航空重力仪

从20世纪90年代开始，航空重力测量进入实用阶段。美国、加拿大、法国、丹麦等先后利用航空重力测量方法完成了北极、阿尔卑斯山、瑞士等国家和地区的局部重力场探测，分辨率和精度分别为6 ~ 10km、2 ~ 10mGal。从2005年起，我国利用航空重力测量方法获取了海岸带的大量重力场数据，其中，台湾利用丹麦的航空重力测量系统于2007年完成了整个台湾岛的航空重力测量，分辨率和精度分别为6 ~ 10km、2 ~ 6mGal。可以说，近20年来，航空重力测量得到了迅猛发展和广泛应用。除大地测量和地球物理等领域的需求推动，这些发展主要得益于三个方面：一是航空重力仪的持续发展，从海洋重力仪的改进、升级到新型航空重力仪的研发；二是基于GPS的飞机位置、速度、加速度确定精度的不断提高；三是航空重力测量数据处理算法的日臻完善。

国外航空重力仪的总体发展趋势是精度在不断提高，体积和重量更适用于多种运载平台，稳定性和可靠性更适宜于各种飞行作业条件。目前，我国还没有已经投入使用的国产航空重力仪，中科院测量与地球物理研究所正在改进和升级20世纪80年代的CHZ型海洋重力仪，以使其能够适用于海洋和航空应用。所以，加快研发国产航空重力仪是当务之急。

（四）卫星重力仪

在卫星大地测量出现以前，陆地、船载和机载重力测量是获取重力信息的基本手段，但这些方法均费时费力，且观测数据无法均匀覆盖全球。1957年，第一颗人造地球卫星Sputnik发射成功，拉开了卫星大地测量的序幕。

卫星重力探测技术的发展与定轨技术密切相关。20世纪60年代初期，主要探测手段为光学卫星三角测量法，该方法以恒星为背景，利用光学摄影仪或卫星摄影仪测定卫星在天球坐标系中的方向，以已知地心坐标的地面站为基线，利用方向交会法确定卫星的位置。利用该方法测量卫星方向的精度为 ±0.2 ~ ±2s，卫星轨道高度一般为1000 ~ 4000km，定轨误差在几米到几十米的量级，由此解算的地球重力场模型一般低于8阶，如1966年史密松天体物理台发布的地球重力场模型SE1，虽然其大地水准面的精度仅为几米甚至几十米，但这一时期的重力场模型在全球地心坐标系建立的初期起到了重要作用。

（五）井中重力仪

井中重力仪是测量地层体积密度变化的仪器。由于它的径向探测深度很大，在裸眼井中，不受泥饼、侵入带和井壁不规则等因素的影响；在套管井中，也不受套管和水泥环的影响。

井中重力仪主要有两种类型：一种设计原理与陆上重力仪相同，经缩小改装后装在常平架上，仪器外径从 10 ~ 15cm 不等，恒温温度 100℃ ~ 200℃，仪器灵敏度 0.03 ~ 0.05 重力单位，测量精度 0.1 重力单位，井斜不超过 14°时，仍可保持水平。另一种为振弦井中重力仪，这类仪器测量精度近 0.1 重力单位。如 ESS0 型振弦重力仪，在实际工作中，每个测点读 4 次数，所需总时间约 20min，其外径 10.2cm，恒温温度保持在 125℃。井中重力仪已向全自动读数方向发展，灵敏系统在井中的调平、定向、开闭和读数都靠微机控制。井中重力仪所测定岩层的视密度精度达到 $0.01g/cm^3$，孔隙度精度可达 0.5%，已广泛应用在金属矿与油气田的勘探与开发中。

八、测绘仪器计量检测装备系列

测绘计量是指对各类测绘仪器装备的检定、校准和测试，以确保测绘量值准确溯源和可靠传递。根据我国测绘法、计量法和测绘质量监督管理等法规和规章，用于测绘生产的仪器（装备）必须按要求，由法定计量或授权计量技术机构进行检测并且合格有效。因此，测绘仪器检测是保证测量数据准确性与可靠性，最终保证测绘成果质量的基础与前提。

（一）传统测绘仪器计量检测技术装备

对于传统测绘仪器，比如经纬仪、全站仪、测距仪、水准仪等列入国家法定计量器具管理目录的测绘仪器，所使用的法定计量检测设备（设施）主要包括室内角度检定装置（函多齿分度台）、室内检测平台、野外比长基线场和测尺频率检测装置以及经纬仪、水准仪综合检验仪等。

目前，位于芬兰首都赫尔辛基西北约 40km 的 Nummela 标准基线，是采用 Väisälä 光干涉测量法建立的野外标准长度基线，精度达到了 7 × 10–8，五十年来变化不到 0.6mm，是世界上迄今为止精度最高的基线，能满足所有高精度光电测距仪等长度测量和测绘仪器检测的需要。此外，世界上很多国家或地区都建立了高精度 Väisälä，比如匈牙利的 Gödöllö 标准基线、立陶宛 Kyviškes 标准基线和我国台湾桃园标准基线等。而我国野外标准长度基线场则采用 24m 铟钢尺进行量值传递，其精度可以达到 1×10^{-6}（每千米相对精度）。

全球导航卫星系统（GNSS）接收机（以下简称“GNSS 接收机”）的检定 / 校准装置服务于 GNSS 接收机计量性能评定和量值传递工作，在检定 / 校准工作中宜采用实际卫星信号。法定的检定 / 校准装置包括：由超短基线、短基线和中长基线组成的 GNSS 接收机野外综合检定场，此外、随着检测技术的发展，环境适应性实验室、GNSS 信号转发器、GNSS 信号模拟器、GNSS 信号采集回放器、天线相位中心校准机器人等检测设施（装备），在 GNSS 接收机的检测中也逐步得以应用。

（二）新型测绘仪器计量检测技术装备

1. 航摄仪计量检定技术装备

近年来，随着航摄仪在测绘地理信息行业的广泛应用，航摄仪计量检定技术装备也在不断发展，为了对航摄仪的几何性能和影像质量进行检测，出现了航摄仪器、实验室几何检定装置、航摄仪影像质量场、航摄仪野外检测场等检测装备。

（1）航摄仪实验室检定装置

航摄仪实验室检定装置主要由高精度的转台、平行光管、工控机等部分组成，可以用于对传统胶片航摄仪和单镜头面阵数字仪进行内方位元素和光学畸变差的检定，为摄影测量后续数据处理提供高精度的内方位和几何畸变参数，以保证摄影测量的精度。航摄仪检定设备检测精度应达到：①主距误差不大于 5 μm（RMS）；②主点位置误差不大于 5 μm（RMS）；③径向畸变误差不大于 3 μm（RMS）。

（2）航摄仪影像质量检定场

影像质量检定场可以用于对航摄仪的影像质量进行评定，结合太阳光度计、光谱仪等设备，可以测定航摄仪的动态摄影分辨率、系统调制传递函数（MTF）、线性度、动态范围、信噪比等参数。

航摄仪影像质量检定场通常布设有不同反射率的灰度比例尺和矩形反射目标、西门子星、高低对比度的反射率棒等各种目标，用来实施野外辐射检定和分辨率检定。

（3）航摄仪摄影测量精度检定场

航摄仪摄影测量精度检定场可以为分析评估航摄仪的摄影测量精度提供高精度平台，其方法是将检测场内的大量控制点作为独立检查点，依据空中三角测量的结果，通过与已知检查点的坐标比对，从而评价航摄仪的摄影测量精度和单像对摄影测量精度。

摄影测量精度检测场检测法即在具有一定起伏的场地内布设有大量精确已知坐标的标志点（一般标志点的平面坐标精度应优于 5mm，高程精度应优于 1cm），用待检测的航摄仪对几何精度检测场进行航空摄影，从最终获取的影像上经过空三加密和网平差数据处理后，得到检查点的坐标，并将其与坐标的已知值进行比较，从而判断该航摄仪是否满足航空摄影测量作业的要求，是否达到该航摄仪的标称精度。这种方法采用实际航空摄影测量的作业条件，最具有通用性，且检测结果真实可靠。同时，几何精度检测场也提供了对机载 LiDAR、机载 SAR 等航空传感器进行检测的高精度平台，该方法的推广和使用是航空航天摄影传感器检测发展的必然趋势。

2. 移动测量系统计量检定技术装备

随着移动测量技术的快速发展，国内外的移动测量系统装备日趋成熟，其在测绘领域数据采集中发挥了越来越重要的作用。为了满足其检定的需要，必须依靠相应的检测装置以及检定场。移动测量系统的检定主要分为传感器检定和整体精度检定。

（1）移动测量系统传感器检定

移动测量系统是兼有 GNSS、IMU、扫描仪、数字相机等多传感器集成系统，因此需要分别对各传感器进行检测。

GNSS 检测：主要分为 GNSS 后处理动态检测和 GNSS 时间精度检测，其检测装置主要是高精度的原子钟以及频谱仪。

IMU 检测：主要分为转台检测和比对检测，转台主要测量 IMU 的姿态精度，比对检测，可以利用高精度的 IMU 作为计量标准器，输出位置和姿态作为标准值与被检设备进行比对。

扫描仪检测：主要分为测距精度和测角精度，测距检测主要依靠高精度的全站仪和长度标准平台，测角检测主要依靠全站仪和多齿分度台。

数字相机检测：主要是数字相机的主点、主距和畸变系数，主要通过航摄影检定装置进行检测。

（2）移动测量系统整体精度检定

移动测量系统整体精度检定主要依靠室外三维检测场，该检测场位于丰台区大瓦窑中路和大瓦窑西一街交接处，该场地全长约 3km，有 200 左右的标靶点，其精度为 2km，可以满足移动测量系统的整体精度检测要求。

随着集成了最新高科技成果的测量仪器不断涌现，用于运动载体姿态测量的惯性测量单元（IMU）、实现快速测量建模的三维激光扫描仪、机载激光雷达（LiDAR）、合成孔径雷达（SAR）等已有成熟的产品应用于测绘生产，但由于缺乏技术手段而无法计量检测。

九、测绘仪器装备专业的发展趋势及对策

随着测绘地理信息技术与相关高新技术融合的加速发展，使得数据的迅速无缝交换成为了测绘仪器装备的重要特征，“大众化”趋势日益显现。首先，高精尖装备依然依赖进口，先进高端测绘地理信息装备以三维激光扫描系统、高精度卫星导航芯片、数码航摄仪装备为例等主流市场被美国、日本、欧洲等国外品牌占据。其次，国产测绘地理信息装备在地面常规全站仪、GNSS 接收机、水准仪、测距仪等市场上以低价格获取市场份额，高端装备市场被国外厂商垄断，国内自主产品尚难以与国际品牌相抗衡。最后，实现从传统测绘地理信息装备到高端测绘地理信息装备的转型升级，需要加大新技术创新投入，追逐技术热点，引领创新和转型。

测绘仪器装备的自动化、数字化及智能化对于测绘地理信息行业来说是个质的飞跃，测绘进入到快速、适时获取全息数据时代，测绘仪器装备的发展也推动了测绘软件的发展。在测绘仪器的发展中，不仅存在着未来的发展空间，在发展中也存在着一系列问题与

不足，如创新脚步缓慢、缺乏系统化生产、专业技术人员匮乏等问题。

参考文献

[1] 欧阳永忠，邓凯亮，陆秀平，等. 多型航空重力仪同机测试及其数据分析［J］. 海洋测绘，2013，33（4）：6–11.

[2] 朱广彬. 利用 GRACE 位模型研究陆地水储量的时变特征［M］. 北京：中国测绘科学研究院，2007.

[3] 孙中苗，翟振和，李迎春. 航空重力仪发展现状和趋势［J］. 地球物理学进展，2013 28（1）：1–8.

[4] 徐红星. 论测绘仪器发展现状及建议［J］. 中国城市经济，2011（1）：121.

[5] 周丙申，蒋芷华，孙鹤群. 光电大地测量仪器学［M］. 徐州：中国矿业大学出版社，1993.

[6] 吴荣林. 我国测绘仪器发展的几点思考［J］. 测绘通报，2004（12）：56–57.

[7] 徐祖舰，王滋政，阳锋. 机载激光雷达测量技术及工程应用实践［M］. 武汉：武汉大学出版社，2009.

[8] 全海峰. 浅谈矿山测绘新技术应用及发展[J]. 中国科技纵横，2013（20）：101.

[9] 何书镜，姜建慧，连镇华. 福建省海洋测绘学科发展研究报告［J］. 海峡科学，2015（1）：3–9.

[10] 中国第二代卫星导航系统专项管理办公室. 中国北斗卫星导航系统［M］. 北京：人民出版社，2016.

撰稿人：齐维君　王　权　文汉江　方爱平　付子傚　李　松
李宗春　吴海玲　张　锐　余　峰　郭志勇　马　跃

ABSTRACTS

Comprehensive Report

Surveying and Mapping Development Report

A rapid progress has been made in the surveying, mapping and geoinformatic science in China nowadays. The development of China's Surveying and Geoinformation technology is stepping into a critical period of building a "wise" China in a more comprehensive way. Presently, the surveying products and services are in great demand, as well as the opportunity for the development of the geoinformatic industry. Meanwhile, we have entered a difficult period of time where accelerating the speed of building a strong country with surveying and mapping capabilities has become more technical. We have completely transformed and upgraded the pattern from a conventional surveying and mapping data collector to an information and service based provider for surveying, mapping and geoinformation.

This report reviews and summarizes the strategic position, the transformation and its upgrading of surveying, mapping and geoinformation in recent years, mainly from 2016 to 2017. In addition, we also retrospect, summarize and scientifically evaluate the current situation of the new viewpoints, new theories, new methods, new technologies, new achievements on the transformation and upgrading of surveying, mapping and geoinformatic science of China and condense some key technological progresses and important research results of the transformation and upgrading. These mainly reflect on the subjects of the geodesy and navigation, gravity survey and earth gravity field, photogrammetry and space mapping, cartography and geographical information engineering, surveying and deformation monitoring engineering, mine surveying and subsurface space surveying technology, marine and rivers and lakes geodetic surveying and so on.

We have made remarkable progress in geodesy, temporal and spatial reference, navigation and geodetic reference systems and data fusion, the earth's gravity field and other related areas of basic and applied basic research, which keep pace with international advanced level, or even surpass and lead the international level in some areas. National modern surveying and mapping benchmark system infrastructure construction project successfully completed and 2000 National Geodetic coordinate system are promoted by most national ministries department. Beidou navigation satellite system has the ability of navigation and positioning, and it will cover the global range of services in 2020.

The report reviews the important sensors used in photogrammetry and remote sensing, and introduces the recent progress in very high spatial resolution (VHR), Synthetic Aperture Radar (SAR), Light Detection and Ranging (LiDAR), and other thematic data. Meanwhile, this report summarizes the latest advancements in data processing methods and applications of photogrammetry and remote sensing in terms of survey adjustments, mobile mapping, three-dimensional Geographic Information System (3D-GIS), and high spatial resolution image processing. According to the development of Cartography and technology of geographic information since 2015, the theory of modern cartography, digital mapping, the technique of GIS, the production and renewing of geographic information, mobile mapping and internet mapping, the application and service of geographic information are described in this paper.

The innovating of technical theory and system accelerates the development of engineering surveying discipline. The development of geodesy, photogrammetry and other disciplines, and the application of new technology such as space positioning technology, geographic information, laser, wireless communication and computer technology have greatly promoted the progress of engineering surveying which has undergone profound changes. Many advanced technologies and equipment such as 3D laser scanner, smart total station, magnetic gyroscope, geological radar, pipeline 3D reconstruction measuring instrument, UAV and so on are emerging. Based on spatial informatics and system engineering theory, the geometrical and physical properties of all-round objects are observed and sensed by means of mapping, remote sensing, geophysics and internet of things, meanwhile, dealing with and solve the mineral resources protection, mine development optimization, production environment safety, mining subsidence control, the mining ecological restoration and other scientific and technical problems, mine surveying has achieved remarkable achievements, and made great influence on the social and economic development.

The national geographic conditions monitoring has been proposed as a new requirement and demand of the surveying, mapping and geoinformation industry under the new situation of economic and social development, as well as the key responsibility and strategic task of the departments of surveying, mapping and geoinformation to active service for the science development. The first national geographic conditions census in China was completed in 2015 and the acquisition of geographic conditions information has been changed over to the normalization stage since 2016. Based on the national geographic conditions census, through the fundamental and thematic monitoring, building a system with complete functions of dynamic monitoring, comprehensive information analysis and publishing, forming normalization mechanism of geographic conditions monitoring, to provide business and normal services of national geographic conditions information. The research progress of cadastral and real estate surveying and mapping was described on such terms: land survey, land use / cover change, investigation of real estate rights, surveying of real estate, real estate registration, and the construction of information system. Marine surveying and mapping is a science and technology to study the collection, processing, representation, management and application of geospatial information related to marine and terrestrial waters.

In recent years, marine environmental information survey, marine multi-source data comprehensive processing and other aspects have made great progress. Integrated marine survey and measurement platform has been put into use. Marine navigation and mapping benchmarks tend to be fine. The sea and land vertical reference conversion system of the whole sea area is established initially. Marine navigation and positioning technology has been researched in-depth and applied effectively. Off shore area positioning accuracy is up to centimeters level. The land, sea and air integration maneuvering coastal terrain measurement scheme is formatted. Comprehensive utilization of unmanned aerial vehicle aerial survey technology, three-dimensional laser scanning technology and multi-beam sounding technology can achieve accurate measurement of coastal terrain. The chart mapping is oriented towards the development of intelligent and automation. The platform of marine geographic information sharing is basically completed, and the integration and sharing of multi-source and heterogeneous marine environment data are realized.

This paper reviews the social applications and services of geodetic surveying and geographic information technology after transformation and upgrading. The main progresses include basic framework construction and services of geographic information, general investigation and monitoring of geographical conditions, public service platform for geographic information of "Tianditu", the Beidou Ⅱ satellite project, the reliability of the great projects in spaceflight and the key technologies of remote sensing information, the key technology and its applications of the geodetic information system at provincial level, theoretical methods and software of measurement engineering space information acquisition, cadastral and house property surveying and mapping, and so on. This paper also summarizes the major trends in the transformation and upgrading of surveying, mapping and geoinformatic science and reviews the transformation and upgrading of surveying and geoinformatic technology, rapid processing and analysis of technological upgrading, expertise and technical level of the key technological upgrading. This report briefly introduces the progress of disciplinary construction and personnel training, research platform, important research team, and combines major international research projects and major research projects of the subject, analyzes and compares the latest research hotspots, leading edge and trends of the subject, evaluates the development of this subject both at home and abroad, compares the differences between domestic and international mapping technology and geographic information, analyzes the development strategy and key development direction of surveying and mapping and geographic information in the next five years in china, and puts forward the related development trend and development strategy.

Written by Ning Jinsheng, Wang Zhengtao

Reports on Special Topics

Advances in Geodesy and Navigation

Geodesy is a basic subject of geoscience, which mainly study the precision measurement of the earth's surface and the external space bit, shape and size of the earth, the earth gravity field and the theory and method of its changes over time, etc. Whether promoting the development of the discipline itself and applied research, or the crossed development of the related subjects and the expansion of new application fields, Geodesy and Navigation have achieved remarkable achievements, and made great influence on the social and economic development.

National modern surveying and mapping benchmark system infrastructure construction project successfully completed and passed the acceptance. 2000 National Geodetic coordinate system are promoted by most national ministries department, which has contributed to further development of some related aspects in air and space integration benchmarks. The geoid surface refinement and land and sea and splicing are completed, and a new Chinese terrestrial gravity geoid CNGG2013 model has been proposed. The development and introduction of gravity instruments such as aviation, marine has got strong support, and testing, engineering application and new theories and new methods of measurement have been developed quickly. The new generation Beidou navigation satellite has launched, which has made a further development in the user terminal, research and application in some products like chips and industry development, etc.

Meanwhile, it also plays an important rolein Smart City, intelligent transportation, precision agriculture, city bus management. Beidou navigation satellite system has the ability of navigation and positioning, and it will cover the global range of services in 2020. At the same time, we start the international GNSS monitoring and evaluation system (iGMAS) construction work, and domestic provinces also launched an upgrade corresponding Compass CORS stations. In data capture, modeling, inversion algorithm design and geophysical interpretation, geodetic inversion has made recent advances, and it has also got further expansion in the field of tectonic movement and crustal deformation. We have made remarkable progress in geodesy, temporal and spatial reference, navigation and geodetic reference systems and data fusion, the earth's gravity field and other related areas of basic and applied basic research, which keep pace with international advanced level, or even surpass and lead the international level in some areas.

Next, we need to further develop the basic theory, fully tap the scientific information in the geodetic survey and navigation data, improve our country geodetic observation system, emphasize the subject application in the fields of geodesy geodynamics, natural disaster early warning and forecasting, in order to make it meet our country's major demand, such as environmental protection, economic development, disaster prevention and mitigation. At the same time, we should strengthen the disciplines establishment to ensure enough talent in the disciplines for the country's economic development and strategic services.

Written by Bai Guixia, Dang Yamin, Wu Xiaoping, Jiao Wenhai, Xu Caijun, Sun Zhongmiao, Cheng Yingyan, Guo Chunxi, Zhu Jianjun, Ouyang Yongzhong, Yao Yibin, Yuan Yunbin, Gan Weijun, Bei Jinzhong, Wang Wei

Advances in Photogrammetry and Remote Sensing

We are witnessing a tremendous increase in the amount of Earth Observation (EO) data, with the development of space and low altitude technology. Moreover, remotely sensed data obtained by different multispectral, hyperspectral and SAR sensors at various (high/ medium/ low) spatial resolutions provides multi-source (multi-platform, multi-sensor, multi-angular) and high resolution (spectral, spatial, temporal) information, leading to efficient, diverse, and fast data acquisition capabilities from space, air and ground, either separately or synergistically. The large amount of data provides richer information about the land cover and land uses, which benefit the application of photogrammetry and remote sensing.

More advanced EO information interpretations have been investigated for processing the thematic data measured by various sensors, in either separate orcollaborative manner. Meanwhile, the frontier research directions of photogrammetry and remote sensing include automatic data processing, multi-sourced information fusion, and intelligent applications of crowd-sourcing geographic data. Moreover, the remote sensing data have been widely applied in topographic map revision and geographic condition monitoring.

The report reviews the important sensors used in photogrammetry and remote sensing, and introduces the recent progress in very high spatial resolution (VHR) , Synthetic Aperture Radar (SAR) , Light Detection And Ranging (LiDAR) , and other thematic data. Meanwhile, this report summarizes the latest advancements in data processing methods and applications of photogrammetry and remote sensing in terms of survey adjustments, mobile mapping, three-dimensional Geographic Information System (3D-GIS) , and high spatial resolution image processing. Academic development and achievements in photogrammetry and remote sensing are also addressed from the perspectives of institutional growth, personnel training, and basic research platform creation. In the context of the popularization of geographic data, the report investigates the trend of photogrammetry and remote sensing in big data processing, distributed, collaborative mapping and real-time mapping, as well as integrated, intelligent and automated data interpretation. The report ends with a brief prospection about the future of photogrammetry and remote sensing.

Written by Gong Jianya, Du Peijun, Hu Shen, Sui Lichun, Wang Mi, Yang Bisheng, Zhang Li, Zhu Qing, Li Jiayi, Huang Xin

Advances in Cartography and Geographic Information Speciality

According to the development of Cartography and technology of geographic information since 2015, the theory of modern cartography, digital mapping, the technique of GIS, the production and renewing of geographic information, mobile mapping and internet mapping, the application and service of geographic information are described in this paper. The trend and future development direction of Cartography and technology of geographic information are presented also in the article.

The integration of geographic information system, geo-database, and remote sensing has been improved greatly the efficiencies, contents, varieties and currency of digital mapping. In 2016, the country has renewed the 1:50000, 1:250000, 1:1000000 scale topographic maps of the whole land. The 1:10000 scale maps i.e. the basic maps of provinces has also covered all the cities and towns. A larger project that aimed to establish the 1:1000000, 1:500000, 1:250000, and 1:50000 scale geographic spatial databases, ocean surveying and map databases, ortho-image databases, and 1:10000 scale databases of provinces has accomplished, which will make greater progress to the development of digital earth, digital China, digital provinces, digital cities, digital rivers, digital oceans, and take contributions to the national and regional economic programming, disaster-prevention, water conservancy, rebuild after disaster, important project and national defence etc. Under this conditions, special application maps for example multimedia map, network map, navigation map of PDA were brought forward, and offered better services for populace.

Supported with digital map, GIS, virtual geographic environment and spatial information transmission, new development in the theory of map model, feeling, geo-ontology, spatial reasoning came into being, which illustrated the outstanding development and progress in cartography and geographic information engineering researches. The modules of qualitative and quantitative describing, model and algorithm-oriented automated generalization process, usability interaction, integrated intelligent cartographic generalization and process control system, and design for quality forms a new theory and technology system of automated cartographic generalization, which will promote effectively the theories, methods, and techniques of deriving and updating multi-scale spatial databases, multi-representation of GIS, establishment of spatial data warehouse and so on.

Supported with the technology plan of nation, many new projects were carried into execution so as to establish the cooperation mechanism under network, and build an open service environment to share the spatial geographic resources of different departments. We are glad to see that great progress comes into being these years. The integration of virtual geographic environment and GIS becomes a new trend because the multi-dimensional animate representation of virtual geographic environment and the data process and spatial analysis of GIS can be combined primely in this case. Now some virtual geographic information systems (VGIS) come into being and also a lot of theories of VGIS are also achieved at the same time. The new techniques of network service and grid offered strength supports to solve the faced problems of cartography and GIS. Geographic information share and cooperation based on gird service becomes the hot research topic, and is being or will being the main pattern of information geographic information services.

With the rapid development and wide use of GPS, RS and GIS, it became more and more easy to maintain spatial data. So we should put emphasis the research on in-depth information process so as to strength the functions of spatial analysis, data mining and knowledge discoverer and intelligent data process of GIS. In this kind, we can offer more effective geographic information productions for economic and national defence construction.

Written by Sun Qun, Du Qingyun, Wu Sheng, Wang Donghua, Long Yi, Zhang Xinchang, Xu Gencai, Zhou Zhao

Advances in Engineering Surveying

Engineering Surveying is a discipline that studies the theory, technology and method of surveying in the period of design, construction and management about engineering construction.Therefore, the development of engineering surveying is bound to be affected by the demand of engineering construction. The Belt and Road initiative aerospace, ocean, the construction of Xiong'an new area and so on which provides a broad stage for engineering surveying.With the rapid development of the national infrastructure construction, the quantity and scale of large or super large projects is more than that of any period in history, such as the construction of high-speed railway, urban rail transit and smart city; the typical construction of Hong Kong-Zhuhai-Macao Bridge, Five hundred meters Aperture Spherical Telescope (FAST) and super high building in city. Studying the theoretical methods, developing the technical equipment, and establishing new technology system of engineering surveying is very necessary in order to meet the needs of engineering construction.

In order to meet the needs of various projects with large volume, complex structure, irregular spatial variation and high precision, engineering surveying needs to integrate and absorb the achievements of related disciplines and technologies. The development of geodesy, photogrammetry and other disciplines, and the application of new technology such as space positioning technology, geographic information, laser, wireless communication and computer technology have greatly promoted the progress of engineering surveying which has undergone profound changes. Many advanced technologies and equipment such as 3D laser scanner, smart total station, magnetic gyroscope, geological radar, pipeline 3D reconstruction measuring instrument, UAV and so on are emerging.

The successful implementation of engineering projects promotes the application of new technology, new equipment and new methods in the field of engineering surveying. The innovating of technical theory and system accelerates the development of engineering surveying discipline. The latest progress of Engineering Surveying in recent years, the differences at home and abroad and the developing trend of Engineering Surveyingare summarized in this paper.

Written by Chen Pinxiang, Zhang Fenglu, Du Mingyi, Xu Yaming, Zou Jingui, Li Guangyun, Hu Wusheng, Yang Zhiqiang, Ding Xiaoli, Lin Hong, Hu Ke, Wang Houzhi, Li Zongchun, Yi Zhili

Advances in Mine Surveying

The connotation of mine surveying can be expressed as follows: Based on spatial informatics and system engineering theory, the geometrical and physical properties of all-round objects are observed and sensed by means of mapping, remote sensing, geophysics and internet of things, meanwhile, dealing with and solve the mineral resources protection, mine development optimization, production environment safety, mining subsidence control, mining ecological restoration and other scientific and technical problems. Whether promoting the development of the discipline itself and applied research, or the crossed development of the related subjects and the expansion of new application fields, Geodesy and Navigation have achieved remarkable achievements, and made great influence on the social and economic development.In the trend of market economy, knowledge economy and information society, the characteristics of mine surveying disciplines have been strengthened to be able to adapt the new situation, and it has played an important role in the mining technology innovation and social and economic development. GNSS positioning and mining control network transformation technology have begun to be widely used; digital photogrammetry, remote sensing and geographic information systems and other advanced technology in some production units have been applied; mining subsidence and "Sanxia" mining research and practice to achieve fruitful results and comprehensive benefits. The three-dimensional visualization and analysis and evaluation of mineral resources, and digital mine drawing and its application work have achieved remarkable results; mine environmental monitoring, management and land reclamation work have developed in full swing and the achievements are obvious. Next, we should strive to develop new technology of surveying and mapping, to revise the specifications of mine measurement technical regulations, to adhere to the concept of sustainable development and green mining, the establishment of mining resources and environmental information system, andto further strengthen the independent innovation capability, innovation theory and technology.

Mine surveying is an interdisciplinary, and it will be inspired by the continuous developmentof the related disciplines in theory, technology and application, and new development will be promoted through theoretical innovation. At the same time, in the education field of mine surveying, we should introduce the most advanced scientific and technological achievements to teach and train the students to meet the requirements of the times.

Written by Wang Yunjia, Zhang Shubi, Yang Min, Jiang Chen

Advances in Cadastral and Real Estate Surveying and Mapping

Cadastral and real estate surveying and mapping is a basic work of real estate management and registration. Population growth, increasing value of cadastral and real estate surveying and mapping the reality and accuracy requirements are also getting higher and higher. With the introduction of "The Real Estate Registration Interim Regulations", the continuous development of surveying and mapping technology and instruments, cadastral and real estate surveying and mapping have changed greatly from theory to practice. The research progress of cadastral and real estate surveying and mapping was described on such terms: land survey, land use / cover change, investigation of real estate rights, surveying of real estate, real estate registration, and the construction of information system. The development trend was compared from home and aboard. Compared with the developed countries, there is still some gap on theory and technology. Cadastral and real estate surveying and mapping professional development has the following four directions: ① The development of advanced surveying and mapping technology, increase popularity; ② Monitoring the changes of land use needs to be further improved; ③ The development of information systems and real estate data arrangement were the current problems need to be solved; ④ Real estate management will be from 2D to 3D.

Written by Fang Jianqiang, Tang Fuping, Lai Lifang, Luo Guangfei

Advances in Marine Surveying and Mapping

Marine surveying and mapping is a science and technology to study the collection, processing, representation, management and application of geospatial information related to marine and terrestrial waters. In recent years, marine environmental information survey, marine multi-source data comprehensive processing, and marine discipline talents training and other aspects have made great progress. Integrated marine survey and measurement platform has been put into use, and enhance our ability to implement measurement in far-reaching and polar regions. Marine navigation and mapping benchmarks tend to be fine. The sea and land vertical reference conversion system of the whole sea area is established initially. Marine navigation and positioning technology has been researched in-depth and applied effectively. Offshore area positioning accuracy is up to centimeters level. The land, sea and air integration maneuvering coastal terrain measurement scheme is formatted. Comprehensive utilization of unmanned aerial vehicle aerial survey technology, three-dimensional laser scanning technology and multi-beam sounding technology can achieve accurate measurement of coastal terrain. The use of multi-beam sounding sound velocity profile inversion and side scan sonar image processing technology can effectively correct the measurement error and improve the depth of measurement accuracy.

Therefore, high-precision submarine topography and geomorphology information can be obtained easily. Marine gravity measurement equipment is gradually domestic and gravity measurement technology is developed to the international advanced level. A complete set of magnetic measurements system is built. The system has significantly improved the measurement efficiency and precision. The chart mapping is oriented towards the development of intelligent and automation. The platform of marine geographic information sharing is basically completed, and the integration and sharing of multi-source and heterogeneous marine environment data are realized.

At the same time, a number of marine surveying and mapping professionals is cultivated. In the future, we need to speed up the development of marine survey and measurement platform to stimulate the development and application of domestic marine measuring equipment and enhance the competitiveness of domestic brands in the international arena. The use of multi-platform collaborative three-dimensional operation enhance the capabilities of marine environment, three-dimensional investigation and observation. We need to speed up the establishment and improvement of marine three-dimensional survey observation comprehensive security system and data resource sharing mechanism to further enhance the marine three-dimensional observation system operation management and service support level. Highlight the basic marine surveying and mapping work and carry out the development of technical standards related to marine surveying and mapping and technical innovation. Strengthen the marine surveying and mapping benchmarks and infrastructure construction and establish the contact and maintenance of the marine surveying benchmarks and geodetic benchmarks. Realize the marine surveying and land data benchmark conversion and seamless splicing. To further strengthen the ocean measurement data processing core theory and methods of research. Improve the independent intellectual property rights of multi-beam data, side scan sonar data processing software system. Strengthen the new foreign marine gravity instrument independent data processing theory and method research. Optimize the ocean magnetic data processing model and carry out the island reef three component magnetic measurement data treatment methods. Promote the standardization of electronic charts, integration and intelligence, and further improve the top design of the electronic chart production and application. Improve the digital map production technology and speed up the integration of the database based on the construction of the chart system. And actively carry out research of the digital ocean geography development strategic planning. Design the digital ocean construction road with Chinese characteristics.

Written by Ouyang Yongzhong, Shen Jiashuang, Bao Jingyang, Zhou Xinghua, Lu Yi, Zhang Lihua, Sang Jin, Zhao Jianhu, Yang Kun, Zhou Fengnian, Yang Fanlin, Guan Yongxian, Ge Zhongxiao

Advances in National Geographic Conditions Monitoring

The national geographic conditions monitoring has been proposed as a new requirement and demand of the surveying, mapping and geoinformation industry under the new situation of economic and social development, as well as the key responsibility and strategic task of the departments of surveying, mapping and geoinformation to active service for the science development. Under the leadership of Leading Committee directed by Vice-Premier Zhang gaoli, the first national geographic conditions census in China was completed by National Administration of Surveying, Mapping and Geoinformation (NASG) in 2015, which also under the joint efforts of governments at all levels and relevant departments. The bulletin of the first census was released formally on 24th April, 2017. Meanwhile, the application analysis pilot of the first census results has been explored based on some current hot spots, including the special audit of land and resources, multiple spatial planning integrating, delineation of ecological protection redline and precise poverty alleviation according to the principle of side survey, side application and side monitoring. It preliminarily reflects the value and function of the national geographic conditions census to the economic and social development and the management of macro decision making. The clear deployment of national geographic conditions monitoring has been made in the *Outline of the 13th Five-Year Plan for National Economic and Social Development* and the *13th Five-Year Plan for surveying, mapping and geoinformation industry* in 2016. In the recently revised *Law of Surveying and Mapping*, moreover, it has also been mentioned that the governments at all levels should take effective measures to play the role of the national geographic conditions monitoring results in the government decision-making, economic and social development and social public services. In accordance with the State Council's overall deployment and the transformation development needs of surveying, mapping and geoinformation industry, acquisition of geographic conditions information has been changed over to the normalization stage since 2016. Based on the national geographic conditions census, through the fundamental and thematic monitoring, building a system with complete functions of dynamic monitoring, comprehensive information analysis and publishing, forming normalization mechanism of geographic conditions monitoring, to provide business and normal services of national geographic conditions information. On this basis, further monitoring and application analysis of geographic conditions change would be made, including the change monitoring with the development and utilization of national coast zone, monitoring of spatial pattern changes of cities at prefecture level and above, typical urban agglomerations, region area and so on in China. In future, more efforts will be made in the three fields: vigorously promote applications of national geographic census results, orderly develop normalization geographic conditions monitoring and strengthen the construction of supporting system and mechanism.

Written by Liu Ruomei, Zhou Xu, Tao Shu, Wang Ruiyao, Wang Faliang, Liu Jiping, Zhai Liang, Pan Li, Li Limeng, Jia Yunpeng, Li Guangyong

Advances in Surveying and Mapping Instrument and Equipment

The instruments and equipments of surveying, mapping and geoinformation serve as a very important aspect on the technical developing of surveying, mapping and geoinformation; are widely used to acquire, process and output geographic information data; and play a vital role in promoting the development of this field. In recent years, the accelerated combination between modern surveying and mapping instruments and information technology, e.g., mobile internet, internet of things, big data, cloud computing, etc., make the intension and extension of surveying and mapping equipment undergo profound changes, i.e., not only to obtain the discrete data, e.g. angle, distance, coordinates, or simulated images, but to complete the acquisition, processing, management and service system of all kinds of data and digital image based on continuous digital geographical location. It will be not only to access to measurement data from the ground based, but also with the aircraft based, satellite based, ship based, underground based and submarine based. This special report mainly focuses on the development trend and countermeasures of surveying instruments on satellite positioning and navigation, photogrammetry and remote sensing, ground and underground based measurement, marine and gravity measurement, measurement, testing equipment for surveying instrument.

Written by Qi Weijun, Wang Quan, Wen Hanjiang, Fang Aiping, Fu Ziao, Li Song, Li Zongchun, Wu Hailing, Zhang Rui, Yu Feng, Guo Zhiyong, Ma Yue

索引